www.kidi.org.in

K-방산 브리프

K-Defense Brief

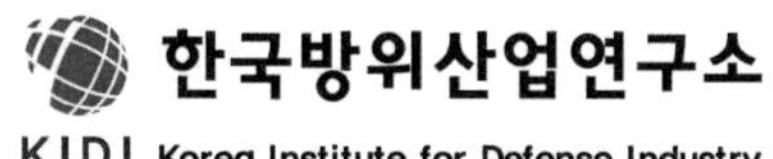

K-방산 브리프
K-Defense Brief
한국방위산업연구소

2025년 3월 20일 초판 인쇄
2025년 3월 28일 초판 발행

발행인 박 진 영
발행처 도서출판 진영사
인천광역시 부평구 주부토로 236 인천테크노밸리 U1 지식산업센터 B동 1507호
전화 : 032)505-4207
팩스 : 032)505-4206
E-mail : 0183734207@hanmail.net
등록 : 제2007-000001호

ISBN 978-89-6541-699-9 93390
값 20,000원

표지 이미지 출처 Getty Images Bank

Contents

"뉴 노멀 시대에 있어 안보와 경제, 기술이 삼위일체 되는
뉴 디펜스 시대를 열어 K-방산과 미래 국방의
혁신적인 비전 추진전략을 제시합니다."

한국방위산업연구소

참여필진

한국방위산업연구소 소장 · 상지대학교 군사학과 학과장	최기일
북한대학원대학교 북한학 박사 · 前 신한투자증권 애널리스트	소현철
하나증권 기업분석실 선임연구원 · 前 LG전자 R&D 연구원	위경재
한국과학기술원(KAIST) 교수 · 법무법인 율촌 국방사업 고문	김만기
광운대학교 국제통상학부/방위사업학과 명예교수 · 前 경영대학(원)장	심상렬
건국대학교 방위사업학과 겸임교수 · Thales Korea 국방사업총괄 전무	이준곤
한국방위산업연구소 수석연구위원 · 미래안보포럼 자문위원	이강범
국방대학교 안보정책학과 교수 · 한국국방우주학회 학회장	정한범
조선대학교 군사학과 교수 · 한국방위산업연구소 자문위원	장상국
경희대학교 객원교수 · 前 한국국방연구원(KIDA) 책임연구위원	최성빈
정부법무공단 변호사 · 前 방위사업청 군법무관	구정택
뉴스로드 편집국장 · 前 녹색경제신문 부국장	김의철

대한민국 방위산업이 건국 이래 역대급 사상 최대 호황기를 맞이하고 있는 가운데, 올해 방산수출 규모는 정부 목표치 200억불을 달성할 수 있을 것으로 전망되는 상황 속에서 방위산업 발전과 새로운 미래 국방을 대비한 범정부적 차원의 추진정책과 체계적인 산업적 육성 지원전략이 요구된다.

정부의 120대 국정과제 중에 106번 과제로 방위산업을 첨단 수출산업으로 육성하겠다는 국정운영에 지표화해 발표한 바 있는데, 국가 방위산업을 전략산업으로 수출주도형 선순환 구조화함으로써 경제 성장의 중요한 원동력으로 삼겠다는 정부와 방산업계의 의지가 반영되어 핵심 추진과제로 다루고 있다.

장차 세계로 비상하는 명품 K-방산이 더 나아가 글로벌 무기수출 핵심국가 반열에 올라서게 될 것으로 기대가 높아지면서 방위산업 성장과 발전을 위해 국내 방산 생태계 체질 개선을 통한 방위산업 고도화 추진이 함께 요구되겠다.

본 보고서에서는 글로벌 방산시장 주요 동향과 방산정책 및 제도 이외 관련 국방기술 주요 현황을 분석함으로써 무한경쟁 시대에 있어 지속가능한 K-방산 발전방향을 함께 모색했다.

전문가 연구결과를 통해 현 정부의 주요 국정과제로 국가 방위산업의 미래 성장 잠재력을 확인함과 동시에 미래 국방과 K-방산의 나아갈 방향을 비전을 제시할 정책서로 활용될 수 있기를 기대하는 바이다.

한국방위산업연구소 명예이사장 **황기철**

제31대 국가보훈처 장관 · 제30대 해군참모총장

국가 방위산업 육성을 위한 정부 역할과 기능 재정립 방안 제언

최 기 일

요약문

무한경쟁 시대에 접어든 글로벌 방산시장에서 지속가능한 K-방산의 방산정책과 제도를 정비할 필요성이 제기된다. 지금까지 방위산업은 산업적인 측면에서 접근보다는 국가안보 차원에서 추진되었는데, 앞으로 신성장동력 산업으로 규모의 경제와 범위의 경제를 실현할 수 있도록 새로운 방위산업 패러다임이 제시되어야 할 시점이다.

국가 방위산업이 수출주도형 전략산업으로 고도화해 나아가기 위해서는 첨단 과학기술의 급속한 발전 속에서 선순환되는 건전한 방산생태계 기반 조성과 더불어 새로운 국가 방위산업 발전 및 육성 고도화 추진정책이 요구된다.

주무 정부부처인 방위사업청을 장관급으로 승격하는 방안 이외에 대통령 직속 방산 종합 컨트롤타워 방산비서관 직제 설치, 방위사업청 산하 지방청 신설, 정부 출연 방위산업진흥원 설립 추진, 방위사업직렬 제도 도입 등에 대한 핵심과제를 우선적으로 검토할 필요성이 제기된다.

· 핵심어(Key Word) : 방위사업처, 방산비서관, 방위산업진흥원, 방위사업직렬

I 서 론

최근 불안정한 국제정세 속에 글로벌 방산시장은 뜻밖의 호황을 맞고 있다. 2022년 발발한 우크라이나와 러시아 간 전쟁으로 촉발된 일종의 전쟁 특수를 통해 대한민국 방위산업은 K-방산 르네상스라는 표현이 붙여질 정도로 건국 이래 역대급 초호황기에 진입한 것이다.

한국 방위산업은 1970년 태동되어 반세기가 넘도록 눈부신 발전을 거듭한 가운데 군사력 순위 5위에 이름을 올릴 수 있었다. 해외에서는 K-방산을 이른바 '자유주의 진영의 무기고'라는 수식어로 찬사를 보내면서 글로벌 방산강국 반열의 메이저리그에도 자리매김하게 될 것으로 전망되고 있다.

지난해 골드만삭스 투자그룹은 한국 방산업체에 대한 투자 비중을 확대해야 한다는 보고서를 발표한 데 이어 타임(TIME)지가 선정한 글로벌 100대 유망기업 명단에 우리나라 기업 한곳이 이름을 올렸는데 국내 1위의 방산업체인 한화가 선정되기도 했다.

특히, 2022년 폴란드발 대규모 무기 수주가 성사됨에 따라 172억불이라는 건국 이래 역대급 규모의 방산수출을 달성한 데 이어 2023년에도 135억불을 기록하면서 2년 연속 글로벌 상위 10위권 이내에 이름을 올렸다. 다만, 아쉽게도 2024년에는 95억불 수준에 그치면서 가파른 방산수출 상승세가 제동을 걸려 숨 고르기를 거쳤지만 K-방산의 호조세는 지속될 것으로 보인다.

전 세계에 한국산 명품 무기에 대한 저력을 증명하면서 국제 방산시장에서 위상이 날로 증대되고 있는 상황이다. 현 정부에서도 5개년 120대 국정과제 중 106번째로 첨단전력 건설과 방산수출 확대 선순환 구조 마련이 반영되면서 방위산업 기반 육성 및 방산수출 정책 추진에 대한 기대감이 높아지고 있다.

앞으로 방위산업이 경제와 안보를 주도하는 신성장동력 핵심 전략산업으로 육성하기 위해서는 글로벌 방산시장에서 무한경쟁이라는 추세에 발맞추어 K-방산의 지속가능한 성장과 발전을 위해 방산업체 국제경쟁력 제고와 더불어 방산생태계 체질을 개선하는 측면에 있어 방위산업 체계 고도화 추진이 요구되겠다.

이를 위해, 국가 방위산업을 총괄하는 정부 중앙부처인 방위사업청 역할과 기능을 제고함으로써 위상을 재정립할 수 있는 대안을 시급히 마련해야 할 것으로 사료되는 바이다.

Ⅱ 국내 방위산업 변천과 방위사업청 개청 신설

1.1. 대한민국 방위산업 발전과 주요 특징

국내 방위산업(Defense Industry)은 1970년 태동되어 정부 주도 중화학공업과 병행 육성하는 집중 지원정책을 통해 발전을 거듭해 올 수 있었는데, 제조업을 기반으로 한 방위산업은 제조업 부문에서의 역량을 바탕으로 두각을 나타낼 수 있었던 배경이 있다.

기본적으로는 글로벌 방산시장은 정찰제 시장이 아니기 때문에 우선적으로 가격경쟁력을 확보하는 것이 핵심 관건이다. 또한, 무기체계 제품 성능과 운영 간 유지 및 보수 등에 있어 신뢰도가 중요한 부분이 된다.

이미 한국산 무기는 글로벌 방산시장에서 매력적인 가격경쟁력과 함께 우수한 무기 성능이 입증된 바 있고, 구매국의 다양한 요구에 부합한 종합군수지원(ILS) 뿐만 아니라 적극적인 정부 지원정책이 수반되면서 K-방산은 압도적인 경쟁우위를 갖추게 됐다.

반세기가 넘는 기간 동안 전 세계에서 유일하게 휴전 중인 분단국가로 실존 위협에 대비했던 배경에서 실전에 즉각 투입될 수 있는 재래식 무기체계 대량생산이 가능하다는 점과 지속적인 성능개량(PIP, Product Improvement Process) 사업을 추진함으로써 품질과 성능 향상을 달성할 수 있었다.

한편, 한국 방위산업 발전의 신화를 이룩할 수 있었던 이면에는 1970년대 당시에 정부 관계자들과 방산업계 종사자들의 보이지 않는 희생과 노력들이 뭉쳐져 애국심을 바탕으로 한 투철한 사명감을 통해 K-방산의 성장과 발전을 촉진시킨 요인이 분명히 존재한다고 바라본다.

이는 우리나라 방위산업 영역에 있어 일종의 고유한 문화(Culture) 또는 정체성(Identity) 혹은 이념(Ideology) 등 철학적인 사유로 표현될 수 있는 무형의 산물들이 단순한 제조업 분야에서 하드파워(Hard Power)만이 아닌 소프트파워(Soft Power)가 결합됨으로써 산업적인 발전에 있어서도 지대한 공헌의 결과물이라고 평가할 수 있겠다.

즉, 국가 방위산업 중흥을 위한 고유한 문화와 정체성 정립 노력 등이 함께 어우러져 다각적인 차원에서 대한민국 방위산업의 선순환 되는 건전한 생태계 조성과 산업 활력의 원동력이 K-방산 파워를 갖게 한 것이다.

1. 안보산업 무기 수출의 윤리적 딜레마

종전까지 방위산업은 말 그대로 무기산업으로도 불리면서 제1차 세계대전 당시 전쟁에

자금과 물자를 제공했던 관련 산업을 비난하는 표현으로 '죽음의 상인들(Merchants of Death)'이라는 표현이 쓰이게 됐다.

글로벌 무기시장에 있어 대표적인 무기 구매국인 동시에 수출국이 우리나라인데, 전쟁에서 인명을 살상하는 용도로 사용되는 끔찍한 무기를 다른 나라에 판매하는 것에 대해 방위산업에서는 윤리적 측면에 있어 국제적 비난 여론을 의식하지 않을 수 없다는 딜레마(Dilemma)가 존재하는 것도 사실이다.

가장 이상적이면서도 근본적인 해결책은 전쟁을 하지 않고 군대를 축소하여 평화를 유지하는 군비축소를 말하는 군축에 있다. 하지만, 군축은 한 국가의 결단으로는 이뤄지지 않는다. 특히, 최근의 불안정한 국제정세 속에서는 군사부문 군비경쟁에 따라 무한히 확장할 가능성이 오히려 높다.

이는 주변국이 무력을 포기하지 않는다면 다른 국가도 지속적으로 무력을 확보하려 하기 때문인데, 지구의 자원을 무한하다라고 여긴 자본주의가 안보 위기 심화에 따라 안보 위협이 계속해서 늘어날 수밖에 없겠다. 전 세계적인 자국의 군 현대화 사업이라는 미명하에 군사부문에서 급격한 군비지출 증가 추세를 보자면 마냥 순진한 동화 속 이야기만 할 수는 없다.

하지만, 전쟁과 무기 그리고 안보와 평화에 대해 지구상의 국가들이 궁극적으로 협력하려면 무수한 장애물과 한계가 여전한데, 오히려 강한 군사력만이 전쟁을 억제함과 동시에 평화를 유지할 수 있다는 인식이 요구된다.

평화주의자들은 신냉전 체제에 있어 무한하게 늘어나는 군비경쟁을 억제할 명분 내지 구실을 찾는데, 핵무기를 무분별하게 사용함으로써 지구가 파괴될 것을 우려하면서 타협에 나섰던 때처럼 인류의 공통 위협이 생기게 되면 군비축소가 가능할 수도 있겠다.

오늘날 불안정한 국제정세는 신흥안보(Emerging Security)[1]로 전 세계 각국은 예측 불가한 위협과 무한경쟁 시대에 군사력 건설의 핵심기반이 되는 자국 방위산업 역량을 높이기 위한 방산 선진화와 국방혁신 추진 등에 속도를 내고 있는 현실을 감안할 때 안보산업에 대한 중요성은 더욱 강조될 것이다.

2. 방위사업청 개청 신설 배경 및 현황

현행 방위사업청은 국방 무기체계 관련 획득 및 조달업무를 관장하고 있는 중앙 정부기관이다. 2006년에 국방부, 육/해/공군, 국방조달본부 등 8개 기관이 수행하던 방위력개

1) 신안보 또는 포괄안보로도 불리는 새로운 형태의 위협이 대두됨에 따라 대표적으로 기후위기 이외에도 식량, 자원, 에너지, 사이버 안보 등을 말함.

선사업 추진체계를 통합함으로써 개청 신설된 조직이다.

정부의 방위산업 정책과 제도를 전담하는 방위사업청은 참여정부 시절 국방부 산하 국방조달본부로부터 개청 신설된 정부기관으로서 현행 정부조직법상 국방부 외청으로 병무청과 방위사업청을 두고 있다.

방위사업청은 주로 군이 요구하는 무기체계에 대한 획득 및 조달하는 관련 역할과 기능을 수행 중인데, 불과 몇 년 전까지만 하더라도 방산비리[2] 여파로 인해 혹독한 시련을 함께 겪어야만 했다.

방산비리에 따른 혹독한 국민적 비판과 질책의 대상이 되었는데, 국방 무기체계를 획득 및 조달하는 방위사업은 고도의 전문성과 투명성 등이 요구되는 전문분야이므로 정부와 방산업계 종사자들의 전문지식과 청렴성에 대한 가치관이 매우 중요할 뿐만 아니라 합리적이면서 효율적인 방위사업 추진이 전제되어야 한다.

당시 방산비리와 국방분야에서의 부정부패 사건은 국방 및 방위산업 전반에 대한 국민적 불신을 초래하고, 향후 전력증강에 있어 커다란 장애로 작용할 수 있다는 점에서 심각한 사안으로 다루어졌다.

2006년 방위사업청 개청과 함께 제정된 「방위사업법」은 무기체계 획득 및 조달을 추진하는 방위사업에 기초 법률로서 「방위사업에 관한 특별조치법」에 근거하여 방위력개선사업의 절차적인 투명성 및 공정성 등에 초점을 맞추고 있다.

다만, 현행 「방위사업법」은 방위산업을 타 산업에 비해 특수성이 제대로 반영되지 않아 「국가계약법」에 따른 계약적 성격만을 강조함에 따라 효율적으로 방위산업을 육성 및 발전시키기에는 분명한 한계가 존재하겠다. 방위력개선사업 이외에 방위산업 육성, 군수품 조달 및 품질관리, 국방과학기술 진흥 등 방위사업 수행에 필요한 제반사항 등을 규율하고 있으나, 해당 규정 대부분 공정한 절차적 추진과 투명한 관리를 통한 국방력 확보에만 중점을 두고 있어 국제적인 경쟁력을 강화하기 위한 법적 고려가 미흡했던 것으로 평가된다.

Ⅲ 방위사업청의 역할 및 기능 재정립 발전방안

1. 방위사업청 장관급 주무처 승격 추진

방위사업청은 정부의 대표적인 획득 조달 집행기관으로 육/해/공 소요군이 요구하는

2) 「방위사업 비리 관련 처벌 진단 및 분석 연구보고서」, 최기일 외, 2018, pp.27.

다양한 무기체계를 적시적기에 제공하는 일종의 서비스 조직이다. 그동안 방위사업청은 국방 무기체계 획득 조달과정과 절차에 있어 투명성 및 전문성을 제고하기 위한 차원에서 나름의 노력을 추진해왔다. 하지만, 국방부 외청이라는 태생적인 조직의 권한적 한계로 말미암아 방위사업 효율성을 제고하는 역할과 기능을 한 단계 더 강화해야 할 필요성이 높아지고 있다.

지난 대선에서는 관련 공약의 일환으로 방위사업청을 국방부 제2차관제로 개편하는 방안도 논의된 바 있는데, 현행 「정부조직법」에서 국방부 외청으로 방위사업청은 방산비리 근절과 척결 목적에 따라 故 노무현 대통령 재임시절 당시 참여정부가 국방개혁을 추진하는 과정에서 비롯된 대표적인 성과물이다.

한편, 방위사업청은 투철한 책임의식과 국가 사명감을 바탕으로 직원 윤리의식 등을 함양할 뿐만 아니라 독보적인 전문성을 갖추어야만 효율성을 제고할 수 있는데, 투명성과 전문성을 강화하고자 하는 노력을 통해 효율성 수준도 높여 나갈 수 있을 것이다.

이를 위해서는 현 방위사업청 조직을 방위사업처로 승격함으로써 방위사업 투명성과 전문성, 효율성 관련 권한과 역할 기능 등을 보다 더 강화하여 방위산업을 체계적인 국가 전략산업으로 육성할 수 있도록 다각적인 검토가 요구되겠다.

현재 「정부조직법」 상에서 국방부 외청으로 병무청과 방위사업청을 두고 있는데, 방위서업청장은 차관급에 해당한다. 국방부 외청이라는 한계와 상급기관인 국방부로부터 직간접적인 통제와 관리 범위에 있으므로 방위사업청의 역할과 기능을 격상함으로써 방위산업을 국가 전략산업으로 체계적인 육성을 추진이 가능하도록 방위사업처 장관급 격상 방안에 대한 필요성이 제기되는 대목이다.

참고로 2023년 6월 5일 국가보훈처가 국가보훈부로 승격했는데, 1961년 전쟁 희생자 구호업무로 시작한 군사원호청이 설립된 지 62년 만에 국가보훈부로 격상될 수 있었다.

기존에 국가보훈처장은 장관급 예우로 정부부처 수장들이 국무위원회에 당연직 위원으로 임명됨에 따라 국가보훈장도 국무위원에 해당하는데, 국가보훈부로 승격됨에 따라 장관 임명 직위가 됐다.

최근에 글로벌 무기시장에서 K-방산의 위상이 높아지고 있는 가운데 국가 전략산업화하기 위한 역할과 기능에 있어 방위사업청을 방위사업처로 장관급으로 승격해줌으로써 권한을 강화하는 측면에서 방위산업 육성 정책 및 방산수출 추진에 있어서도 탄력을 받아 힘을 얻게 될 것으로 기대된다.

방위사업처 승격 검토와 더불어 방위산업은 국가 전략산업으로 국가적 차원에서 보면, 안보와 경제 측면에 있어 중요성이 높아지고 있으므로 방위산업을 총괄하는 대통령 직속 방산 종합 컨트롤타워 '방위산업비서관(방산비서관)'[3] 직제를 설치하는 방안에 대해서도 진지한 검토가 요구되겠다.

정부부처 장관직 인사에 대한 임명 시 국회 해당 상임위 인사청문회를 통해 인선 절차가 진행되는데, 국무위원에 해당하는 부처 장관 지명자 관련 엄격한 국민 눈높이에서 능력과 자질 외 도덕성 등을 면밀하게 검증받도록 되어 있다.

국회 인사청문회는 정부부청 장관직에 지명된 인사를 기본적으로 대상으로 규정하고 있는데, 예외로 국세청장과 경찰청장 등 청 단위의 차관직 기관장도 인사검증 대상에 포함되기도 한다. 이는 해당 기관의 수장이 장관급에 준하는 권한과 역할을 수행할 뿐만 아니라 국민적인 기대 수준 등에 부합하는 철저한 인사검증을 통해 임명되어야만 하는 주요 직위이기 때문이다.

한편, 2006년에 개청한 이래로 정권이 바뀔 때마다 방위사업청장은 방산에 대한 이해도나 방위사업 경력과 무관한 정권 코드인사를 통해 통상 1년 내외 임기만에 교체되는 등 지난 18년 동안에 무려 13명의 방위사업청 수장이 변경됐다. 고도의 전문성과 도덕성이 요구되는 방위사업청장에 대해서는 가령 2년 최소한의 임기를 보장해줌과 동시에 엄격한 국회 인사청문회를 거쳐 적임자가 수장으로 역할을 할 수 있도록 보완이 요구되는 부분이기도 하겠다.

방위사업청장에 지명된 후보자에 대해 국회 인사청문회를 거쳐 철저한 인사검증이 요구되겠으며, 방위사업 관련 학식과 지식, 경력 이외에도 도덕성 등 엄격한 자질 검증을 통해 방위사업청 수장으로 임명된 후 일정기간의 임기를 보장함으로써 일관된 방위사업 정책 추진이 가능하도록 강구되어야 하겠다.

2. 방위사업청 산하 지방청 신설 운영안

지난 제20대 대통령 선거에서 윤석열 국민의힘 대선후보가 당시 대전시에서 개최된 결의대회 연설을 통해 처음으로 방위사업청 이전을 공약화하여 공식 발표했다. 방위사업청 이전에 대한 논란은 윤석열 대선후보가 "정부대전청사에서 세종시로 옮겨간 중소기업벤처부 자리에 방위사업청을 이전하겠다"라는 구상을 밝힌 데서부터 시작됐다.

당시에 윤 후보는 "충남 계룡에 3군 사령부, 국방과학연구소, 민간국방과학기술단지, 항공우주연구원 등을 합쳐 방사청까지 이전하게 되면 대전과 충남지역이 국방과학기술

3) 2020년 1월 청와대 조직 및 기능 재편과정에서 2급 선임행정관 직제인 방위산업담당관이 신설된 바 있으며, 1970년대 故 박정희 대통령 집권시절에 故 오원철 경제2수석비서관실에서 국가 방위산업 육성 전담기구 역할을 했던 이래로 40여년 만에 최초로 만들어진 방산 종합 컨트롤타워로 기록됐으나 1급 비서관이 아닌 데다가 非 전문가 출신이 내정 임명됨에 따라 의미가 퇴색함.

요람이자 생태계가 구축될 것"이라고 언급했다.

대전시는 방위사업청 이전을 위한 범시민대책위원회를 출범했고, 방위사업청이 소재한 경기 과천은 이전을 반대하는 민관대책위원회 TF까지 구성했다. 이외에도 경남 창원에서 창원상공회의소가 주축이 되어 기자회견을 열어 방위사업청을 경남 창원으로 이전해 줄 것을 촉구한 바 있다.

이후 방위사업청 지방 이전 관련 대선공약에 따른 지자체별 유치전이 본격 점화되기 시작하면서 방위사업청 이전 후보지로 유력하게 거론된 대전과 충남 논산에 이어 경남 창원에 이르기까지 지자체별로 신경전이 과열됐다.

대선공약으로 인해 가열된 방위사업청 지방 이전이 윤석열 정부 출범 직후부터 정쟁화됐을 뿐만 아니라 일부 지자체에 치중된 선심성 공약 추진이라는 지적 속에 지자체 간 갈등을 부추김으로써 정국 혼란과 국론 분열을 야기했다.

「정부조직법」에서 규정한 중앙부처 소속 외청은 국세청, 관세청, 조달청, 통계청, 검찰청, 문화재청, 병무청, 방위사업청, 경찰청, 소방청, 농촌진흥청, 산림청, 특허청, 질병관리청, 기상청, 해양경찰청 등 16곳으로 방위사업청만 제외한 청 단위 정부기관은 지방청을 운영하고 있다. 국토교통부 산하인 행정중심복합도시건설청, 새만금개발청은 특정지역만을 관장하는 특수기관이므로 논외로 한다.

국내 방위산업 관련 현황을 살펴보면, 제조업을 기반으로 대부분 지방 주요 권역 및 지역별 산재되어 있는 산업단지 등을 중심으로 주요 무기체계를 생산, 제조하고 있다. 즉, 방위사업청도 지방청을 설립해서 전국 단위의 각 지역 및 거점 권역별로 현장 밀착형의 맞춤형 지역별 특화 방위산업 육성 지원이 가능할 것이다.

가령, 방위사업청 산하 지방청 설립을 추진한다면, 대표적인 국내 방위산업 거점지역과 주요 도시별로 서울 및 경인지역, 대전, 경남 창원, 경북 구미 등에 지방청을 신설하여 운영함으로써 체계적인 방위산업 육성과 신속한 행정지원 제공이 기대된다.

이는 현재 방위사업청이 지역 및 거점 권역별 선순환되는 방위산업 생태계 조성을 위해 추진 중인 방산혁신클러스터[4] 구축 사업과도 함께 시너지를 높일 수 있겠으며, 실질적으로 국내 방위산업 현장에서 방위산업 역량 강화를 위한 다양한 사업을 발굴 및 조성할 수 있을 뿐만 아니라 현 정부의 방위산업 육성 국정과제 실천에도 탄력이 붙을 수 있겠다.

하지만, 무엇보다도 원론적으로 방위사업청을 지방 이전한다는 목표와 목적 자체가 설

---

4) 「방위산업 발전 및 지원에 관한 법률」 제10조 및 동 법 시행령 제12조에 의거 방위사업청장과 협약을 체결한 광역자치단체 및 기초자치단체와 국방 중소 및 벤처기업 성장 지원을 위해 공동으로 협력하는 추진하는 사업을 일컬음.

득력을 얻지 못한다는 점을 지적할 수 있겠다. 국방 무기체계 획득 및 조달을 위한 방위사업 추진과정에서 각 군의 소요를 종합하여 획득업무를 관장하는 기관인 방위사업청을 중심으로 국방부, 합동참모본부가 주된 업무를 수행한다.

국방부와 합동참모본부가 서울에 소재한 상태에서 방위사업청만 대전으로 이전함으로써 방위사업 추진과정에서 기대되는 효과가 미비하거니와 실효성 측면에 있어서도 설득력이 떨어진다. 참고로 합참은 2026년 경기 과천의 수도방위사령부 위치로 옮긴 뒤에 국방부는 서울 용산에 위치한 합참 부지로 이전한다는 계획이다.

당초에 현 정부 임기 내 방위사업청 지방 이전을 추진해야 한다는 시급성도 이해되지만, 지자체별 이전 유치전이 가열됨에 따라 불필요한 지역 갈등 악화 현상이 초래되지 않도록 세심한 당국의 정책적 배려와 대안으로 방위사업청 산하 지방청 설립이 타당할 것이다.

정부에서 방위사업청 이전과 산하 지방청 설립을 시급한 당면과제로 인식함으로써 국가 방위산업 육성과 발전 취지에도 걸맞도록 방위사업청 산하 지방청 설립에 적극적이면서도 유연한 접근과 신중한 검토 필요성이 제기된다.

K-방산이 무한경쟁 시대를 맞이한 글로벌 무기거래 시장에서 지속가능한 선순환 구조의 방산생태계 조성을 통한 생산성 향상에 이바지하여 국제경쟁력 제고에 집중하기 위해 지방청을 신설이 촉구되는 바이다.

3. 정부 출연 방위산업진흥원 설립 추진

과거 제20대 국회에서 「방위사업법」의 한계를 보완하기 위한 관련 법률안 제정 추진을 모색하게 되는데, 자유한국당 백승주 의원 명의로 대표 발의된 「방위산업발전법(이하 '방산발전법')」과 더불어민주당 이철희 위원이 대표 발의한 「방위산업진흥법(이하 '방산진흥법')」이 쟁점으로 부각됐다.

상기 양 법안은 일부 다소 상의한 부분이 존재했지만 대체로 동일 및 유사한 중첩내용들이 다수였기 때문에 「국회법」 제58조 제6항 및 제64조에 따라 국회 상임위원회에서 심사 중인 법안 심사 간 공청회 등을 통한 의견 수렴이 가능했기 때문에 국회 국방위원회 소회의실에서 공청회를 개최한다.

이후 국회 국방위원장, 방위사업청 이외에 한국방위산업진흥회 등 방산업계 전반의 의견을 수렴하여 「방산발전법」과 「방산진흥법」의 입법 발의했던 법안을 병합하게 됨으로써 「방위산업 발전 및 지원에 관한 법률」 제정 필요성이 대내외적으로 입법 취지 및 배경 등에서 전반적인 공감대를 얻을 수 있게 된다.

병합안인 「방위산업 발전 및 지원에 관한 법률」에서 담고 있는 주요 핵심내용은 방위산업을 발전시키기 위한 법적 및 제도적 미흡을 보완하는 것이며, 방위산업 특성에 맞지 아니하는 일반적인 정부조달 계약법 적용을 제한하여 방위산업의 보호와 투자, 연구개발 지원을 담보하고자 하는 것을 포함했다.

당초 「방위산업 발전 및 지원에 관한 법률」에서는 방위산업 육성에 관한 기조와 주요 내용 등을 확인할 수 있는데, 더불어민주당 이철희 의원이 대표 발의했던 「방산진흥법」 제17조 방위산업진흥원의 설립에서 비롯되어 병합안에는 제20조 방위산업진흥원 설립 및 운영 등에 관한 조항이 반영됐다.

방위산업진흥원 설립 및 운영에 관한 세부조항은 병합안의 제6조 방위산업 실태조사 제2항, 제15조 전문인력의 양성 등 제2항, 제20조 방위산업진흥원 설립, 제28조 업무의 위탁 제1, 2항, 제29조 비밀 엄수, 부칙 제4조 방위산업진흥원의 설립 준비 조항 등이 해당된다.

기본적으로 방위산업진흥원은 정부 출연 법인으로 설립되는데, 법률상 근거로는 「민법」 규정을 준용하도록 규정하는데, 「민법」의 규정을 보완하는 측면에 있어 「공익법인의 설립 및 운영에 관한 법률」을 통해 재단법인으로서의 공익성과 건전한 활동을 유지할 수 있다.

방위산업진흥원의 주요 수행 추진업무는 국방 중소 및 벤처기업 육성 이외에도 방위산업 기반 강화, 방산수출 확대 관련 업무분야 영역을 전담하여 수행하는 것으로 기존 방위사업청과 국방기술품질원의 방위산업 진흥, 기반 강화업무, 국방과학연구소 산하 방산기술지원센터 기술지원 업무 등 여러 기관에 분산되어 있는 방위산업과 관련 연관된 육성 지원업무를 통합하는 개념이다.

초기 방위산업진흥원 설립 구상단계에서 기본 조직 구성은 원장 직속 기획조정부, 이하 3개 본부로 중소벤처사업본부, 방산기반사업본부, 방산수출사업본부, 전국 방위산업 거점 권역 도시별로 8곳에 부설 지역벤처센터를 설치할 계획으로 인력 구성은 신설시 113명을 시작으로 향후 정원을 지속적으로 확보 및 보강하여 축차적으로 약 200명 인력 규모로 확대할 계획이었다.

2020년 2월 제정되어 시행된 「방위산업 발전 및 지원에 관한 법률」에서 제20조 방위산업진흥원 설립 조항이 삭제가 되고, 공제조합의 설립 등에 관한 조항이 반영되어 2021년 7월 조합원 130개사가 참여한 방위산업공제조합이 출범한다.

방위산업진흥원 설립 추진배경에는 방위산업 지원조직 분산에 따른 전문성 저하로 역량 결집 제약의 한계에서 비롯됐는데, 현 정부의 방위산업 육성 정책기조와 방산 중소기업 육성 및 방산수출 추진을 위해 방위산업진흥원 설립이 시급한 배경을 짚어볼 수 있는 대목이다.

정부는 「산업발전법」 관련근거 이외 다양한 국내 산업군을 전문적이면서 체계적으로 육성 및 지원하기 위한 목적으로 전자, 데이터, 소프트웨어, 정보통신, 건설기술, 엔지니어, 산업안전, 정보보호, 부동산서비스, 게임, 로봇, 식품, 보건, 기상, 관광, 음악, 유통, 전시, 화훼, 디자인, 콘텐츠, 만화, 영상, 대중문화, 출판문화, 문화산업 등 해당 여러 산업 분야별 특별법을 제정하여 진흥원 설립을 명문화하여 시행하고 있다.

국내 방위산업도 방위산업진흥원 설립 재추진을 통해 중소벤처기업 육성 및 방산수출 확대, 방위산업 경쟁력 강화를 도모하고, 방위산업 육성 이외에 지원업무를 통합한 전문 전담기관을 통해 범정부 차원의 종합적인 방위산업 육성정책과 제도 구현이 가능할 것으로 기대된다.

특히, 국방 중소벤처기업의 경쟁력을 확보함으로써 수출형 산업으로 도약할 뿐만 아니라 지속 가능한 고급 양질의 일자리 창출을 체계적으로 지원하게 될 방위산업진흥원을 통해 국내 방위산업의 육성과 발전을 위해 선제적으로 추진되어야 할 것이다.

4. 방위사업직렬 제도 도입 전문성 강화

국방 무기체계 획득 및 조달을 추진하는 방위사업에 있어 가장 중요한 핵심가치로서 「방위사업법」 제2조 기본이념에서는 '투명성, 전문성, 효율성'을 명시하고 있다. 그동안 수차례 법령 개정과 제도 개선, 정책 추진 등을 통해 투명성과 효율성 측면은 제고했던 반면에 정작 전문성과 관련한 기본이념을 실현함에 미흡했다는 평가를 받았던 것이 사실이다.

제2조 기본이념에서 효율성보다 앞서 투명성 다음으로 전문성을 제시한 것에는 법 전문에서 방위사업에서 전문성에 대한 중요성을 강조한 것으로 해석된다. 이는 방위사업 비리 발생의 주요 원인 중 전문성 부족에서 필연적으로 발생되는 개연성이 높다는 측면에서 전문성 강화를 통해 무기체계 획득 조달과정에서 비리의 발생원인을 근본적으로 사전 예방하고자 한 차원이다.

국방획득은 무기체계 설계, 개발, 시험, 계약, 생산, 배치, 군수지원, 개량, 폐기처분까지 포괄하는 개념으로서 광범위하게 사용하고 있다. 국방획득 관련 교육에 대한 개념과 인식은 1970년대 초 국내 방위산업 태동한 시점부터 시작됐으나, 2021년 1월 1일 방위사업교육원(舊 국방획득교육원)이 설립되면서 제대로 부각되어 주목을 받을 수 있게 되었다.

국내에서는 국방획득 관련 전문 교육기관 중 대표적으로 방위사업청 산하 방위사업교육원, 국방대학교 부설 직무교육원, 국방과학연구소 국방과학기술아카데미, 한국방위산업진흥회 방위산업 교육센터, 한국생산성본부 방위사업 전문과정 등이 있다. 이외 광운대학교, 건국대학교, 고려대학교, 창원대학교, 상지대학교 등에 대학과 연구소 내 학위 및 부설 교육과정을 운영 중이다.

현재 방위사업청 소속기관으로 방위사업교육원은 방위사업 전체를 포함한 전문인력을 양성하기 위해 무기체계 소요부터 양산과정에 이르기까지 교육의 범위를 확대하여 사업관리 중심으로 교육과정 시행을 추진 중이다. 특히, 방위사업 전문교육을 3단계로 자기주도적 역량개발을 할 수 있도록 지원할 예정으로 교육의 대상자를 현역 군인, 방산업체 직원까지 확대할 계획이다.

방위사업청 전문교육 운영 관련 제도적 제한되는 한계가 존재하여 국방획득 업무에 종사하는 정부 공무원을 포함한 방산업계 종사자를 대상으로 체계적인 전문교육을 위한 관련 입법 제정 이외 방위사업 전문성을 높일 수 있는 적절한 대안을 마련해야 하겠다.

정부가 주도하는 특성을 지닌 고유한 국가 방위산업에 대한 특수성을 이해함과 동시에 장기간에 걸쳐 복잡한 사업 추진과정이 수반되는 국방 무기체계 획득 조달업무에 대한 해박한 전문성을 확보하기 위해 관련 직무를 수행하는 방위사업청 공무원의 인력운영 개선도 필수적으로 요구되는 부분이다.

과거 방산비리의 여파로 범국가적 문제로 대두됐던 원인 중 방위사업청과 현역 및 공무원 조직에 대한 투명성 문제보다는 전문성 부족에서 기인한다는 측면이 제기됐는데, 국회와 언론 등에서도 방위사업청 인력 전문성 확보 관련 우려가 반복적으로 지적된 바 있다.

과거 2016년에 국무총리실 산하 반부패위원회는 방위사업 관련 전공자나 체계적인 교육을 받은 일반직 공무원이 극소수라는 점과 해당 전문교육 또는 보직관리를 통한 전문성 축적에도 한계가 존재할 뿐만 아니라 잦은 부처 간 전출입으로 소속감 결여 등 방위사업 관리업무에 있어 연속성 확보가 필요하다는 결론을 냈다.

「공무원 임용령」에서는 공무원 직군을 직무 성질이 유사한 직렬의 군으로 구분하여 행정직군 또는 기술직군으로 나누고, 직렬은 직무 종류가 유사하나 책임과 곤란성의 정도가 다른 직급의 군으로 가령 행정직군 내 행정직렬 내지 기술직군 내 공업직렬 등으로 구분하고 있다. 참고로 공무원 직류는 같은 직렬 내 담당분야가 같은 직무의 군으로 행정직렬 내 국제통상직류 또는 공업직렬 내 전자직류 등을 두고 있다.

정부기관 부처 사례로 기상청은 기상직렬이 약 72%, 관세청은 관세직렬이 약 73% 비중으로 재직 중인데, 방위사업청은 '방위사업직렬'을 신설함으로써 특수한 방위사업 관련 업무에 있어 전문성을 확보함과 함께 체계적인 방위산업 육성을 통한 경쟁력 강화에도 일조하게 될 것으로 기대된다.

국방획득 분야의 전문성 부족에 따른 부실과 무지에서 비롯된 문제점들이 상당 부분 존재하므로 국방획득 전문교육 강화뿐만 아니라 방위사업청 공무원 대상으로 방위사업직렬 도입 시행을 통해 전문성 부족에 따른 비리 개연성의 발생 가능성은 낮추면서 업무의 효율성은 제고하는 측면에서 진지한 고민과 접근이 강구되어야 하겠다.

국방획득 및 방위사업 관련 전문교육 관련 체계적인 재정립 필요성을 시급하게 인식함과 동시에 전문인력 양성 및 운영을 위해 방위사업청 공무원 방위사업직렬 제도 신설 방안을 모색하는 등 전문성을 높여 방위사업 추진에 있어 투명성과 효율성을 도모해야 함이 바람직할 것으로 사료된다.

Ⅳ 결 론

최근 방산수출 실적과 글로벌 정세 및 국제 방산시장을 고려할 경우에 장차 대한민국 방위산업은 방산수출에 있어 급격한 양적 확대와 질적 성장을 바탕으로 미국에 이어 세계 2위 무기 수출국 반열에 오를 것이 확실해 보이는 상황이다.

명품 K-방산이 규모의 경제를 뛰어넘어 범위의 경제를 동시에 실현이 가능하기 위해서는 방산생태계가 선순환되도록 국내 방위산업 경쟁력 기반을 강화할 수 있도록 정부와 방산업계 간 상생과 협업을 통한 경쟁우위 확보 방안이 마련되어야 하겠다.

글로벌 무기거래 시장은 무한경쟁이 날로 심화되는 상황 속에서 전통적인 유럽 방산 선진국의 시기와 견제 수위가 높아지는 가운데, 전성시대를 맞이한 K-방산 신기원을 거듭 이루어낼 수 있도록 지속가능한 발전을 도모해야 할 것이다.

지금까지 방위산업은 산업적 측면에서 접근보다는 국가안보 차원에서 추진되었는데, 앞으로는 신성장동력 산업으로 규모의 경제와 범위의 경제를 실현할 수 있도록 새로운 패러다임이 제시되어야 할 시점이다.

국가 방위산업이 수출주도형 전략산업으로 고도화해 나아가기 위해서는 최첨단 과학기술의 급속한 발전 속에서 새로운 방위산업 고도화 정책이 필요한 시점이다. 방위사업청을 장관급으로 승격하는 방안과 함께 대통령 직속 방산비서관 직제 설치, 방위사업청 산하 지방청 신설, 정부 출연 방위산업진흥원 설립, 방위사업직렬 제도 도입을 통한 전문성 강화에 대한 검토가 필요하겠다.

정부에서는 국정운영 5개년 국정과제로서 106번 과제로 "방위산업을 첨단 수출산업으로 육성하겠다"는 국정운영에도 반영했는데, 국가 방위산업을 전략산업으로 수출주도형 선순환 구조화함으로써 경제 성장의 중요한 신성장동력산업으로 삼겠다는 정부와 방산업계 의지가 반영되어 핵심 추진과제로 다루고 있다.

명품 대열에 본격적으로 합류한 K-방산이 장차 지속가능한 성장이 가능할 수 있도록 방산생태계 체질 개선과 국내 방산업체 국제경쟁력 강화를 유도함으로써 정부와 방산업계, 학계 전문가 그룹의 다각적인 관심과 노력이 요구될 것이다.

트럼프 2기 정부 시기 동북아 안보환경 변화 및 한미동맹 방향 모색

소 현 철

요약문

'미국 우선주의', '힘을 통한 평화'를 내세운 트럼프가 대통령으로 당선되었다. 바이든 행정부는 자유주의적 국제주의라는 가치를 기조로 대외정책을 펼쳤지만, 트럼프 2기 행정부는 국가이익과 거래적 관점에서 대외정책을 전개할 것으로 예상한다.

트럼프 2기 행정부는 선택과 집중이라는 대외정책의 목표를 달성하기 위해 러·우 전쟁을 종식하고 러시아와의 관계를 복원할 것이며 쿼드(Quad) 국가인 일본, 호주, 인도와 협력을 강화하면서 중국 봉쇄에 집중할 전망이다. 바이든 행정부 시기 북한의 핵·미사일 능력은 고도화되었고 북 · 러 동맹강화로 북한 핵문제 해결이 더욱 어려워진 구조이다. 트럼프 대통령은 북한과 '단계적 핵폐기' 방식 혹은 '부분 비핵화' 협상을 추진할 가능성이 있다.

이에 한국은 한미 동맹을 강화하면서 미국과 협상을 통해 사용후핵연료 재처리와 우라늄 농축을 할 수 있는 잠재적 핵능력을 확보할 수 있는 컨틴전시 플랜을 준비할 필요가 있다. 한국은 최첨단 무기체계 획득을 포함한 강력한 국방력 육성을 통해 안보와 국가이익을 수호해야 할 것이다.

· 핵심어(Key Word) : 힘을 통한 평화, 중국 봉쇄, 컨틴전시 플랜

I 서 론

트럼프 2기 행정부 시기 동북아시아 안보환경은 어떻게 변화할 것인지와 북·미 관계는 어떻게 변화할 것이며, 한국은 어떻게 한미 동맹을 강화할 것인가에 대한 심층적인 고민이 요구되는 중대한 시점이다.

2024년 미 대선 과정에서 트럼프는 중국산 수입품에 대해 60% 이상의 관세를 부과하겠다고 하였고 러·우 전쟁을 즉각적으로 끝낼 수 있다고 공언하였고 김정은과의 개인적 친분을 과신하였다. 트럼프의 돌출발언은 바이든 행정부의 정책과는 대비되는 것으로 트럼프 2기 행정부의 대외전략에 대한 불확실성이 커지고 있다.

1991년 소련 붕괴 이후 미국 중심의 단극체제에서 클린턴, 부시, 오바마, 바이든 행정부는 민주평화론과 경제적 상호의존주의라는 자유주의 국제정치 시각에서 대외전략을 전개하였다. 그러나 미국은 중동에서 불필요한 전쟁으로 국력을 소진하였다. 미국 정치권과 월가 자본가들은 중국의 WTO 가입을 적극적으로 지원하였지만, 20년 만에 중국은 미국을 위협하는 강력한 도전자가 되었다.

트럼프 2기 행정부의 핵심 인물들은 자유주의 국제정치 시각 대신에 현실주의 국제정치 시각을 통해 대외전략을 전개할 것이다. 현실주의 국제정치 시각은 국제정치체제는 무정부적 구조이며 국가는 권력으로 정의된 국가이익과 안보를 추구하면서 세력균형(Balancing)을 통해 국제정치체제를 안정시킬 수 있다는 것이다. 특히, 미국 현실주의 국제정치학자는 국가는 신중하게 국력을 사용해야 하며 베트남 전쟁과 제2차 이라크 전쟁에 반대하였다.

트럼프 2기 행정부는 미국 국력의 상대적 쇠퇴라는 현실 인식 속에서 선택과 집중의 대외전략을 추구할 것이다. 미국은 유럽에서 러·우 전쟁 종결, 중동에서 이스라엘-하마스 전쟁 종결을 통해 중국 봉쇄에 집중할 전망이다.

바이든 행정부 시기 북한의 핵·미사일 능력이 고도화되었고 북·러 동맹이 본격적으로 가동하면서 북한의 핵문제 해결이 더욱 어려워졌다. 트럼프 2기 행정부는 북한의 '단계적 핵폐기' 혹은 '부분 비핵화' 협상을 추진할 수 있다. 한국은 방위비 분담금 비중에 집착하지 말고 거래적 관점에서 미국과 협상을 진행하면서 한·미 동맹을 강화하고 잠재적 핵능력을 확보할 수 있어야 한다.

본 논문은 현실주의 국제정치 시각을 통해 트럼프 2기 행정부 시기 동북아 안보환경 변화 및 한미동맹 방향을 모색할 것이다.

Ⅱ 트럼프 2기 행정부 시기 동북아 안보환경 변화

1. 미·중 갈등관계 심화

미국의 적극적인 지원 아래에 중국은 2001년 12월 세계무역기구(WTO)에 가입하면서 중국경제가 폭발적으로 성장하였다. 2010년 중국의 국내총생산(GDP)이 일본을 추월하여 중국은 세계 2위 경제대국으로 올라섰고 동중국해 지역인 댜오위다오·센카쿠 열도 수역에서 일본과의 분쟁을 일으키면서 공세적인 대외전략을 전개하기 시작하였다. 2012년 11월 중국공산당 제18차 당대회에서 총서기로 선출된 시진핑은 '중국몽(中國夢)' 국가목표를 제시하고 '신형대국관계'와 '일대일로' 전략을 추진하였다.

반면에 미국은 2001년 9.11 테러 이후 아프가니스탄·이라크 전쟁 수행과 금융위기로 국력을 소진하였다. 오바마 행정부는 2009년 제1차 미·중 전략경제대화에서 국력이 부상하고 있는 중국과의 협력을 모색했지만, 중국의 핵심이익에 대한 강경한 태도에 실망하게 되었다.

이에 2011년 11월 오바마 행정부는 아시아·태평양 중시를 강조하면서 '아시아의 회귀(Pivot to Asia)'와 '재균형(Re-balancing)' 전략을 선언하면서 중국의 영향력 확대를 본격적으로 견제하기 시작하였다. 이로 인해 1972년 미국 닉슨 대통령의 중국 방문으로 시작되었던 약 30년간의 미·중 협력관계가 경쟁과 갈등관계로 전환되었다.

2017년 트럼프 1기 행정부는 힘을 통한 평화(Peace through strength)와 미국 우선주의(America First)를 내세웠고 중국의 불공정 무역을 시정 하기 위해 중국 수입품에 고율의 관세를 부과하는 행정명령을 시행하였다. 2017년 국가안보전략보고서(National Security Strategy, NSS)에서 중국은 인도·태평양 지역에서 미국을 몰아내고 자신에게 유리한 질서로 재편하려는 현상타파세력(Revisionist)으로 규정하였다.[1)]

트럼프 1기 행정부는 기존 태평양사령부의 명칭을 인도·태평양 사령부로 변경하여 작전 지역을 인도양까지 확대했다. 미국은 2019년 중국의 미사일 전력을 견제하기 위해서 1987년 소련과 체결한 중거리핵전력조약(Intermediate-Range Nuclear Force Treaty, INF)에서 탈퇴한다.

2021년 바이든 행정부는 동맹국과 함께 통합억제 전략을 통해 중국 군사력에 대한 견제를 강화하였고 디리스킹(De-risking) 전략을 통해 첨단기술에 대한 중국의 접근을 차

1) The White House, "National Security Strategy of the United States of America (December 2017),".

단하고자 하였다. 2022년 8월 펠로시 하원의장의 타이완 방문으로 인해 타이완에서의 군사적 긴장관계가 고조되었다.

2017년 10월 제19차 당대회에서 '시진핑 신시대 중국 특색의 사회주의 사상'을 당헌에 기재되면서 시진핑은 권력을 강화하고 민족주의를 바탕으로 하는 공격적인 대외전략을 전개하였다. 반부패 숙군 작업과 군부 개혁을 통해 군부에 대한 장악력을 높였다. 중국은 항공모함, 핵추진잠수함 등 해군력을 강화하고 미국의 미사일 방어체제에 대응하기 위해서 대륙간탄도미사일(ICBM) 능력을 고도화하고 있다. 2022년 10월 제20차 당대회에서 시진핑 총서기의 3연임이 확정되었고 타이완에 대해 '일국양제 관철 및 타이완 독립 반대'를 당장에 최초로 명문화하면서 타이완에 대한 강경한 태도를 과시하였다. 시진핑 정부는 인민해방군 창설 100주년이 되는 2027년에 군의 현대화 목표를 천명했다.

2023년 명목 국내총생산(GDP) 기준으로 미국 27.4조 달러, 중국 17.8조 달러, 일본 4.2조 달러로 중국은 미국 GDP의 65%를 차지하고 있다.[2] 중국의 폭발적인 경제 성장에 대한 미국의 두려움이 커지고 있다. 2025년 트럼프 2기 행정부는 미국에 중국의 도전을 막기 위해 대중국 봉쇄전략을 강화할 것이다.[3] 트럼프 대통령은 대중 강경론자인 루비오(Marco Rubio)를 국무장관으로 지명하였고 미 상원은 만장일치로 인준하였다. 그는 취임하자마자 쿼드(Quad)에 속해 있는 인도, 일본, 호주 외무장관과 회의를 개최하고 인도·태평양 지역에서 중국의 팽창주의에 대응하기 위한 협력을 강조하였다.

미국은 군사력의 기반이 되는 경제력을 훼손하기 위해 중국 수입품에 고율의 관세를 부과하고 중국의 최혜국대우(Most Favoured Nation Treatment, MFN)를 폐지할 것으로 예상한다. 미국은 중국과의 경제적 기술적 연결고리를 끊어버리겠다는 디커플링(Decoupling) 전략을 통해 중국경제의 침체를 유도하겠다는 것이다.

트럼프 2기 행정부는 미국의 상대적 쇠퇴라는 현실 인식 속에서 모든 지역에서 미국의 우위를 유지하는 전략이 아닌 '선택과 집중의 외교·군사 전략'을 전개할 것으로 전망한다. 미국은 유럽에서 러·우 전쟁 종결을 통해 미국의 우크라이나 지원금을 대폭 축소하고 나토(NATO) 회원국의 국방비 확대를 통한 자체 방위력 강화를 요구할 것이다.

트럼프 대통령은 자신의 업적인 아브라함 협정(Abraham Accords)[4]의 확장을 추진하

---

2) KOSIS 국가통계포털 홈페이지. 국제·북한통계 국제통계연감(2024), 국민계정 경제활동별 국내총생산(당해 년 가격) 데이터 산출.

3) 미국 부시 행정부의 중국 WTO 가입에 대한 지원 및 이라크 전쟁에 비판적이었던 미어셰이머 교수는 중국은 평화롭게 부상하지 않고 아시아를 지배하는 패권국가를 추구할 것이라고 예측하면서 중국판 먼로독트린을 고안할 것이라고 보았다. 이에 미국은 중국의 패권전략에 대항하는 균형연합을 제시하였다. 존 J. 미어셰이머(John J. The Tragedy of Great Power Politics, 이춘근 역, 『강대국 국제정치의 비극』 (서울: 김앤김북스, 2017).

기 위해서 중동에서 이스라엘-하마스 전쟁 종결을 유도하면서 이스라엘과 사우디아라비아와 관계 정상화를 통해 이란을 견제하는 전략을 검토할 것으로 보인다. 미국은 중동에서 제한적인 관여(Limited engagement) 전략을 전개함으로써 중동에서 국력소진을 최소화할 것이다. 미국은 유럽과 중동에서 개입을 최소화면서 중국을 봉쇄하는 것에 집중할 것으로 보인다.

미국 보수 싱크탱크 헤리티지 재단은 2025년 1월 『China 2035: Three Scenarios for China's Nuclear Program』를 통해 중국은 1964년 핵실험 이후 유지되었던 최소억제와 핵선제불사용(No First Use) 핵전략(확증보복)을 폐기하고 공세적인 핵우위 전략으로 전환할 수 있다는 가능성을 제기하였다.

가장 공세적인 시나리오는 중국은 2030년까지 1,000개 이상의 핵무기를 보유하고 2035년 2,000개 전략핵무기와 2,500개 비전략핵무기를 보유할 것으로 추정하였고 이는 러시아를 뛰어넘는 세계 최고 핵무기 보유국이 될 수 있다. 만약 중국이 미국과 러시아를 능가하는 핵능력을 보유할 경우 국가적 목표를 달성하기 위해 재래식 군사력을 대담하게 사용할 수도 있다고 분석하였다. 헤리티지 재단은 미국은 중국의 공격을 억제할 수 있는 핵능력을 확보하고 핵무기의 현대화 프로그램을 강화하고 서태평양 지역을 중거리 핵무기를 배치하고 미사일 방어시스템의 고도화를 제안하였다.[5]

트럼프 2기 행정부는 유럽과 중동에서 절감된 국방비를 바탕으로 인도·태평양 지역에 핵·미사일 능력, 우주·사이버 능력 및 해군력을 개선할 전망이다. 미국은 첨단기술을 기반으로 하는 합동전영역작전(Joint All Domain Operation, JADO)을 고도화하여[6] 중국 군사력의 팽창을 억제하고자 할 것이다.

트럼프 대통령은 중국의 대만 공격을 억제하기 위해 과거 자신이 추진했던 2032년까지 355척으로 해군함정을 늘리고 탄약 등 전쟁물자 비축량을 확대할 가능성이 크다.[7] 트럼프 2기 행정부의 군사전략은 1980년대 레이건 정권의 전략과 흡사할 것으로 전망한다. 레이건 정부는 악의 제국인 소련을 붕괴했듯이 트럼프 2기 행정부는 디지털 전제주의 국가인 중국[8]을 강력하게 압박할 것으로 예상한다.[9]

---

4) 2020년 트럼프 대통령은 이스라엘과 아랍 4개국(아랍에미리트, 바레인, 수단, 모로코) 간 평화협정 및 수교를 중재하였다.

5) Andrew J. Harding · Madelyn Heaston · Robert Peters, "China 2035: Three Scenarios for China's Nuclear Program," The Heritage Foundation Backgrounder, No. 3882 (January 6, 2025).

6) 국방부, 『2022 국방백서』(서울: 국방부, 2023), pp. 14-15.

7) 최우선 · 전혜원 · 인남식, 『미국 행정부의 대외전략 변화』(서울: 국립외교원, 2024), p. 15.

8) 마이클 베클리(Michael Beckley) · 할 브랜즈(Hal Brandis), Danger Zone, 김종수 역『중국은 어떻게 실패하는가』(서울: 부키(주), 2023), p. 263.

미·중의 갈등 관계가 심화되면서 트럼프 2기 행정부는 쿼드(Quad), 오커스(AUKUS)와 같은 다자안보협력체와 한·미, 한·일 동맹을 공고히 할 전망이다. 남중국해에서 중국의 팽창을 저지하기 위해서 베트남과 필리핀과의 협력을 강화하고 대만에 대한 군사적 지원도 확대할 것으로 예상한다. 다만 트럼프 대통령은 거래적 관점에서 동맹국의 군사비 확대와 미군 주둔비의 대폭적인 증액을 요구하면서 일시적으로 동맹국과의 불화가 있을 수 있으나 큰 틀은 중국 봉쇄에 초점이 맞추어질 전망이다.

2. 미·러 갈등관계 완화

1991년 소련의 해체로 구소련 국가들의 핵보유에 따른 핵확산 위협이 본격화되었다. 이에 미국과 러시아는 핵확산방지조약(Non Proliferation Treaty, NPT) 체제를 유지하기 위해서 부다페스트각서를 통해 우크라이나의 비핵화를 실현하였다. 한편, 러시아의 옐친 대통령은 시장경제로의 전환을 위해서 미국이 제안한 급격한 가격자유화와 국영기업의 민영화를 추진했지만 1998년 외환위기 발생으로 국가부도가 발생하였다. 푸틴은 1999년 대통령 권한대행으로 취임하면서 강한 러시아 재건에 나서게 되었다.

푸틴 대통령은 초기에 서방과의 협력을 모색하였고 2001년 9.11테러 이후 러시아는 미국의 아프가니스탄 전쟁을 미국은 러시아의 체첸 무력진압을 서로 용인해 주었다. 그러나, 친서방정권이 2003년 조지아 2004년 우크라이나에 들어섰고 발트 3국이 북대서양조약기구(NATO)에 가입하면서 나토의 동진에 따른 러시아의 안보위협감이 커졌다. 이는 소련 봉쇄정책을 입안했던 캐넌(George Frost Kennan)이 1998년 나토의 확장은 러시아의 분노를 자극하여 비극적인 실수가 될 것이라는 경고를 반영하고 있다는 점이다.[10]

러시아는 2008년 조지아의 친러 남오세티야 공격에 대응하여 조지아와의 전쟁에서 승리하면서 서방국가의 구소련지역에 대한 영향력을 차단하고 국가 위신을 회복하였다. 2013년 우크라이나에서 유로마이단 혁명이 확산하면서 서방의 영향력이 확대될 것이라는 우려로 인해 러시아는 2014년 크림반도를 합병하였다.

2021년 9월 미국 바이든 대통령은 우크라이나 젤렌스키(Volodymyr Zelensky) 대통령에게 우크라이나의 나토와 유럽연합 가입을 지지한다고 재확인하였다. 2022년 2월 푸틴은 우크라이나의 나토 가입을 막고 2024년 대선 승리를 통해 장기집권을 마련하기 위해 러·우 전쟁을 단행하였다. 예상과 달리 초기에 우크라이나가 러시아를 상대로 선전을

9) 송재윤, ""힘을 통한 평화" 트럼프가 계승하는 레이건의 세계 전략," 『조선일보』, 2024년 11월 23일.

10) 이태림, 『우크라이나 전쟁에 대한 러시아적 시각과 서방적 시각 비교 교찰』(서울: 국립외교원, 2023), p. 2.

하였지만, 시간이 지날수록 러시아의 특유의 '소모전(Attrition warfare)' 전략이 효과를 발휘하고 있으며 장기간 지원에 따른 서방 진영의 피로감으로 인해 우크라이나가 불리한 상황에 몰리고 있다.

2022년 러·우 전쟁이 시작되면서 러시아는 중국이 추진하고 있는 국제연대 전략에 적극적으로 참여하여 미국의 일방주의와 통합억제 전략에 대응하고 있다.[11] 러시아 푸틴 대통령은 러·우 전쟁에서 러시아를 전폭적으로 지지하는 북한과의 관계를 격상하기 위해 2023년 9월 러시아 극동 보스토치니 우주기지에서 북한 김정은 위원장과 북·러 정상회담을 개최하였다. 북한은 러시아와의 전략적 협력을 통해 미국으로부터 핵위협에 대처하고 유엔의 대북제재를 무력화함으로써 '사실상 핵보유국(De facto Nuclear Weapon State)'를 추진할 수 있는 기반을 마련하였다. 2024년 6월 푸틴 대통령은 북한의 평양에 방문해 북한과 '포괄적 전략적 동반자관계에 관한 조약'을 체결함으로써 양국 간 군사협력을 포함한 강력한 동맹조약을 체결하였다.[12]

2024년 11월 한국 국방부는 북한이 1만여 명 이상의 군인이 러시아에 파병되어 있으며 상당수가 쿠르스크를 포함한 전선으로 이동한 것으로 파악하고 있다고 밝혔다.[13] 러시아는 북한군의 파병을 통해 우크라이나를 압박하고 향후 종전 혹은 휴전 협상에서 유리한 고지를 선점할 수 있으며, 북한은 러시아로부터 수준 높은 핵·미사일 기술을 지원받아 전략핵과 전술핵 능력을 강화할 수 있으며 군대 파병에 따른 경제적 이익을 확보할 수 있다.

캐넌은 저서 '미국 외교 50년'에서 "러시아를 상대로 완전한 승리를 거두는 것은 불가능한 만큼 전쟁을 해서도 안 되고 유화정책을 추진해서도 안된다" 고 말했다. 미 컬럼비아대 경제학자 삭스(Jeffrey David Sachs) 교수는 "우크라이나는 나토 가입을 하지 않는 선에서 전쟁을 끝내라. 그리고 대러시아 제재는 공급망 혼란, 인플레이션, 식량 부족을 촉발하고 있으며 유권자들의 실질소득을 갉아먹고 있다"라고 주장했다.[14]

2016년 대선 당시 트럼프는 전 세계에 민주주의 확산시키는 일에서 벗어나게 할 것이며 클린턴, 부시 행정부의 외교정책을 주도했던 자유주의자를 달리 푸틴을 포함한 권위주의적 지도자들과 우호적인 관계를 유지할 것이라고 밝혔다. 특히, 트럼프는 나토 등 국제기구에 대해서 비판적이었다.[15]

---

11) 소현철, "김정은 시기의 핵전략 변화 연구: 대외환경과 김정은의 선택," 북한대학원대학교 박사학위논문(2025), p. 142.
12) *Ibid.,* pp. 160-163.
13) "국방부 "北, 현재 러시아에 1만 명 이상 파병...상당수 전선 이동"," 『이데일리』, 2024년 11월 5일.
14) 이교관, ""푸틴 탓 아니다" 美현실주의자들의 경고," 『주간조선』, 2022년 6월 18일.
15) 존 J. 미어샤이머(John J. Mearsheimer), *The Great Delusion*, 이춘근 역, 『미국 외교의 거대한 환상: 자유주의적 패권정책에 대한 공격적 현실주의의 비판』 (서울: 김앤김북스, 2021), pp.

미국 바이든 행정부의 러·우 전쟁에서 우크라이나 지원은 미국에 여러 가지 부정적 효과를 가져오고 있다. 첫째, 2022년 러·우 전쟁 발발로 인해 유가가 급등하면서 미국 인플레이션을 악화시켰다. 둘째, 미국의 대규모 우크라이나 국방비 및 재정지원으로 인해 미국의 재정적자가 악화되었다. 셋째, 러시아와 중국의 국제연대가 강화되면서 미국의 대중국 봉쇄전략의 효과가 반감되고 있다. 넷째, 러시아와 북한의 동맹강화로 북한의 핵·미사일 능력이 고도화되면서 한반도에서 핵불균형이 확대되고 있다는 점이다.

1952년 11월 한국전쟁의 조기종전을 선거공약으로 제시했던 공화당의 아이젠하워(Dwight David Eisenhower) 당선, 1953년 3월 한국전쟁의 장기 소모전을 원했던 소련의 스탈린(Joseph Stalin) 사망으로 인해 한국 이승만 대통령의 휴전 반대에도 불구하고 1953년 7월 휴전협정이 체결되었다는 점은 향후 러·우 전쟁의 방향을 가늠할 수 있는 척도가 될 것으로 보인다.

트럼프 대통령은 2024년 대선 기간에 러·우 전쟁을 즉각적으로 끝낼 수 있다고 공언하였다. 트럼프 2기 행정부는 우크라이나에 대한 막대한 지원에 대해 부정적인 견해를 가지고 있어 바이든 행정부와 달리 직접 러·우 전쟁 종식을 위해서 개입할 것으로 보인다. 또한, 독일을 포함한 다수 국가의 우크라이나 지원금이 축소되고 있으며 우크라이나 병력 충원문제가 대두하고 있어 우크라이나가 협상에 임할 수밖에 없는 대내외 구조가 형성되고 있다.

푸틴 대통령은 2022년 러·우 전쟁으로 인한 러시아 민족주의 고양, 전쟁특수로 인한 양호한 경제성과를 등에 입어 2024년 3월 대선에서 압도적인 승리를 거두면서 5기 집권에 성공하였다. 그러나 2024년 인플레이션 급등, 유가 하락에 따른 재정수입 감소 등 부정적 효과가 대두되고 있고 특히 대중국 경제의존도가 심화되고 있다. 결론적으로 향후 러·우 전쟁의 지속은 푸틴 대통령에게 상당한 부담이 될 수 있다는 점이다.

러시아는 중국의 일대일로 전략이 러시아의 핵심이익 지역인 중앙아시아에 대한 영향력을 확대하려는 시도로 인식하고 있다. 푸틴 대통령은 2024년 6월 북한과 베트남 순방에 이어 7월 인도 모디 총리와 정상회담을 개최하는 등 대 아시아 외교를 강화하고 있다.[16) 트럼프 2기 행정부는 거래적 관점에서 중국 봉쇄에 집중하기 위해서 러시아와 대화를 복원할 것으로 예상한다. 푸틴 대통령 시각에서는 미·러 갈등 관계의 완화가 러시아의 국익에 유리하다고 판단하고 있다고 보인다. 결론적으로 역사적으로 냉혹한 국제정치 질서를 고려해 보면 여러 가지 이슈에도 불구하고 러·우 전쟁이 종식될 가능성이 크다.

374-375.

16) 이태림, 『2025 국제정세 전망』 (서울: 국립외교원 외교안보연구소, 2024), p. 75.

3. 미 · 일 협력관계 강화

1964년 도쿄 올림픽 시기에 일본 GDP는 미국의 13% 수준이었고 일본경제가 고도성장하면서 1995년 일본 GDP는 미국의 73%까지 올라갔다. 레이건 행정부는 1985년 플라자 협정과 1986년 미 · 일 반도체 협정을 통해 일본 기업을 견제하였다. 엔화강세, 부동산 버블붕괴, 일본 기업의 경쟁력 저하가 복합적으로 작용하면서 1990년대 중반부터 일본경제가 본격적으로 하락하기 시작하였고 일본 GDP는 2010년 중국에 역전 당했고 2023년 독일에도 역전당해 세계 4위로 추락하였다. 2023년 일본 GDP는 미국의 15% 수준으로 1967년 수준으로 돌아갔다.[17)]

2010년 9월 동중국해 분쟁 지역인 댜오위다오 · 센카쿠 열도에서 일본과 중국 간 분쟁이 발생하였다. 북한 김정은 정권의 지속적인 핵 · 미사일 실험으로 안보에 대한 일본의 두려움이 커졌다. 미국과 일본은 2015년 4월 미 · 일 방위협력지침을 발표하였다. 이를 통해 일본의 집단적 자위권의 행사와 보통국가화가 가능해졌다. 미군과 일본 자위대의 군사적 협력이 강화되고 본격적으로 중국을 군사적으로 견제하기 시작하였다. 미국 트럼프 대통령과 일본 아베 수상은 2017년 11월 미 · 일 정상회담에서 '자유롭게 열린 인도 · 태평양 전략'을 발표하였다. 미국, 일본, 호주, 인도는 중국을 견제하기 위해 제2차 쿼드(Quad 2.0)를 부활하였다.[18)]

트럼프 대통령은 대외적인 군사개입에는 신중하게 접근하고 있지만, '힘을 통한 평화'라는 국가목표를 달성하기 위해서 강한 군대를 요구하고 있다. 트럼프 대통령은 거래적 관점에서 동맹국에 대해 '안보 무임승차'를 비판하고 동맹국의 방위비 분담을 강하게 요구할 것이다.[19)]

일본 이시바 내각은 주일 미군 방위비의 분담금의 대폭적인 증액 요구, 대미 일본 수출품에 대한 관세 인상 등 위협요인에 직면할 수 있지만, 미국과의 전략적 협력 강화를 통해 기회 요인을 활용할 가능성이 크다. 일본은 미국과 함께 쿼드 2.0을 고도화하면서 트럼프 2기 행정부의 대중 봉쇄정책에 적극적으로 참여할 것으로 보인다.

이를 통해 일본은 미국과의 관세 협상에서 일본 기업의 피해를 낮추는 방안을 모색할 것으로 예상한다. 일본은 미국의 대중국 디커플링 전략에 동참하면서 미국과의 경제적 기술적 협력을 강화할 것이다. 트럼프 2기 행정부는 중국을 견제하기 위해서 일본경제의 회복을 도와줄 것으로 판단된다.

---

17) KOSIS 국가통계포털 홈페이지. 국제 · 북한통계 국제통계연감(2024),
18) 소현철, "김정은 시기의 핵전략 변화 연구," p. 91.
19) 조양현, "트럼프 당선 이후 미일 관계 전망," 『IFANS FOCUS』, IF 2024-19K(서울: 국립외교원 외교안보연구소, 2024), p. 2.

일본은 트럼프 2기 행정부의 북한과의 핵협상과 북·미 외교관계 정상화 여부에 촉각을 세울 것으로 보인다. 북·미 외교 관계가 타결될 경우 북한에 대한 유엔의 제재해제가 이루어지면서 북한에 대한 투자가 가능할 수 있다는 점이다. 일본인 납치자 문제 해결에 북한의 긍정적인 자세를 전제로 일본은 북한과의 외교관계 정상화를 추진할 것으로 예상할 수 있다. 북한은 일본으로부터 식민지 배상금을 받아 북한 경제재건을 나설 가능성이 크다. 이를 통해 일본 기업은 북한에 진출하면서 새로운 기회를 찾을 수 있다고 보인다.[20]

Ⅲ 북·미 관계 변화와 한미 동맹 강화

1. 북·미 관계 변화

김정일의 사망으로 집권한 김정은은 2012년 4월 '은하-3호' 장거리 로켓 발사를 단행하였고 사회주의 헌법에 '핵보유국'을 명시하였다. 이로 인해 미국과의 2.29 합의가 파기되었다. 김정은은 김일성 탄생 100주년에 핵보유국을 공식화함으로써 통치기반을 강화하고 김일성과 김정일과의 차별화하는 정체성을 확보하였다.[21] 김정은 정권은 2013년 경제·핵 병진노선을 통해 핵·미사일 능력을 개선하였다. 북한은 2017년 9월 제6차 핵실험을 단행하였고 11월 미국을 표적으로 하는 대륙간탄도탄(ICBM) '화성-15형' 시험발사에 성공하면서 국가 핵무력 완성을 선언하였다.

트럼프는 2016년 대선 기간에 오바마 행정부의 대북 전략적 인내 전략을 비판하였고 집권한 2017년 4월 대북 전략인 '최대 압박과 관여'를 제시하면서 북한에 대한 강력한 압박수준을 높이면서도 필요에 따라 대화도 나설 수 있다는 점을 의미한다.[22] 트럼프 대통령은 북한의 ICBM 발사에 대해 '화염과 분노'를 표현하면서 북한을 강하게 압박하였다. 그러나 트럼프 대통령은 2017년 12월 평양에 방문할 예정이었던 유엔 사무차장 펠트먼(Jeffrey Feltman)에 김정은과 만날 수 있다는 비밀 메시지를 전달하였다.[23]

2018년 6월 역사적인 북·미 정상회담이 싱가포르에서 열렸다. 여기서 ①새로운 북·

20) 소현철, "김정은 시기의 핵전략 변화 연구," p. 177.
21) *Ibid.,* p. 111.
22) 이우태 외, 『북핵위기와 북미 간 전략환경 인식: 전망이론을 통한 분석과 한국의 대응방향』(서울: 통일연구원, 2018), p. 140.
23) 시그프리드 해커(Siegfried S. Hecker), *HINGE POINTS: An Inside Look at North Korea's Nuclear Program,* 천지연 역, 『핵의 변곡점: 핵물리학자가 들여다본 북핵의 실체』(파주: 창비(주), 2023), p. 479.

미 관계 수립 ②한반도 평화체제 구축을 위한 노력 ③한반도의 완전한 비핵화를 위해 노력 ④전쟁포로와 전장 실종자 송환을 약속 등 4개 항에 합의하였다. 그러나 2019년 2월 제2차 하노이 북·미 정상회담에서 김정은 국무위원장은 영변 핵시설 폐기를 제안했고 트럼프 대통령은 영변 포함 5곳의 핵시설 폐기 요구하였고 양국 간 핵폐기 범위와 제재해제 순서에 대한 이견으로 회담이 결렬되었다.

당시 회담에는 트럼프 대통령은 뮬러(Robert Muller) 특검팀으로부터 러시아 게이트 의혹 수사를 받고 있었고 트럼프 개인 변호사인 코언(Michael D. Cohen)이 미 하원 청문회에서 트럼프 대통령을 맹비난하였다. 트럼프 대통령은 섣부른 북한과의 핵협상으로 탄핵 위기에 몰릴 수 있다는 점 때문에 협상이 결렬되었다고 볼 수도 있다.[24)]

2021년 바이든 행정부는 '조율되고, 실용적인 접근'을 통해 북한과의 단계적인 접근을 추진하고자 했지만, 2022년 러·우 전쟁으로 인해 북핵문제는 후순위로 밀려나면서 오바마 행정부의 '전략적 인내' 전략으로 회귀하였다. 바이든 행정부는 북한의 핵과 미사일 능력 고도화를 제한하기 위해서 북한과 섣부른 대화 재개를 통해 북한에 양보하는 모습을 보이는 경우 미국 내에서 정치적 역풍에 직면할 가능성을 우려하였다.[25)]

김정은 정권은 2021년 1월 제8차 당대회를 통해 대내적으로 통치기반을 강화하고 대외적으로 핵·미사일 고도화를 추진하였다. 2022년 2월 러·우 전쟁, 8월 펠로시 하원의장의 타이완 방문으로 미·러, 미·중 갈등관계가 심화되었다. 김정은 정권은 2022년 9월 핵무력정책법을 채택하면서 선제적·적극적 핵사용을 포함한 공세적인 핵전략을 선언하였다. 북한은 2023년 세 차례 고체연료 추진 ICBM '화성-18형'를 발사하였고 전술 핵탄두인 '화산-31'를 공개하였다. 스톡홀름 국제평화연구소(SIPRI)는 2024년 1월 북한이 보유한 핵탄두 수를 90기로 추정하였다.[26)]

2024년 6월 북한과 러시아는 군사협력을 포함한 '포괄적 전략적 동반자관계에 관한 조약'을 체결하였다.

김정은 정권은 러시아로부터 최첨단 군사기술을 도입하여 핵·미사일 능력을 고도화할 것으로 보인다. 김정은 정권은 러시아와 전략적 협력을 통해 미국으로부터 핵위협을 억제하고 유엔제재를 무력화할 수 있는 대미 외적균형(external balancing)을 추구함으로써 미국과의 핵 협상에서 레버리지로 활용될 가능성이 크다.[27)]

---

24) 소현철, "김정은 시기의 핵전략 변화 연구," pp. 128-129.
25) 민정훈, "2022 미국 중간선거와 미국 대외정책 전망," 『IFANS FOCUS』, IF 2022-27K(서울: 국립외교원 외교안보연구소, 2022), pp. 4-5.
26) "SIPRI "북한 핵탄두 최대 90기 조립 가능"···"전문가 핵 관련 진전 우려해야"," 『VOA』, 2024년 6월 18일.

트럼프 1기 행정부와 바이든 행정부 시기 북한의 핵·미사일 능력과 대외여건을 비교해 보면 다음과 같다. 첫째, 바이든 행정부 시기 북한의 핵탄두는 90기로 트럼프 1기 행정부 시기 10-20기 대비 매년 약 20기가 증가하였다. 영변 이외의 지역에서 지하 우라늄 농축시설에서 생산된 고농축우라늄(HEU) 핵탄두가 큰 폭으로 증가하였다.

둘째, 바이든 행정부 시기 북한은 고체연료 추진 ICBM '화성-18형'과 '화성-19형'을 발사하였다. 고체연료 추진 미사일은 액체연료 추진 미사일과 달리 연료주입 시간이 필요 없이 즉시 발사가 가능해 상대방이 포착하기가 어렵다.[28] '화성-19형'은 '다탄두 각개 목표 설정 재돌입체(MIRV)' 탑재를 목표로 개발되었으며 정상 각도로 발사할 경우 1만 6000㎞ 전후로 미국의 여러 표적을 타격이 가능한 것으로 평가된다. 북한은 금속보다 강도가 높고 탄도미사일의 무게를 줄일 수 있는 탄소섬유를 개발 혹은 러시아로부터 확보한 것으로 추정된다.[29]

셋째, 바이든 행정부 시기 북한은 고체연료 추진 극초음속 미사일 '화성-11형'을 시험발사 하였다. 트럼프 2기 행정부 출범 직전인 2025년 1월 6일 북한은 신형 극초음속 탄도미사일 '화성-16형'을 발사하였다. '화성-16형'은 속도는 마하 12이며 사거리는 약 1,500㎞로 한·미의 미사일 방어체제로는 요격이 쉽지 않은 '게임체인저'로 불린다.[30]

넷째, 2022년 2월 러·우 전쟁 이후 중국과 러시아는 북한의 ICBM 발사와 관련된 유엔의 대북제재를 반대하고 있다. 러시아의 관·학계는 2017년 러시아가 중국과 함께 유엔제재에 참여한 것을 러시아 외교사의 최대 실책이라고 평가하고 있다.[31] 중국과 러시아의 유엔 대북제재에서 이탈은 북한에 대한 미국의 강한 압박과 제재의 효과를 무력화할 수 있다는 점이다.

다섯째, 바이든 행정부 시기 북한은 러시아의 전략적 협력을 통한 외적균형 전략을 추구하면서 미국과의 핵협상에서 유리한 입지를 확보할 수 있게 되었다. 김정은 위원장은 2024년 6월 포괄적 전략적 동반자관계에 관한 조약을 동맹으로 부르면서 "역사상 가장 강력한 조약이 탄생했다"라고 평가하였다.[32]

2024년 북한은 2019년 하노이 북·미 정상회담과 비교해 핵·미사일 능력이 고도화되

27) .소현철, "김정은 시기의 핵전략 변화 연구," p. 162.
28) 정성윤 외, 『북핵 종합평가와 한반도 비핵화 촉진전략』(서울: 통일연구원, 2023), pp. 127-128.
29) "與 유용원 "北 신형 ICBM 화성-19형, 고체연료 기반 '단탄두·다탄두' 2종 개발 추정," 『파이낸셜뉴스』, 2024년 11월 24일.
30) "30㎞ 낮춘 고도···'한·미 방어망' 무력화," 『문화일보』, 2025년 1월 7일.
31) 현승수, "북·러 정상회담 평가와 전망," 『통일연구원 Online Series』, CO 23-30(서울: 통일연구원, 2023), p. 3.
32) 현승수, "푸틴의 평양방문과 러·북 관계 전망," 『통일연구원 Online Series』, CO 24-42(서울: 통일연구원, 2024), pp. 1-2.

었고 러시아와의 전략적 동맹 관계를 통해 유엔의 대북제재를 무력화하고 있어 북 · 미 핵 협상에서 상대적으로 유리한 상황이다.

〈표 1〉 북한의 핵 · 미사일 능력과 대외여건 변화

	트럼프 1기 행정부	바이든 행정부
1. 북한 핵탄두수	10-20기	90기
2. 북한 ICBM 방식	액체연료 추진 방식	고체연료 추진 방식
3. 북한 극초음속 미사일	×	○
4. 중 · 러 유엔제재 참여	○	×
5. 북 · 러 전략적 협력	×	○

자료: 스톡홀름 국제평화연구소(SIPRI), 저자 작성.

2020년 대선 기간에 공화당 정강에 '완전하고 검증 가능하며 불가역적인 비핵화(CVID)'를 포함했지만, 2024년 대선 기간에 북한 비핵화 문구가 사라졌고 민주당 정강에도 북한 비핵화 문구가 빠졌다. 이로 인해 트럼프 2기 행정부가 북한의 핵 포기 대신 감축 · 동결을 목표로 협상에 나설 수 가능성이 제기되었다.[33]

미 대선 1차 토론 이틀 후 9월 13일 북한의 『노동신문』은 김정은의 핵무기연구소 및 우라늄농축시설 현지지도를 하였다고 보도하였다. 북한이 우라늄농축시설에 해당하는 원심분리기와 핵물질 생산시설을 공식 매체를 통해 공개한 것은 처음이다.

김정은 정권은 북한의 비핵화 불가, 핵무기 고도화의 불가역성, 핵군비통제로의 협상 전환 등을 차기 미국 행정부에 전달하고자 하는 것으로 보인다.[34] 미 대선 5일 전 북한은 최종완결판이라고 주장한 신형 ICBM '화성-19형'을 시험발사 하였는데 2023년 12월 18일 발사한 ICBM '화성-18형'보다 고도와 비행시간이 모두 증가하였다.[35] 김정은 정권은 미국에 북한의 비핵화는 사실상 불가능하다는 메시지를 전달하고자 한 것으로 보인다.

강경 보수파인 네오콘의 핵심 인물이 국가안보보좌관인 볼턴(John Robert Bolton)은 2019년 2월 하노이 북 · 미 정상회담에 부정적이었고 러시아 게이트 의혹으로 탄핵 가능성이 있었던 트럼프 대통령은 북한과의 핵 협상에서 실질적인 결과를 도출하기가 쉽지 않았던 상황이었다.

트럼프 2기 행정부는 두 차례 북 · 미 정상회담에서 실무를 담당했던 웡(Alex Nelson

33) "美 민주 · 공화 모두 당 강령에 '북한 비핵화' 사라졌다," 『서울신문』, 2024년 8월 21일.
34) 홍민, "김정은 핵무기연구소 및 우라늄농축시설 현지지도 분석," 『통일연구원 Online Series』, CO 24-56(서울, 통일연구원, 2024).
35) 통일부, 『월간 북한 동향 2024년 10월』(서울: 통일부, 2024), p. 35.

Wong)을 국가안보 수석부보좌관으로 임명하였다. 헤그세스(Pete Hegseth) 국방부 장관은 인준청문회에서 북한을 'nuclear power'라고 지칭하고 루비오(Marco Rubio) 국무장관도 인준청문회에서 기존 미국의 대북정책이 북한이 핵개발을 막지 못했다고 언급하였다. 트럼프 2기 행정부에서 국가안보를 담당하는 핵심 인물들이 트럼프 대통령의 의중을 잘 반영할 것으로 예상해 볼 수 있다.

2021년 10월 미국 여론조사에 따르면 미국인의 70%가 북한이 핵무기를 계속해서 증강하는 경우 미국은 북한을 압박하고 고립시키는 것에 지지하고 있다. 그러나 미국인의 76%는 북한이 핵무기 프로그램의 중단하는 조건으로 미국이 북한과 공식적인 평화협정 협상 추진에 긍정적이었다.[36]

1994년 10월 체결된 북·미 제네바 합의는 북한의 핵시설 동결과 이에 상응해 미국은 중유공급, 경수로 2기 건설, 북·미관계 정상화 노력을 하겠다는 것이다. 그러나 제네바 합의는 북한의 핵투발 수단인 미사일 문제를 포함하지 않았고 모호한 IAEA 안전조치협정 이행 규정으로 인해 2003년 폐기되었다. 2005년 9.19 합의는 2008년 8월 김정일 뇌졸중으로 인한 북한 국내 정치체제의 불확실성이 대두되면서 북한은 핵시설에 대한 시료 채취를 거부하면서 효력이 상실하였다.

2025년 북한의 핵·미사일 고도화 능력과 북·러 전략적 협력을 고려해 볼 때 트럼프 2기 행정부는 2019년 하노이 북·미 정상회담에서 트럼프 1기 행정부가 제시한 '일괄 핵폐기'가 아닌 '단계적 핵폐기' 방식을 제시할 가능성이 크다. 트럼프 2기 행정부는 2018년 싱가포르 북·미 정상회담에서 합의한 '한반도의 완전한 비핵화를 위해 노력'을 목표로 설정한 단계적인 비핵화 로드맵을 제안하면서 미국을 표적으로 하는 북한의 ICBM과 각종 미사일 능력을 제한하는 포괄적 일괄 타결과 단계적 동시적 이행 전략을 추진할 수 있다.

미국이 러시아와 관계개선을 추진하지 않는다면 러시아는 첨단 핵·미사일 기술을 북한에 이전하면서 북·미 핵협상이 난항에 빠질 위험이 있다. 트럼프 2기 행정부는 러시아와의 관계개선 추진을 통해 러·우 전쟁 종결과 북·미 핵협상 타결을 달성하려는 전략을 추구할 가능성이 크다. 이렇게 된다면 트럼프 2기 행정부는 국력을 중국에 대한 봉쇄에 집중할 수 있다.

36) Karl Friedhoff, "Americans Remain Committed to South Korea, View North Korea as an Adversary," *The Chicago Council on Global Affairs*, October 2021, p. 6.

2. 한미동맹 강화

미국 보수 싱크탱크인 헤리티지 재단은 '프로젝트 2025'에서 한국은 인도·태평양 지역의 군사, 경제, 외교, 기술 분야에서 미국의 핵심 동맹국이며 북한의 군사적 도발은 반드시 억제되어야 한다고 규정하였다.37) 북한은 핵능력을 고도화하고 있고 공격적인 미사일 시험 프로그램을 추구하고 있어 미국의 지상 미사일 요격 시스템이 북한의 위협에 취약하다고 보았다.38) 트럼프 2기 행정부는 표면적으로 북한에 대한 우호적인 발언을 하고 있지만, 실질적으로 한·미 동맹의 중요성을 인식하고 있으며 북한의 핵·미사일 능력을 억제할 수 있는 전략을 전개할 것으로 보인다.

김정은 정권은 트럼프 1기 행정부 시기 미국을 표적으로 하는 제한적 확증보복(limited assured retaliation) 전략을 추구하였지만 바이든 행정부 시기 전략핵, 전술핵, 다양한 미사일 능력을 고도화하면서 미국을 표적으로 하는 확증보복 핵태세를 강화하면서 한국을 표적으로 하는 비대칭 확전(asymmetric escalation) 핵태세를 확보하는 이중억제 핵전략을 전개하고 있다.39) 트럼프 2기 행정부는 중국을 봉쇄하면서 북한의 이중억제 핵전략에 대응하기 위해서 한·미 동맹을 더욱 강화할 것으로 보인다.

그러나 트럼프 대통령은 거래적 관점에서 주한미군에 대한 한국의 분담금 비중을 큰 폭으로 상향하고자 할 것이다. 이에 한국은 수동적으로 분담금 비중에 집착하지 말고 적극적 자세로 미국과 상호거래할 수 있는 목록을 가지고 협상에 임할 필요가 있다. 첫째, 주한미군의 역할 변화이다. 콜비(Elbridge A. Colby) 신임 미 국방부 정책차관은 2023년 12월 VOA와 대담에서 "주한미군이 중국에 대응하기에 더 적합한 방식으로 설계돼야 한다"면서 "주한미군은 중국군에 대응할 수 있는 역량에 집중해야 한다"고 말했다.40) 한국은 주한미군의 역할 변화를 주시하면서 이점을 강조해 합리적인 수준의 방위비 분담금 비중을 협상할 수 있다.

둘째, 한국은 주한미군 분담금 비중과 한국기업의 미 해군 사업참여를 연계하는 전략을 고려해 볼 필요가 있다. 미 국방부 보고서에 따르면 2024년 중국의 해군함정은 370척으로 미국 297척보다 많다. 미국은 중국과의 군사력 경쟁을 위해서 해군함정의 확대를 추진할 것으로 보인다.41) 한국 정부는 트럼프 2기 행정부와 협상을 통해 한국 조선업체가 미

---

37) The Heritage Foundation, *Mandate for Leadership: The Conservative Promise (Project 2025: Presidential Transition Project)* (Washington DC: The Heritage Foundation, 2023), pp. 182-183.
38) *Ibid.*, pp. 125-126.
39) 소현철, "김정은 시기의 핵전략 변화 연구," p. 170.
40) "트럼프 2기, 주한미군 감축·역할 재조정 가능성…중국 억제에 초점," 『VOA』, 2025년 1월 30일.
41) 2024년 글로벌 선박 수주 점유율: 중국 70.6%, 한국 16.7%, 일본 4.9%. "美해군, MRO·신규

해군의 유지·보수·정비(MRO) 분야와 더불어 신규 함정 수주 방안을 모색하여야 한다.

한국은 미국과 함께 북한의 비핵화 목표를 유지하면서도 트럼프 2기 행정부의 핵군축 혹은 부분 비핵화 협상에 대비한 컨틴전시 플랜(Contingency Plan)을 준비하여야 한다. 미국은 한국의 탄도미사일 개발을 규제하기 위해 1979년 한·미 미사일 지침을 시작되었고 한국 정부는 1999년, 2012년, 2017년, 2020년 4차례 개정을 요구하였고 마침내 2021년 완전히 종료되면서 한국은 미사일 사거리와 탄두중량 제한 없이 미사일을 개발할 수 있게 되었다.

이를 교훈 삼아 한국은 한·미 원자력 협정을 미·일 원자력 협정 수준으로의 개정을 추진할 필요가 있다. 이렇게 된다면 한국은 일본처럼 사용후핵연료(플루토늄) 재처리와 우라늄 농축을 할 수 있게 되어 잠재적 핵무장 능력을 확보할 수 있다. 일본이 보유한 플루토늄은 2020년 말 기준 46t으로, 핵폭탄 6000개를 만들 수 있으며 유사시 6개월 안에 핵무기를 제조할 수 있다.[42] 한국은 북한의 SLBM 능력 고도화를 억제하기 위해 호주처럼 핵추진잠수함 도입을 검토할 필요가 있다.

미국 트럼프, 중국 시진핑, 러시아 푸틴은 모두 힘을 통한 국가이익 관철이라는 대외전략을 전개하고 있다. 한국은 최첨단 무기체계 획득 및 연구개발 등

강력한 국방력 육성을 통해 향후 10년 동안 동아시아 국제체제의 구조 변화에 능동적으로 대처해 안보와 국가이익을 수호해야 할 것이다.

건조 빗장 풀땐···'350조 블루오션' 열린다," 『한국경제』, 2025년 1월 12일.

42) "日도 농축우라늄 생산···韓은 50년째 꿈도 못꿔," 『한국경제』, 2024년 12월 25일.

Ⅳ 한국 방위산업의 미래전략

1991년 냉전 해체 시기에 중국의 국방비는 98억 달러로 일본의 1/3 수준에도 미치지 못했다. 2010년 중국의 GDP가 일본을 추월하였고 2011년 중국의 국방비는 1,253억 달러로 일본의 2배를 넘었다. 2022년 중국의 국방비는 2,920억 달러로 일본, 한국, 대만 합산 국방비 1,086억 달러의 약 3배 수준이다. 2022년 중국의 구매력 기준 실질 국방비는 7,110억 달러로 미국 7,420억 달러에 육박하는 수준이다.[43]

〈표 2〉 국가별 국방비 추이

(억 달러)	1991년	2001년	2011년	2021년	2022년
중국	98	266	1,253	2,860	2,920
일본	328	408	608	510	469
한국	110	129	310	509	464
대만	93	80	100	139	153

자료: 스톡홀름 국제평화연구소(SIPRI)

중국은 육군을 지역방위에서 전역작전형으로 전환하고 차륜형 자주포 등 경량무기체계 도입과 헬리콥터 작전배치를 통한 원정작전능력을 확보하고 있다. 해군은 항공모함, 순양함, 구축함, 핵추진잠수함 건조를 통해 원양작전능력을 높이고 있다. 공군은 항공-우주통합 목표를 달성하기 위해 조기경보통제기, 공중급유기를 도입하고 있다. 중국은 인공지능(AI), 무인기, 사이버 전략 등 첨단 군사기술에 집중적으로 투자하고 있다. 특히 중국은 공격적인 핵우위 전략을 추진하기 위해 로켓군을 강화하고 있다.[44] 중국은 인민해방군 창설 100주년이 되는 2027년 군의 현대화 목표를 달성하고 건국 100주년이 되는 2049년 세계적 수준의 군사 강국이 되겠다고 강조하였다.

북한은 한국 대비 열악한 재래식 전력으로 인해 핵, 미사일, 장사정포, 사이버 부대 등 비대칭 전력증강에 집중하고 있다, 2024년 북한의 핵탄두는 90기로 추정되며, 지하 우라늄 농축시설에서 생산된 고농축우라늄(HEU) 핵탄두가 증가하고 있다. 북한은 고체연료 추진 ICBM, 극초음속 미사일, 초대형 방사포(600㎜) 단거리 탄도미사일 능력을 확보하였고 장거리 지대지 순항미사일도 개발하고 있어, 한국에 대한 미사일 위협을 강화하고 있다.

43) "中 2022년 실제 국방예산은 발표치 3배 970조원…美와 맞먹어," 『연합뉴스』, 2024년 5월 3일
44) 국방부, 『2022 국방백서』, pp. 16-17.

루비오 미국 국무장관은 상원 외교위원회 인사청문회에서 "그들(중국)이 대만에 대한 (군사) 개입 비용이 너무 높다고 결론짓는 것과 같은 극적인 변화가 없다면 우리는 이번 10년이 끝나기 전에 이 일(중국의 대만 침공)을 다뤄야 할 것"이라고 하면서 "우리는 중국이 '대만 침공에서 궁극적으로 승리할 수 있지만, 비용이 감당할 수 없을 정도로 크다'고 믿게 함으로써 그 뜻을 접도록 만들길 원한다"라고 말했다.[45)]

트럼프 2기 행정부는 중국의 대만 침공전략을 억제하기 위해서 해군력, 미사일 방어능력을 중심으로 군사력을 강화하면서 주한미군의 역할을 대북한억제에서 대중국억제로의 전환을 추진할 가능성이 크다, 한국은 주한미군의 역할 변화에 따른 전력 공백을 최소화하면서 북한의 도발을 억제할 수 있는 독자적인 방어능력을 강화할 필요가 있다.

한국 정부와 방산기업들은 중국의 군사력 부상과 대만 침공 가능성, 북한의 비대칭 무기인 핵·미사일 고도화, 주한미군의 역할 변화에 선제적으로 대응할 수 있는 한국 방위산업의 미래전략을 구축하여야 한다.

첫째, 한국 방위산업은 북한의 핵·미사일 위협에 효과적으로 대응할 수 있는 '한국형 3축체계'[46)] 구축에 필요한 기술과 생산능력을 확보할 수 있는 전략을 마련해야 한다. 북한의 핵·미사일 사용 징후를 선제적으로 파악할 수 있는 감시정찰 및 우주 무기체계를 구축하고 고위력 초정밀의 현무 미사일과 극초음속 미사일을 조기에 배치할 수 있어야 한다. 복합 다층 미사일방어체계 구축을 통해 미사일과 장사정포의 혼합공격에 대응할 수 있어야 한다. 2024년 시험발사를 거쳐 개발이 완료된 '현무-5'를 조기에 실전배치할 필요가 있다. '현무-5'는 핵무기와 유사한 파괴력을 가지고 있으며 지하 100m보다 깊은 갱도나 벙커 등을 파괴할 수 있어 북한의 지하 핵·미사일 시설에 효과적으로 타격할 수 있다.

둘째, 한국 방산업체들은 『국방혁신 4.0』에 필요한 인공지능(AI)·무인·로봇 등 4차 산업혁명 군사과학기술을 적극적으로 개발하고 전략화 할 수 있는 미래전략을 수립해야 한다. 한국 방산업체들은 국내 반도체 및 IT 업체와 전략적 협력을 통해 AI 기반의 유·무인 복합전투체계에 필요한 기술을 개발하고 상용화할 수 있어야 한다. 탐지-식별-타격이 통합된 무인기 대응 기술을 개발하고 감시정찰-지휘통제-방어작전을 통합한 공세적인 사이버 작전 수행체계를 구축함으로써 북한의 비대칭 위협에 적극적으로 대응할 수 있어야 한다. 정부는 이를 적극적으로 추진하기 위해서 2028년 방위력개선비 28.9조 원[47)]의 상향을 검토할 필요가 있다.

---

45) "美국무장관 후보 "극적 변화없으면 中 5년내 대만침공"," 『연합뉴스』, 2025년 1월 16일.
46) '킬체인(Kill Chain)', '한국형미사일방어(Korea Air and Missile Defense, KAMD)', '대량응징보복(Korea Massive Punishment and Retaliation, KMPR)으로 구성된다.
47) 국방부, 『'24~'28 국방중기계획』(서울, 국방부, 2023), p. 7-2.

셋째, 미국은 동중국해와 남중국해에서의 항행의 자유를 확보하고 중국의 대만 침공을 억제하기 위해서 해군력을 강화할 전망이므로 한국 방위업체와 조선업체들은 미국의 해군력 강화라는 기회를 적극적으로 활용할 필요가 있다. 최근 한화오션이 국내최초로 미해군 군수지원함 MRO 사업에 진출하였고 한화그룹은 미국 필리 조선소 인수를 마무리하였다. 향후 한국 조선업체들은 미해군의 전투함 MRO 사업으로 확대하고 신규 함정을 수주할 수 있는 기반을 확보할 수 있는 전략을 수립해야 한다. 한국 조선업체는 정부와 함께 북한의 SLBM 능력을 억제할 수 있는 핵추진잠수함 건조를 위한 미래전략을 구상해야 할 것이다.

최근 중국 시진핑, 러시아 푸틴, 북한 김정은 등 권위주의 국가들이 강력한 국방력을 통해 국가이익을 관철하고자 하고 있다. 트럼프 2기 행정부는 불필요한 전쟁에는 개입하지 않겠지만 힘을 통한 평화라는 기조하에 강력한 군사력을 통해 전쟁을 억제할 것으로 보인다.

1991년 한국의 국방비는 7.5조 원으로 GDP 대비 3.08%를 차지했고 정부재정에서 23.8%를 차지하였다. 이후 한국의 절대 국방비는 꾸준히 증가하여 2022년 53.1조 원을 기록하였지만, GDP 대비 2.46%이며, 정부재정에서 10.7%를 차지해 상대 국방비는 하락하였다고 볼 수 있다.[48]

한국 정부와 방산업체들은 향후 10년간 불확실한 동아시아 정세에 대비하기 위해 방위산업을 국가전략산업으로 육성해야 할 것이다. 특히, 방위산업은 철강, 기계, 자동차, 전자, IT, 네트워크 등 산업 연관성이 크기 때문에 범정부 차원의 전략을 마련하는 것이 중요하겠다.

V 결 론

2024년 미 대선 과정에서 중국산 수입품에 대해 60% 이상 관세부과, 즉각적인 러·우 전쟁 종결, 김정은과의 개인적 친분을 주장한 트럼프가 당선되었다. 트럼프 2기 행정부 시기 동북아시아 안보환경은 어떻게 변화할 것인가? 한국은 북·미관계 변화 속에서 어떻게 한·미 동맹을 강화할 것인가? 본 논문은 현실주의 국제정치 시각을 통해 이러한 질문에 대한 해답을 모색하였다.

트럼프 2기 행정부는 미국 국력의 상대적 쇠퇴라는 현실 인식 속에서 선택과 집중의 대

48) 국방부, 『2022 국방백서』, p. 333.

외전략을 전개할 것으로 전망한다. 미국은 유럽에서 러·우 전쟁 종결, 중동에서 이스라엘-하마스 전쟁 종결을 통해 중국을 봉쇄하는 것에 집중할 것으로 보인다. 미·중의 갈등관계가 심화되면서 트럼프 2기 행정부는 쿼드(Quad), 오커스(AUKUS)와 같은 다자안보협력체와 한·미, 한·일 동맹을 공고히 할 전망이다.

미국 보수 싱크탱크 헤리티지 재단은 『China 2035』를 통해 중국은 기존의 확증보복 핵전략을 폐기하고 공세적인 핵우위 전략으로 선회할 수 있다고 경고하였다. 헤리티지 재단은 미국은 중국의 공격을 억제할 수 있는 잠재적 핵능력을 확보하고 핵무기의 현대화 프로그램을 유지하면서 서태평양 지역을 중거리 핵무기를 배치하고 미사일 방어시스템의 고도화를 제안하였다.

북한의 핵탄두는 트럼프 1기 행정부 10-20기에서 바이든 행정부 시기 90기로 증가하였다. 고체연료 추진 ICBM '화성-19형', 극초음속 미사일 '화성-16형' 등 미사일 능력이 고도화되었다. 북한은 2024년 러시아와 '포괄적 전략적 동반자관계에 관한 조약'을 체결함으로써 북·러 동맹이 본격적으로 시작되었다. 트럼프 2기 행정부는 거래적 관점에서 주한미군에 대한 한국의 분담금 상향과 북한의 단계적 핵폐기 혹은 부분 비핵화 협상을 추진할 가능성이 있다.

한국은 방위비 분담금 비중에 집착하지 말고 주한미군의 중국견제로의 역할 변화와 한국기업의 미 해군 사업참여라는 목록을 가지고 미국과 적극적으로 협상할 필요가 있다. 북·미 핵협상을 대비해 한국은 사용후 핵연료 재처리와 우라늄 농축이라는 핵무장 능력을 확보하고 핵추진잠수함을 도입하는 컨틴전시 플랜을 준비할 필요가 있다. 한국은 최첨단 무기체계 획득 및 연구개발 등 강력한 국방력 육성을 통해 향후 10년 동안 동아시아 국제체제의 구조 변화에 능동적으로 대처해 안보와 국가이익을 수호해야 할 것이다.

최근 중국 시진핑, 러시아 푸틴, 북한 김정은 등 권위주의 국가들이 강력한 국방력을 통해 국가이익을 관철하고자 하고 있다. 트럼프 2기 행정부는 힘을 통한 평화라는 기조하에 강력한 군사력을 통해 전쟁을 억제할 것이며 동맹국들에 방위비 분담과 군사적 역할 확대를 요구하고 있다. 한국 정부와 방산기업들은 중국의 군사력 부상과 대만 침공 가능성, 북한의 비대칭 무기인 핵·미사일 고도화, 주한미군의 역할 변화에 선제적으로 대응할 수 있는 미래전략을 구축하여야 한다. 특히 방위산업은 철강, 기계, 자동차, 전자, IT, 네트워크 등 산업 연관성이 크기 때문에 정부는 방산업체들과 함께 범정부 차원의 전략을 마련하는 것이 중요하다.

방위경제학을 중심으로 바라본 한국 방위산업 구조적 분석과 함의

○ 위 경 재 ○

요약문

현재의 글로벌 정세는 과거 주요 전쟁을 앞둔 시기와 유사한 흐름을 보인다. 이것을 전쟁 시그널로 받아들이기에는 다소 무리가 있으나, 지표 변동성의 일환으로 치부하기에는 전쟁이 가진 위험성이 매우 크다.

이는 각국 국방계획에서 드러난다. 방위산업, 즉 무기체계의 수요 증가가 전망된다. 공급자 지위에 있는 각 기업들은 전술한 P, D, Q Factor 기반의 경쟁력을 갖출 것이다. 국내 방산 기업들은 P, D Factor에서 강점을 보이며, Q Factor에서도 동등한 수준의 경쟁력을 확보했다. 과점시장인 방위산업 생태계에서의 M/S 확대가 예상되는 근거다. 향후 국내 방위산업의 성장, 메이저리그로의 콜업을 기대하는 이유다. 국내 방산 기업들의 최근 수주잔고 흐름 또한 이를 방증한다. 글로벌, 한국 국방예산 지출 증가 대비 국내 기업의 수주잔고 증가세는 가파르다. 해당 수주 중 상당 비중이 수출 계약인 점 감안할 때, 앞에서 언급한 바와 같이 국내 방산기업의 글로벌 시장 내 M/S는 점진적으로 확대될 전망이다.

· 핵심어(Key Word) : 방위경제학, 국방예산, 방산생태계, 국제경쟁력

I 서 론

역사학자 윌 듀란트(Will Durant)의 연구에 의하면 3,500년 인류 역사 중 전쟁이 없던 시기는 고작 270년에 불과했다. 인류의 역사가 곧 전쟁의 역사였던 만큼 글로벌 경제, 특히 방위산업을 분석함에 있어 전쟁을 논하지 않을 수 없다. 한편 전쟁은, 각국의 정치적 갈등 외에도 지리적, 경제적 상황에 따라 발생하는 바, 주요 전쟁이 발발했던 시기를 파악하고 해당 시기의 글로벌 정치 및 경제적 상황을 분석함으로써 현재의 상황을 파악해보고자 한다.

과거 약 500년의 기간을 대상으로 전쟁 주기를 파악해보면, 현재는 분명 대평화의 시대 중 어느 한 지점에 있다. 다만 시간의 경과, 즉 주기만으로 평화의 지속 여부 또는 대규모 전쟁 가능성을 가늠하기에는 무리가 있다. 전쟁은 국가의 경제, 이념, 정치 다면적 갈등과 방어 기제가 복합 작용한 결과이기 때문이다.

글로벌 GDP의 YoY 역성장은 '전쟁(두 차례의 세계대전)', '금융위기(세계대공황, 오일쇼크 등)', '전염병(Covid-19 등)'과 같은 전 세계 혼란기에 기록됐다. 특히, 세계 대공황 및 두 차례의 세계대전 시기에는 GDP가 YoY -5%까지 감소한 바 있는데, 세계 대공황이 제2차 세계대전으로 이어진 점 감안할 때 전쟁과 글로벌 경기는 불가분의 관계라고 판단한다.

〈도표 1〉 글로벌 GDP YoY 성장률 추이

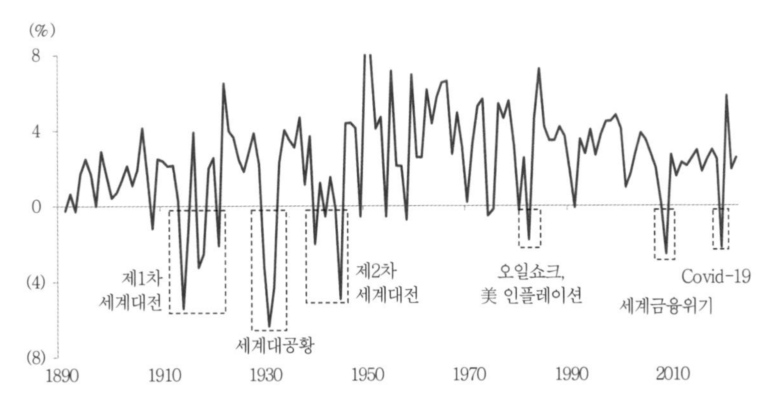

주: 1947년 이전은 미국, 영국, 일본 등 주요 32개국 데이터에 기반

자료: World Bank, FRED, Maddison Project, 하나증권

전술한 대로 전쟁과 글로벌 경기는 상호 불가분의 성질을 보인다. 이에 제2차 세계대전의 시기와 현재 나타나는 주요 지표(GDP, 실업률, 국방비 등)의 변화를 관찰, 그들의 관계성을 분석하고자 한다. 다만 이들의 변화가 전쟁의 제1원인변수라고 치부해서는 안 된다. 모든 전쟁에는 지정학적 갈등이 동반되어 왔기 때문이다.

제2차 세계대전은 추축국(독일, 이탈리아, 일본)과 연합국(미국, 영국, 프랑스 등)의 대립, 강대강 전쟁이었다. i) 제2차 세계대전은 이념의 차이에 기반한 대표적 전쟁으로 이탈리아의 파시즘, 독일의 나치즘이 근본적 전쟁 발발 원인이다. 그들은 민족주의(파시즘), 인종주의(나치즘)를 내세우며 주변 국가들을 압박했고, 독일의 폴란드 침공을 계기로 세계대전이 본격화됐다. 이념에 근거한 전쟁이었던 만큼 사망자 및 경제적 지표에서도 역사적 최대 규모의 전쟁으로 기록되고 있다.

ii) 다만, 이 전쟁의 발발은 단순 이념의 차이에만 근거한 것은 아니었다. 앞에서 언급한 바와 같이 1929년 세계 대공황을 겪으며 각국은 보호무역주의를 천명했고, 이는 극단적인 국수주의로 변질된다. 당시 미국은 '스무트-홀리 관세법(Smoot-Hawley Tariff Act)'을 통해 약 20,000개 이상의 품목에 대해 최대 400%의 관세율을 적용했고, 이는 유럽 다수 국가의 보복 관세 대응으로 이어졌다. 이러한 보호무역주의, 즉 국수주의의 확대는 히틀러의 나치즘이 그 영향력을 확대하는 데 우호적인 환경을 조성, 제2차 세계대전 발발로 연결됐다.

iii) 제2차 세계대전(1939~1945년)은 발발 전부터 지표를 통해서도 확인되어 왔다. 발발 전 5년 간의 글로벌 GDP 변화를 살펴보면, 1935~1939년 각각 +3.5%, +3.1%, +4.7%, +1.1%, +3.7% 상승하며 5년 간 +17.1% 상승했다. 주목할 점은 제2차 세계대전을 시작한 추축국(독일, 이탈리아, 일본)의 GDP 변화다. 전쟁의 시작을 알린 독일은 5년 간 +40.2%(+6.8%, +8.0%, +5.3%, +6.6%, +8.3%) 상승하며 글로벌 GDP 상승률을 크게 상회했고, 이탈리아와 일본 역시 각각 +17.4%(+4.6, -4.3%, +9.1%, +2.1%, +5.3%), +27.9%(+1.9%, +4.2%, +2.2%, +4.5%, +12.8%) 상승하며 글로벌 평균을 상회했다. 연합국(미국, 영국, 프랑스)은 보호무역을 시작한 미국이 5년 간 +28.9%(+11.7%, +9.2%, +6.9%, -6.8%, +6.1%) 상승한 것을 제외하면, 영국(+11.6%)과 프랑스(+14.3%)는 글로벌 평균을 하회했다.

제1차 세계대전과 유사한 논리로, 독일은 그들의 높은 GDP 상승, 즉 경제적 성장을 기반으로 유럽을 제패하고자 하는 의지가 강했던 것으로 판단한다. 전쟁 발발 전 상승했던 GDP는 전쟁을 기점으로 역성장을 기록, 글로벌 GDP 성장률은 전쟁의 막바지인 1945년

-4.9%까지 하락했다.

한편, 현재에도 상기한 3가지 요소(진영 분리, 지정학적 갈등, GDP 변화)가 나타나는 모습이다. 우리나라를 포함, 아메리카, 유럽 지역 다수의 국가가 민주주의를 자국의 정치 이념으로 채택 중이다. 특히, 선진국이라고 불리우는 국가 중 다수가 민주주의를 채택하고 있는 바, 현재의 글로벌 정세에 이념의 차이가 뚜렷하게 보이지는 않은 듯 하다.

다만 한 가지 짚고 넘어가야할 점은, 중국, 러시아 등 여전히 민주주의 지수가 현저히 낮은 국가들이 다수 존재한다는 것이다. 중국, 러시아 외에도 아프리카 대부분의 국가(남아공 제외), 인도양에 접해 있는 서남아시아 대부분의 국가(인도 제외)는 권위주의적 정치 이념이 짙다. 20세기를 지나 21세기로 접어들면서 이러한 이념 차이를 명분 삼아 갈등을 야기하거나 전쟁을 유도하는 모습은 현저히 감소했다.

반면, 국제기구라는 이름으로 어느 정도의 진영 논리에 입각한 공동체 형성 기조는 지속되고 있다. OECD(경제협력개발기구), NATO(북대서양 조약 기구), Five Eyes(미국, 영국, 캐나다, 호주, 뉴질랜드 5개국의 군사협력 정보기구) 등이 대표적인데, 이는 협력을 위한 기구임에도 불구, 후술할 지정학적 갈등 발생 시 진영 논리의 근거로 작용할 가능성이 높다고 판단한다.

지정학적 관점에서 바라보는 현재는 어떨까? 국가 간 갈등 발생의 여지가 있을까? 그렇다. i) 자국 영토 확보의 일환으로 러-우 전쟁, 인도-파키스탄 카슈미르 분쟁 등이 지속되고 있고, ii) 외교적으로도 탈세계화(De-globalization), 보호무역, 리쇼어링(Re-shoring), 자원무기화 등 다양한 이름으로 현재의 지정학적 리스크는 증가하고 있다.

i) 영토 확장이 지정학적 갈등 발생의 제1원인이라면, 무력 충돌로 전개될 가능성이 다소 높다. 유형 가치 획득을 위해서는 물리적 접근이 전제되어야 하기 때문이다. 실제로 러시아는 2014년 크림반도와 돈바스 지역을 침공해 그들의 영토로 귀속시켰고, 2022년에는 크림반도와 돈바스 주변 지역인 우크라이나 동부를 재침했다. 범 NATO의 동진에 대한 경고였다.

현 시점, 러시아의 예상과는 달리 러-우 전쟁은 장기화되는 양상이다. 인도와 파키스탄 역시 카슈미르 지역을 놓고 분쟁을 지속 중이다. 카슈미르 내 명확한 경계선이 설정되어 있지 않아 무력 충돌이 잦은 편이며, 2017년 이후 매년 크고 작은 분쟁이 발생하고 있다. 한편, 무력 충돌이 발생하지는 않았으나 남중국해를 중심으로 중국과 대만이 영토 분쟁 중이며, 이는 필리핀, 베트남 등 주변국까지 확대될 가능성이 높다. 한국 역시 독도를 두고 일본과 분쟁 중이다.

ii) 외교적 국수주의(보호무역, 자원무기화, 리쇼어링 등)가 지정학적 갈등 발생의 제 1

원인이라면, 단기 무력 충돌로 전개될 가능성은 다소 낮다. 다만 과거의 사례(두 차례 세계대전)에서 확인 가능하듯, 이는 국가 간 강한 분절을 야기할 수 있다. 평화의 시대(20세기 말 ~ 21세기 초)에는 세계화(Globalization)라는 명목 하에 글로벌 공급망이 확장되어 왔다. 공급망압력지수(GSCPI, Global Supply Chain Pressure Index, 지수 평균값의 표준편차)는 -1 ~ +1 사이에서 유지되어 왔으며, 자유무역협정(FTA) 역시 활발하게 체결되며 역내 무관세 정책이 확대되어 왔다.

다만, 2010년을 넘어가며 GSCPI의 변동성은 점차 확대, 최대 +5 수준까지 증가했다. 이는 곧 공급망 압력의 심화를 의미, 외국 물자 조달이 점차 어려워짐을 뜻한다. 현재 각국의 외교 및 무역 정책을 살펴보면 탈세계화의 흐름, 즉 외교 지정학적 리스크가 확대되고 있음이 확인된다. 미국은, 인플레이션 감축법(IRA, Inflation Reduction Act), USMCA, 반도체법(CHIPS Act) 등의 정책을 통해 역내 제조에 대한 의지를 표현하고 있으며, 동시에 우려외국집단(FEOC) 개념을 설정하며 중국에 대한 견제를 노골적으로 드러내고 있다.

중국 역시 주요 광물자원의 수출을 금지하거나, 내수 수요를 진작시키며 보호무역주의를 강화하는 모습이다(중국의 화장품 수입은 2010년 이후 가파르게 증가했으나 최근 내수 소비로 돌아선 모습). 한편, 유럽 또한 핵심원자재법(CRMA), 프랑스 녹색산업법 등에서 역내 공급망 확보에 주력하고 있음을 확인할 수 있다. 영토 분쟁으로나, 외교 지정학적 갈등으로나, 현재의 위상은 하나의 세계보다는 자기 밥그릇 지키기에 돌입했음이 확인되는 모습이다.

글로벌 GDP는 최근 5년간(+2.5%, -2.2%, +5.8%, +1.9%, +2.5%) 성장 추세였다. 2020년 COVID-19로 인해 일시적으로 감소했으나, 이를 제외하면 최근 20년 평균 성장률 +2.1%를 상회하는 수준이었다. 한편, 국제통화기금(IMF, International Monetary Fund)은 2025년 글로벌 GDP 성장률을 +3.2%로 예상하며 글로벌 GDP 성장이 소폭 가팔라질 것으로 전망했다. GDP 데이터 시계열을 길게 늘렸을 때, 글로벌 GDP는 전반적으로 성장을 기본값으로 해왔다. 다만, 과거 주요 전쟁 발발 전 글로벌 GDP 성장률이 평균 대비 높았던 것을 감안하면 현재의 글로벌 경제는 당시의 지표 변화와 어느 정도 유사하다는 것을 알 수 있다.

국가별로 보면, 글로벌 GDP가 5년간 +10.8% 성장하는 동안 중국(+27.2%)과 인도(+22.8%)는 글로벌 성장률을 크게 상회했고, 나머지 주요 국가는 하회했다. 그 폭은 다르나 2020년을 제외하면 전반적으로 GDP는 성장세였다. 다만, 러시아의 경우 2021년 큰 폭 성장 이후 2022년 러-우 전쟁 발발과 동시에 역성장 기록한 점은 과거 전쟁 참전국의

GDP 변화와 유사한 패턴이다. 국방비(군비 지출)는 GDP와 양의 상관관계를 갖는다.

즉, GDP 성장 과정에서 국방비 역시 자연스러운 증가세를 보인다. 다만, GDP 대비 국방비가 차지하는 비중은 1960년 7% 수준에서 현재 2%대 초반 수준까지 꾸준히 축소되어 왔다. 비중 축소가 의미하는 바는 국방비 증가율이 GDP 성장률을 하회하는 것이 일반적이라는 것이며, '국방비 YoY - GDP YoY'가 음의 값을 갖는 것이 자연스러운 현상이라는 의미다.

2012~2016년 지속 음의 값을 기록해 온 '국방비 YoY - GDP YoY' 값은 2017년 +1.7%p로 양전했고, 이후 계속해서 양의 값을 기록하고 있다. GDP 대비 국방비 증가폭이 상대적 가파르다는 것을 의미하며, 이는 과거 주요 전쟁 시기와 유사한 형태를 뛰고 있다.

파도가 일기 전에는 파도가 시작된 걸 모르는 것처럼, 전쟁이 나기 전에는 전쟁이 시작된 걸 모른다. 보이지 않는 갈등의 시작과 지표의 변화들이 현재의 위상을 설명하고 있다. 70년에 가까운 평화의 시기를 지나온 지금, 파동은 시작됐다. 이념의 차이는 상수로 두더라도, 각국은 국제기구 형태로 각자의 진영을 구성하고 있다. 영토 확장에 대한 의지는 시간이 지나도 여전히 존재하며, 세계화를 추구하던 각국은 현재 탈세계화를 외치며 보호무역을 시작했다.

지정학적 갈등은 이미 표면으로 드러났다. 세계대전을 앞두고 독일의 엄청난 GDP 상승이 그들에게 승전 자신감을 불어 넣었던 것처럼, 현재는 중국과 인도 2개 거대 국가의 GDP 상승은 글로벌 평균의 2배를 상회한다. 물론 전쟁을 통해 얻을 수 있는 것은 없다. 최대한 피해야 한다. 다만, 중국과 인도의 전쟁 의지에 대해서는 의구심을 갖게 되는 상황이 전개되고 있다. 전쟁 상황으로 전개되지 않더라도 그들이 전쟁을 대비한 방위력 증가에 더 힘쓸 것이라는 것은 어느 정도 예측 가능하다.

이에 따라 미국, 유럽 등 기존 연합국 진영의 방위력 개선도 자연스레 동반될 것으로 판단한다. 상기한 바와 같이 많은 상황이 전쟁 위협을 주는 가운데, 정책과 지표 뿐만 아니라 심적으로도 전쟁은 한발짝 더 가까이 온 것으로 보인다. 탈세계화에 대한 우려가 다양한 형태로 나타나고 있으며, 94%에 달하는 사람들은 이미 발발한 러-우 전쟁에 관심을 갖고 있다. 갈등이 드러난 중국-대만 관계에 대해서는, 중장기적 관점에서 전쟁으로 확산될 것이라는 우려가 지배적이다.

Ⅱ 본 론

현재의 글로벌 정세가 불안하다는 것은 곧 전쟁에 대한 우려가 확산된다는 것을 의미, 방산 수요가 증가함을 뜻한다. 즉, 현 시점에서 글로벌 방산 수요-공급을 분석함으로써 국내 방산의 위상을 파악해보는 것이 매우 중요한 작업이다.

방산 수요의 기본 Factor인 국방비는 전술한 대로 점진적으로 우상향한다. 다만, 국방비가 수요를 가늠하는 제1직접 Factor는 아니다. 제1수요 Factor는 수주(발주) 및 수주잔고다. 다만 국방비는 근본적으로 기 발생 수요에 대응하기 위한 비용의 성격을 지니므로 수요를 예측하는 데 있어서는 그 정확도가 다소 떨어진다. 이에 다수 국가의 국방예산 계획을 근거로 중기 국제정세의 방향성을 가늠하고, 방산 수요 흐름을 예측해보고자 한다.

미국의 국방비는 글로벌 국방비의 약 40% 수준이다. 그들의 국방예산 계획에 주목하는 이유다. 바이든 대통령이 국방수권법안에 서명하며 미국의 FY2024(2023년 10월~2024년 9월) 국방예산은 8,860억 달러(YoY +3%, 약 1,145조원)로 확정됐다. 이는 미국 역사상 최대 규모의 국방예산이다. 다수의 미 의원들이 중국, 러시아, 이란, 북한을 견제하며 전 세계가 위협에 직면했다고 강조한 것이 숫자로 귀결된 셈이다.

한편, 미국 정부의 군사력 증강 의지는 2022년에 어느 정도 예측 가능했다. 2022년 10월 미 국방부는 '2022 국방전략서(NDS, National Defense Strategy, 4년 주기로 발표)'를 발표했다. 그들은 NDS를 통해 중국과 러시아에 대한 우려를 공식적으로 규정했다. 중국의 추적하는 도전을 가장 심각하게 고려하고, 이어 러시아의 군사위협을 고려하며, 북한, 이란 극단주의 집단을 다음 위협으로 간주한다며 '1+1+3 개념'을 명시했다. 이는 앞에서 언급한 i) 이념(극단주의 집단), ii) 지정학적 갈등(러시아 군사위협), iii) 지표의 변화(중국의 추적하는 도전)가 종합적으로 고려된 결정이다. 즉 이번 국방비 증가 결정은 국제 분쟁 우려에 대한 대응책이었던 것으로 판단한다.

미국의 제1위협이자 글로벌 국방비의 10% 이상을 차지하는 중국의 국방예산 계획에도 주목할 필요가 있다. 중국 정부는 향후 5년간(2024~2028년) 1.4조 달러(약 1,900조원)를 국방예산으로 투입할 계획이다. 이는 한국의 6배, 일본의 5배를 초과하는 비용이다. 특히 눈여겨 볼 점은 중국 정부의 국방예산 증액 근거다. 그들은 2028년까지 매년 +6% 이상을 증액하는 근거로 남중국해 상의 영유권 주장과 미군과의 대립에 대응 가능한 군사력 확보를 제시했다. 즉 대만과의 지정학적 갈등을 공식화함과 동시에 경제적 성장(GDP 증가)에 발맞춰 군사력을 확보하겠다는 것이다.

세계대전 발발 당시 독일이 그들의 가파른 GDP 상승을 기반으로 유럽 내 지위를 확보하고자 강대강 전쟁을 일으킨 것과 같이, 21세기 현재 G2 국가의 대립은 글로벌 안보에 우호적인 방향은 아니다. 이들 국가의 중기 국방계획만으로도 방산 수요의 전방, 즉 수주선행 Factor인 국제정세는 무기 수요를 증가시키는 방향으로 전개될 가능성이 높다.

그동안 다소 보수적 국방 정책을 펼쳐왔던 유럽 대륙도 러-우 전쟁을 기점으로 대륙 내 긴장감이 팽배해지며 공격적인 국방예산 계획을 수립 중이다. 독일은 2024년 국방예산을 수립함에 있어 미국의 NATO 탈퇴를 저지하기 위해 GDP 대비 국방비 비중을 2%로 맞출 계획이다. 현재 1.4% 수준인 것을 감안하면 그 증가 폭이 가파르다.

프랑스 역시 2024년 GDP 대비 국방비 비중을 2%까지 상향할 예정이며, 2030년까지 총 4,130억 유로를 국방력 강화 목적으로 투입할 계획이다. 영국 또한 2024년 국방비로 역대 최대 규모인 500억 파운드를 지출할 예정이며, 중립국 스위스마저도 2028년까지 4년간 국방비 지출 한도를 258억 스위스프랑(약 39조원)까지 상향 계획이다. 이는 2021~2024년 지출 한도 217억 스위스프랑 대비 약 +19% 높은 수준이다.

한편, 유럽의 국방 정책은 유럽 다수 국가를 중심으로 설립된 군사동맹 NATO(북대서양 조약 기구, North Atlantic Treaty Organization)를 중심으로 전개된다. NATO 회원국들은 2014년 러시아의 크림반도 병합 대응 차원으로 GDP 대비 국방비 비중을 2% 수준까지 상향하는 'NATO 2% Guideline'에 합의했다.

그러나, 이 합의에도 불구하고 회원국 중 3개 국가만이 해당 가이드라인에 충족하는 국방비를 지출한 관계로, 큰 효과는 없었던 것으로 판단된다. 다만, 2024년을 기점으로 18개의 회원국이 가이드라인에 충족하는 국방예산을 집행할 것으로 예상된다. 각국의 국방예산이 점진적으로 증가해오지 않았던 점 고려할 때 2024년의 NATO 회원국들의 국방비는 가파르게 증가할 것으로 판단한다.

NATO 회원국 중 상당수의 GDP 대비 국방비 비중이 2%를 하회하는 점 고려할 때, 2024년 국방비 증액 규모는 상당할 것으로 예상된다. 2%를 하회하는 국가가 모두 2%에 국방예산을 맞춘다고 가정하면 NATO의 국방예산은 약 909.5억 달러 증가한다.

한화 기준 약 121.9조원 규모다. 중국의 1년 국방예산의 절반 수준이 순증하는 것이다. 회원국 모두가 GDP 대비 2% 수준까지 국방예산을 상향시키는 데에는 제약이 존재하겠으나, 그들의 의지를 재차 확인하는 것만으로도 현재의 국제정세, 즉 방산 수요의 전방은 당분간 우상향할 것으로 판단한다. 이에 더해, NATO 내 각국은 국방비를 GDP의 3%, 5%까지 점진적으로 상향할 가능성이 매우 높은 상황이다.

지난 2023년 12월, 한국은 향후 5년간(2024~2028년)의 국방 정책 계획을 담은

'24~28 국방중기계획'을 발표했다. 5년간 총 348.7조원을 투입, 연평균 +7% 수준의 증가세 보일 전망이다. 특히, 무기 도입 예산인 방위력개선비 비중은 2024년 29.9% 수준에서 2028년 36.1%까지 연평균 +11.3% 증가할 전망이다.

상대적으로 병력 운영보다는 무기 도입에 중점을 둔 것이 확인되었고, 이 또한 다수 국가의 국방예산 기조에 동참, 방산 수요 증가 전망의 근거로 작용한다. 글로벌 GDP가 점진적으로 상승하는 가운데, 각국의 국방예산 증가는 자연스러운 행보다. 다만 상기한 주요 국가들의 정책에 기초하여 분석할 때, 현재의 국방예산 증가는 국제정세 우려에 기반한 것이다. GDP 증가에 따른 자연스러운 상승이라기보다는 방위력 개선 니즈의 발현, 즉 중기적으로 구조적 방산 수요 증가를 예상케 하는 근거로 작용한다. 글로벌 방위산업 파이의 확대는 불가피하다.

한편, 국방비 증가와 더불어 글로벌 무기 거래량 역시 증가 전망되는 바 방산 수요 증가를 가늠해볼 수 있다. GDP 상승에 따른 국방비 연계 증가, 글로벌 정세에 기반한 각국의 군사력 증강 계획. 2개 요인에 따라 방산 수요의 구조적 증가가 전망된다. 중장기 구조적 성장 전망 하에서, 글로벌 무기 거래량을 기준으로 단기적 관점에서의 방산 수요'량' 변화 방향에 대해 분석해보고자 한다.

1950년 이후 글로벌 무기 거래량 추이를 보면, 1961년(163.3억TIV) 저점 기록한 후 1982년(456.6억TIV) 고점까지 약 20년간 증가세를 보였다. 이후 재차 감소, 약 20년 후 2002년(176.8억TIV)에 저점 기록했다. 이후 다시 증가세로 전환되며 현재까지 지속 중이다. i) 시간 관점에서 보면, 무기 거래량 증가와 감소 흐름은 약 20년을 기준으로 전환되어 왔다. 즉 1개 싸이클(증가+감소)의 주기가 약 40년인 것인데, 이는 30~40년으로 알려진 무기 교체 주기와 유사한 수준이다. 이에 기초하면, 2002년 저점 이후 20년 이상을 증가해 온 글로벌 무기 거래량의 감소 전환에 대한 우려가 발생한다. 다만, 하나증권은 2가지 이유로 당분간 증가세가 더 지속될 것으로 판단한다.

(a) 무기체계는 지속 발전되어 왔다. 전투기의 경우, 4세대, 4.5세대, 5세대를 지나 6세대 전투기를 개발 중이며, 전차 및 자주포 및 유도무기 역시 개발을 거듭 중이다. 중점 개발 사항은 신기술 도입, 화력 증강 등 성능 향상에 있겠으나, 전반적인 무기체계의 수명 증가도 동반된다. 즉, 무기 수명의 증가에 따라 교체 주기 역시 장기화, 이전 주기(1961~2002년) 대비 거래량 증감 주기는 길어질 것으로 판단한다.

(b) 한편, 2020년 Covid-19 역시 거래량 증가세를 장기화시킬 요인으로 판단한다. 이전 증가 주기(1961~1982년)를 보면, 21년 중 5개년을 제외한 16개년은 YoY

증가를 기록했다. 즉 증가 주기 내에서는 1년 단위 거래량 역시 전반적 증가 모습을 보인다. 이전 감소 주기(1982~2002년)에서도 마찬가지로 5개년을 제외한 15개년은 YoY 감소했다. 다만, 현재의 증가 주기(2002년~)에서는 20개년 중 13개년만 YoY 증가하며 다소 증감 변동성이 확대된 모습이다. 단기 감소 전환 가능성은 배제할 수 없으나, 추세적 증가 싸이클은 지속될 것으로 전망하는 근거다. 주기성이 약화되었다고 보기에는 무기체계는 교체가 필수적이다. 길이는 변화 가능하나, 주기성이 소멸될 수는 없다고 판단한다.

ii) 거래량 관점에서 보면, 글로벌 무기 거래량은 100~500억TIV 범위 내에서 주기성을 띠며 변동해 왔다. 1950~2022년 평균 거래량은 278.5억TIV다. 2022년 거래량 기준, 과거 평균을 상회하나 2가지 이유에 근거해 당분간 증가세 지속될 것으로 판단한다.

(a) 최고/최저점 논리로 접근 시, 2002년 저점 당시 거래량은 176.8억TIV로 1961년 저점 당시 거래량 163.3억TIV와 유사한 수준이나, 2022년 거래량은 319.8억TIV로 과거 1982년 고점 당시 거래량 456.6억TIV의 70% 수준에 불과하다. 경제력 향상, 인구의 증가를 감안할 때, 무기 거래량의 감소를 받아들이기는 쉽지 않다. 특히, TIV 단위는 무기체계의 능력치를 고려한 수치이므로, 성능 향상에 따른 체계 수의 감소라는 반박 논리는 부적절하다. 다만 최고/최저점 논리에는, 주기가 길어짐에 따라 1년 거래량은 상대적으로 감소할 수 있다는 함정은 있다. 이는 총량(도표 66 내 면적) 논리로 보충 가능하다. 과거 증가 주기(1961~1982년) 무기 거래량의 합은 약 7,020억TIV, 감소 주기(1982~2002년) 무기 거래량 합은 약 6,353억TIV다.

한편, 현재의 증가 주기(2002년~) 무기 거래량 합은 약 5,280억TIV 수준인데, 이는 과거 증가 주기의 75% 수준에 불과하며, 감소 주기와 비교하더라도 83% 수준이다. 즉, 기간의 경과가 있더라도 글로벌 무기 거래는 당분간 활발한 기조를 유지할 가능성이 높다. (b) 글로벌 무기 거래량 YoY 변화를 기준으로 보더라도, 과거 증가/감소 주기에는 각각 YoY 증가율과 감소율이 뚜렷하게 가팔랐던 반면, 최근의 증가 추세 속에서는 증감율 변동성이 확대되었음을 확인할 수 있다. 글로벌 무기 총량이 적어도 같은 수준 유지된다는 전제 하에 당분간 무기 거래량은 증가 혹은 유지 기조를 지속할 것으로 판단한다.

〈도표 2〉 글로벌 무기 거래량 추이 (시간 관점)

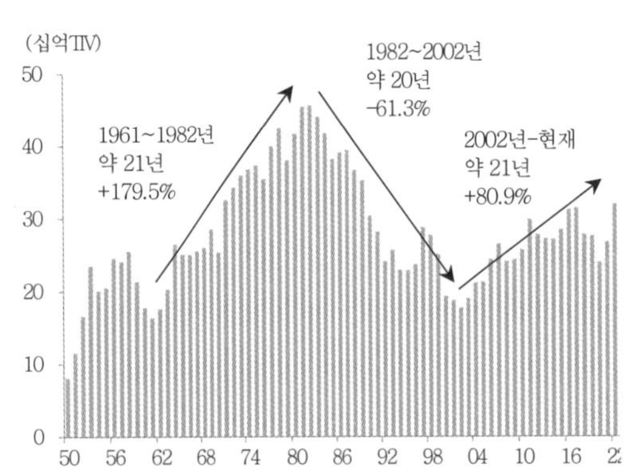

자료: SIPRI, 하나증권

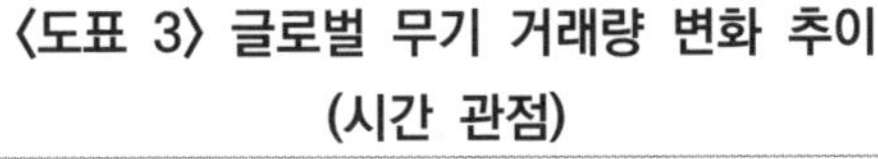

〈도표 3〉 글로벌 무기 거래량 변화 추이 (시간 관점)

자료: SIPRI, 하나증권

〈도표 4〉 글로벌 무기 거래량 추이 (거래량 관점)

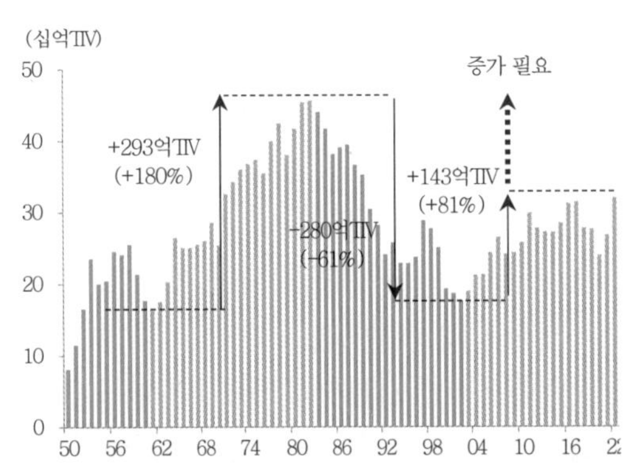

자료: SIPRI, 하나증권

〈도표 5〉 글로벌 무기 거래량 변화 추이 (거래량 관점)

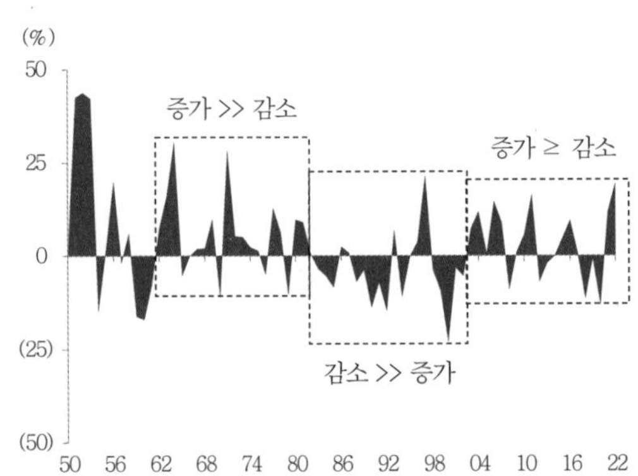

자료: SIPRI, 하나증권

투자자 입장에서 투자 대상은 방위산업군에 포함된 기업들, 즉 방위산업체다. 이들은 무기체계 공급자 지위에 있다. 이에 따라 방위산업의 공급을 분석하는 것이 올바른 투자 포인트를 찾는 첫 번째 단계다. 한편, 수요자는 대부분 국가 단위이며, 그들은 글로벌 정세 및 국방계획에 의거하여 수요 결정을 내린다. 즉 방위산업의 수요-공급은 국가-기업 간 거래이며, 이러한 비대칭적 지위 특성상 공급은 수요에 의해 결정되는 모습을 보인다.

공급'량'은 수요'량'에 의해 제한되며, 공급은 수요에 후행하게 된다.

방위산업은 공급 특수성을 지닌다. i) 공급 후행, ii) 과점 시장 특성(규모의 경제, 진입 장벽, 상호 의존성)

i) 전술한 바와 같이, 방위산업의 공급은 수요에 후행한다. 수요자인 국가는 당시의 정세, 그들의 국방계획에 기초하여 도입 무기체계의 종류와 물량을 결정한다. 이러한 방위산업의 거래 특성에 따라, 수요의 규모가 공급의 규모를 결정하게 되는 '공급 후행(수요 선행)' 현상이 발생하게 된다.

이러한 공급 후행 특성은 공급자(방위산업체)로 하여금 생산 수동성을 갖게 한다. 그들에게는 공급 능력(CAPA) 확대를 통한 생산력 향상 및 재고 확보가 최우선 과제가 아니다. 수요자 국가로부터 공급자 지위를 부여받을 수 있는, 즉 수주 계약 체결이 최우선 과제다. 이에 따라 다수의 방위산업체는 CAPA 확대보다는 수주 경쟁력 확보에 초점을 맞춘다.

실제로, 타 제조업체와 방위산업체의 CAPA-실적 상관관계는 다른 흐름을 보여왔다. 완성차 기업인 현대차와 기아의 경우 꾸준한 CAPA 증설을 통해 그들의 실적 외형을 성장시켜 왔다. 2011년 각각 3,213대, 2,240대였던 현대차, 기아의 CAPA는 2024년 각각 3,750대(+16.7%), 2,933대(+30.9%)로 증가했고, 동기간 그들의 매출은 67.1조원에서 130.1조원(+93.9%), 25.0조원에서 49.6조원(+98.1%)으로 증가했다. 성장 산업인 배터리, 양극재 기업에서는 그 유관성이 더욱 뚜렷하게 나타난다.

LG에너지솔루션, 삼성SDI는 2021~2023년 CAPA를 각각 135GWh에서 300GWh(+122.2%)로, 66GWh에서 115GWh(+74.2%)로 확대했고, 동기간 그들의 매출은 각각 17.9조원에서 33.7조원으로(+89.0%), 13.6조원에서 23.3조원(+71.7%)으로 증가했다. 양극재 기업 에코프로비엠과 포스코퓨처엠 역시 각각 CAPA를 6.0만톤에서 19.0만톤(+216.7%)으로, 4.5만톤에서 15.5만톤(+244.4%)으로 확대하는 과정에서, 매출 역시 1.5조원에서 6.9조원(+364.5%), 2.0조원에서 4.8조원(+139.2%)으로 동반 증가했다.

한편, 방위산업체 한국항공우주(KAI)의 경우, 그들의 고정익/회전익 CAPA는 불규칙적이었다. 또한, 그들의 CAPA가 매출의 선행 지표도 아니었다. 2011년 48대였던 그들의 고정익 CAPA는 76대까지 확대된 이후 현재는 57대 수준이고, 회전익 CAPA 역시 12대에서 36대까지 확대된 이후 현재 35대 수준으로 유지되고 있다. 반면 그들의 고정익/회전익 부문 매출의 높은 변동성은 CAPA와의 관계성이 낮음을 방증한다.

ii) 방위산업의 공급 후행 특성은 시장 측면에서 수요자 우위 특성을 부여함과 동시에, 공급 측면에서는 과점 시장 조성을 유도한다. 실제 방위산업은 규모의 경제, 진입

장벽, 상호 의존성의 특성을 보이며, 과점 시장의 전형적인 특징을 보유하고 있다.

규모의 경제 : 미국, 영국, 독일 등 전통 방위산업 강국의 방위산업체들은 규모의 경제 효과를 향유하고 있다. 원자재 가격, 인건비 등에 따른 변동성은 존재하나, 무기체계 제조원가 비율(매출원가율)을 점진적으로 감축해 왔다. 그들의 매출원가율은 평균적으로 80% 초반대에 형성되어 있다. 한편, 국내 방위산업체의 경우 그동안 내수 집중 성향을 보여왔던 만큼, 규모의 경제 효과를 상대적으로 누리지 못하는 모습이다.

국내 방위산업체의 매출원가율은 평균적으로 90% 수준을 기록해 왔다. 이는 국내 방위산업체의 낮은 수출 비중에 기인하며, 향후 수출 비중 상승 과정에서 규모의 경제 효과를 향유(매출원가율의 하락)할 수 있을 것으로 판단한다. 또한, 규모의 경제 효과를 향유함은 곧 글로벌 방산 과점 시장 경쟁에 본격적으로 진입함을 의미한다.

진입 장벽 : 과점 시장의 대표적 특징이다. 높은 진입 장벽은 시장 플레이어 확장을 제한하며, 이에 따라 소수의 공급자가 시장 공급을 담당하는 과점 시장이 형성된다. 최근 약 20년간의 글로벌 방위산업체 매출 순위를 보면, Top 10의 구성이 크게 변하지 않음이 확인된다.

기술적 진입 장벽이 존재함과 동시에, Lock-in 효과에 따른 진입 장벽이 형성되어 신규 업체가 시장 메인 플레이어가 되기 힘든 구조다. 특히 방위산업체 대다수는 육상, 해상, 항공, 유도무기 분야 중 하나의 분야를 전문적으로 다루는 경우가 많음을 고려할 때, 과점화의 정도는 더욱 강할 것으로 판단한다. 다만, 미국과 유럽 주요 업체들이 주축이던 방위산업 공급 서열은, 2015년 이후 중국 정부의 대대적 투자에 기초한 중국 방위산업체들(NORINCO, AVIC, CASC, CETC)이 진입 장벽을 넘어선 모습이다.

상호 의존성 : 공급 후행 특성의 연장선으로, 방위산업체들은 치열한 수주 경쟁이 불가피하다. 특히 방산 수주 계약이 완전한 블라인드 경쟁을 전제하고 있지는 않은 바, 입찰에 참여한 다수의 방위산업체들은 절대 경쟁인 아닌 상대 경쟁을 치뤄야 하는 입장에 놓인다. 즉, 경쟁 상대방의 품질 전략, 가격 전략 등에 따라 입찰 전략을 수정할 수 있다. 입찰 참여자들 간 상호 의존성을 보일 수밖에 없는 구조다.

한화에어로스페이스의 '레드백 장갑차'를 예로 들면, 2023년 미 육군 입찰 과정에서 General Dynamics Land Systems, American Rheinmetall Vehicle에 밀려 수주 실패했으나, 호주 육군 입찰에서는 최종 낙찰됐다. 이와 같이 방위산업 수주는 경쟁의 상대적 우위가 중요한 바, 국가/기업 간 상호 의존성을 갖는다.

방위산업은, 공급 후행 특성을 보유함과 동시에 규모의 경제, 진입 장벽, 상호 의존적 성격을 띤다. 즉 과점 시장의 특성을 다수 보유했다. 실제로, 과점 정도를 측정하는 '허핀달-허쉬만 지수(HHI, Herfindal-Hershman Index)'를 기반으로 과점 산업이라 불리는 타 업종과 비교한 결과 방위산업은 강한 과점 시장의 성격을 보인다. 지수 값이 1,800을 상회하는 경우 고도 집중적 시장으로 분류 가능한데, 방위산업만이 약 2,400으로 유일하게 1,800을 상회한다(독점의 경우, HHI = 10,000). 정유, 화학, 철강, 전기전자 등 전통적 기간 산업의 HHI는 1,000~1,800 사이의 값을 보유, 집중적 시장에 해당한다.

방위산업 공급 생태계의 경쟁력 측정을 논하자면, 국가 간 관계를 배제할 시 그 척도는 P(Price, 가격), Q(Quality, 성능), D(Delivery, 납기)이다. 방위산업 내 수요자인 국가의 입장에서는 각 요소의 효용을 검토, 효용을 최대화하는 방향으로 무기체계를 선택할 것이다. 반면, 방산기업의 입장에서는 그들이 대응 가능한 P, Q, D 범위 내에서 수요자의 만족을 위한 최대 효용인 U(P,Q,D)를 도출하고자 할 것이다. 그리고 U(P,Q,D)는, 각 요소의 한계 효용이 같은 지점, 즉 MU(P)=MU(Q)=MU(D)에서 형성된다. 방위산업에서 각각의 효용 함수 U(P), U(Q), U(D)의 수식을 도출하여 정량화하기에는 한계점이 존재하겠으나, 방위산업을 둘러싼 주변 환경(국가 상황, 정세)을 고려한 개념화는 가능할 것으로 판단한다.

각 요소의 효용 가치 판단을 위해, 글로벌 국가를 2가지 기준(경제적 여유, 전쟁 가능성)에 기초해 4가지로 분류한다.

i) 경제적 여유가 있고 전쟁 가능성이 낮은 나라다. 이 경우, 해당 국가는 무기체계를 도입함에 있어 P, Q, D를 모두 고려할 것이다. 경제적 여유가 있음에도 무조건적인 지출을 제한하기 위해 가격 협상을 진행할 것이며, 무기체계의 성능 확보는 기본 조건으로 설정할 것이다. 낮은 전쟁 가능성으로 납기를 여유롭게 설정할 수 있으나, 무기체계의 확보에는 예상치 못한 공격에 대한 방어 및 비대칭적 전력 확보 목적이 있는 바 납기 또한 적정 수준에서 설정할 가능성이 높다. Q〉P〉D 순으로 효용 가치를 부여할 것으로 판단한다.

ii) 경제적 여유가 있고 전쟁 가능성이 높은 나라다. 전쟁 가능성이 높은 만큼 빠른 무기체계 조달이 필요한 상황이다. 경제적 여유를 기반으로 어느 정도의 가격 수용력은 지니고 있겠으나, 전쟁 위험을 안은 상황에서는 타 분야로의 투자 역시 동반 확대되는 바 가격 협상에 적극적으로 임할 것이다. 한편, 성능 측면에서 그들은 양보할 가능성이 높다. 우선 위험한 상황에서 무기체계 성능의 한계 효용은 가파르게 하락한다. 즉, D〉P〉Q 순으로 효용 가치를 부여할 것으로 판단한다.

iii) 경제적 여유가 없고 전쟁 가능성이 낮은 나라다. 경제력이 뒷받침되지 않기 때문에 그들에게는 낮은 가격이 첫째 조건이다. 고성능 무기체계에 대한 효용 가치는 낮다. 물론 전쟁 가능성이 낮은 관계로 가능한 범위 내 고성능 무기체계 도입에 대한 니즈(Needs)는 있겠으나, 크지는 않다. 도입 시기 역시 협상 가능한 요소일 것이다. 당장 급한 것이 아니기 때문이다. 즉, 그들에게 무기체계의 효용 가치는 P〉D=Q 순으로 매겨진다.

iv) 경제적 여유가 없고 전쟁 가능성이 높은 나라다. 전쟁 리스크를 떠안고 있음에도 그들에게 무기체계 도입의 최우선 조건은 낮은 가격이다. 부족한 경제력에 기인한다. 다만, 전술한 iii)의 경우와 달리, 납기 또한 협상의 여지가 없다. 빠르게 도입해 실전 배치해야 하기 때문이다. 즉, 그들에게 무기체계의 성능은 중요한 고려 요소가 아니며 낮은 가격과 빠른 납기가 도입의 결정 요소다. 효용 가치는 P=D〉Q 순으로 부여될 것이다.

상기 4개의 Case를 종합해 볼 때, 방위산업 내 효용 가치는 P〉D〉Q 순으로 부여된다. 즉, 공급자 지위를 가진 방산 기업들은 수요자의 효용 가치를 고려한 접근이 필요하며, 이에 따라 향후 방위산업 내 P 경쟁은 심화될 것으로 전망한다.

방위산업은 파동이 시작된 현재의 글로벌 정세 속 구조적 수요 확대가 전망된다. 공급은 수요에 후행, 이 과정에서 과점 시장을 형성한다. 과점 시장의 특성을 고려, 시장 참여자인 국가/기업 차원의 공급자는 그들의 경쟁력을 확보해 점유율을 향상시켜야 하는 과제를 갖고 있다. 대한민국의 방위산업, 즉 국내 방산 기업들이 공급자 지위에서 가진 경쟁력을 분석하고, 경쟁력 향상 가능성에 대해 논하고자 한다.

방위산업은 그 명칭에서 확인 가능하듯 국가의 방위를 위한 모든 산업을 의미한다. 제품 및 서비스를 기준으로 분류된 것이 아닌, 사업의 목적에 기초하여 분류된 산업이다. 이와 같은 산업의 태동은, 방위산업을 영위하는 국가가 확산되지 못한 하나의 요인으로 작용했다. 실제로 글로벌 주요 방산기업을 보유한 국가는 미국, 영국, 프랑스 등이며, 한국을 포함한 해당 국가는 모두 전쟁 경험이 있다는 공통점을 가진다.

즉, 방위산업은 자국 방위 목적으로 등장한다. 자국 방위를 뒤로 한 채 수출을 위한, 즉 이익 창출을 제1목적으로 방위산업을 육성하는 국가는 존재하지 않는다. 자연히 내수 시장에 대한 접근이 선행된다. 역으로 해석하면, 내수 시장은 방산 기업의 실적을 일정 수준 담보하는 역할을 수행, 실적 Bottom line으로 작용하는 것이다.

한국은 625 전쟁(1950년~휴전) 경험이 있는 국가다. 그리고 약 70여년 간 휴전 상태다. 전쟁이 종결되지 않았기에 휴전선을 중심으로 대치를 지속 중이며, 징병제를 유지하는 국가로 존속 중이다(완전징병제 및 징모혼합제 채택 국가 약 40개국). 이와 같은 지정학적 구조상, 한국은 국방예산 지출에 소극적일 수 없다. 글로벌 주요 국가의 국방예산 지출 현황을 비교해보면, 한국은 GDP의 2.5%를 국방비로 지출하며 글로벌 평균 2.3%를 상회한다. '천조국(국방예산 1,000조 원)'이라 불리는 미국이 약 3.9%, 잦은 전쟁으로 국방예산 지출이 높은 러시아가 3.8%인 것을 제외하면, 한국보다 높은 비중을 국방비로 지출하는 국가는 없다.

한국의 높은 국방비 지출 비중은 분단국 상황에 기안한 것으로 판단한다. 한편, 한국은 국방비 지출을 2000년(약 14.5조 원)부터 2023년(약 57.0조 원)까지 연평균 +6.1% 증가시켜 왔다. 무기체계 도입을 위한 '방위력개선비'가 평균적으로 국방비의 약 31% 수준임을 감안하면, 국방비 지출 증가 과정에서 무기체계 도입 예산 역시 동반 증가했음을 알 수 있다. 국내 방위산업의 내수 수요가 점진적으로 확대되어 온 것을 방증한다.

주목할 점은 한국의 국방 중기 계획(2024~2028년)이다. 2023년 12월 배포된 국방부의 2024~2028 국방중기계획에 따르면, 한국 정부는 5년간 총 348.7조 원의 국방예산 지출을 계획 중이다. 이는 연평균 +7.0% 증가하는 수치며, 과거 24년 간(2000~2023년)의 연평균 증가율 +6.1%를 +0.9%p 상회하는 수치다.

특히, 무기 도입을 위한 '방위력개선비'의 증가 폭에 주목할 필요가 있다. 한국 정부는 향후 5년간 방위력개선비로 총 113.9조원 지출을 계획 중이며, 이는 연평균 +11.3% 증가하는 규모다(과거 24년 연평균 +5.1% 증가). 2028년 기준 방위력개선비의 국방비 내 지출 비중은 약 36.1%까지 상승할 예정이다. 큰 폭의 방위력개선비 증가는 곧 무기체계 도입의 증가를 의미한다. 미국을 비롯한 해외 무기체계 수입을 감안하더라도, 국내 방산 기업 입장에서 내수 수요 확대를 기대하기에는 충분한 증액 규모다. 한국의 군비 지출 증가 배경에는 국가 예산 증가에 따른 연쇄 효과보다는, 북한과의 대립 구도 하에서 비대칭 전력 구축 의지가 있는 것으로 판단한다.

분단된 상황과 그에 따른 점진적 국방비 증가, 특히 무기 도입을 위한 방위력개선비 지출 비중의 가파른 상승은 국내 방산기업에 있어 Bottom line으로 작용함과 동시에 실적 성장 요인이 될 것이다. 다만, 내수 실적 성장에 한계가 있음을 간과해서는 안 된다.

국내 방위산업 원가 구조 때문이다. 국내 무기체계 획득 절차는 크게 '무기 소요 제기' → '검토 및 도입 결정' → '계획 반영 및 예산 편성' → '연구개발 사업 경쟁 입찰' → '낙찰 기업의 용역 제공' 단계로 구성된다. 즉 국내 방산 기업은 수주를 위해 경쟁 입찰에 참여하게 되며, 방위사업청은 각 기업이 제시한 총원가에 기초해 개발 기업을 선정한다(국가 책정 금액의 일정 수준을 제시하는 경우 조건 충족). 기업 선정 이후 최종 계약 가격(계산 가격)은 총원가에 일정 비율의 이윤을 더해 결정되는데, 이러한 국내 방산 계약 원가 구조가 내수 Margin의 상단을 제한하는 요소로 작용한다. 원가 절감을 통한 수익성 개선에 한계가 있기 때문이다. Margin 결정 비율의 변동 가능성(상향 가능성)은 존재하나, 단기간 내 가파른 변동을 기대하기는 어려울 것으로 판단한다.

전술한 분단 상황, 국방예산 증가 등에 기인해 국내 방산 기업의 내수 실적은 점진적 성장이 전망되며, 이는 실적 Bottom line으로 작용 가능하다고 판단한다. 다만 방산 원가 구조를 감안할 때, 국내 사업만으로 외형의 급격한 성장이나 가파른 수익성의 개선을 기대하기는 어려운 구조다. 무기체계의 수출, 즉 국내 방산기업의 해외사업 비중 증가가 필요한 시점이다.

국내 방산 기업 성장의 Key가 '수출 확대'라면 앞에서 언급한 글로벌 방위산업 시장(과점 시장) 내 국내 방산 기업의 경쟁력을 점검할 필요가 있다. 효용 가치 크기에 기초해, P〉D〉Q 순서로 국내 방산기업의 경쟁력을 파악하고자 한다.

i) P(Price, 무기체계 가격)

베르뜨랑 모형 및 굴절수요곡선 모형을 통해 확인 가능하듯, 과점화 된 글로벌 방산 시장에서 M/S를 확보하기 위해서는 가격경쟁력을 갖추어야 한다. 즉, P merit 보유해야 한다.

방위산업의 특성상 각 무기체계의 판가를 구체화할 수는 없는 바, 정확한 가격 비교에는 한계가 있다. 다만, 다수의 수주 계약을 기반으로 판가 수준을 가늠해 보는 것은 가능하다(계약 금액에는 제품 판가와 더불어 운영, 서비스 비용 등이 포함되어 있음). 가격 외 조건을 유사 수준으로 설정하기 위해 전투기의 경우 4세대 및 4.5세대를 기준으로 비교한다.

한국 기업 한국항공우주(KAI)는 FA-50 기종을 폴란드, 말레이시아와 각각 대당 875억 원, 667억원 수준에 공급 계약 체결했다. Lockheed Martin은 F-16 Block 70 기종을 요르단, 바레인과 각각 대당 4,210억 원, 840억 원 수준에 공급 계약 체결했다. 다만, 해당 기종은 KF-21 수준의 성능 보유했음을 감안해야 한다.

Boeing은 F-15 기종을 오랜 기간에 걸쳐 한국, 일본 등 다수 국가와 1,150~2,910억 원 수준에 공급 계약 체결했다. 2020년 카타르와는 대당 7,000억 원에 육박하는 계약 체결한 바 있다. Northrop Grumman은 1970년대에 이란과 대당 300억 원 수준에 F-14 Tomcat 공급 계약 체결했으나, 시기의 차이로 직접 비교에는 한계가 존재한다. 다수의 계약에 기초해 P Factor를 비교해 보면, 시기의 차이 및 성능의 차이는 다소 존재하겠으나, 한국의 전투기 공급 가격이 약 30% 이상 낮게 책정되어 있음을 확인할 수 있다.

전차의 경우 현대로템의 K2, KMW의 Leopard 2, General Dynamics의 M1

Abrams가 비교 가능하다. 3개 전차 모두 대당 200억 원 중반 수준에서 계약 체결된 것 감안하면, 전차 시장에서 P Factor의 압도적 우위를 점한 기업은 없는 것으로 판단한다. 다만, 현대로템의 K2 전차는 Lock in 효과 기반으로 글로벌 M/S 1위를 유지 중이다. 자주포 역시 K9(한화에어로스페이스), M109(BAE Systems), PzH2000(KMW, Rheinmetall) 모두 200억 원 초반 수준에서 계약 체결됐다(한화에어로스페이스의 폴란드 1차 계약의 경우 대당 150억 원 수준 추정).

다만, 자주포 또한 전차와 마찬가지로 K9이 글로벌 M/S 1위 지위 확보 중이다(2022년 한국 자주포의 글로벌 M/S 약 70% 추정). 장갑차는 한화에어로스페이스의 레드백이 대당 250억 원 수준으로 Rheinmetall의 Lynx(대당 약 160억 원) 대비 높은 가격이나, Lynx 계약의 경우 3,800대에 해당하는 대규모 계약인 만큼 물량에 기초한 판가 인하 가능성 고려할 필요가 있다.

공급 계약에 기초해 가격을 비교한 결과, 전반적으로 국내 무기체계가 해외 대비 유사한 수준이거나 낮은 가격을 형성하고 있음을 확인했다. 방산시장(과점시장) 내 P Factor의 효용 가치가 높음을 감안할 때, 국내 무기체계의 상대적 가격 매력 존재할 것으로 예상한다. 즉, P merit에 기초한 국내 방산 기업의 해외 진출 가능성 높다고 판단한다.

ii) D(Delivery, 납기)

방위산업 공급 생태계에 있어 D Factor(납기) 역시 P Factor 만큼 중요한 요소다. 특히 정세가 불안정한 국가의 경우, D Factor의 효용 가치는 더욱 증가한다. 빠른 무기체계 조달을 통해 일정 수준의 국방력을 갖추어야 하기 때문이다. 즉, 방산 기업에 있어 빠른 무기체계 조달은 그들의 M/S를 확대시킬 수 있는 중요한 경쟁력이 된다.

D Factor 경쟁력을 정량화하여 비교하는 것이 최고의 방법이나, D Factor 역시 방위산업의 특성상 데이터 기반의 정량화에는 다소 무리가 따른다. 이에 하나증권은 두 가지 방법으로 각 국가 및 기업의 D Factor 경쟁력을 비교해보고자 한다. a) 계약 기간 준수 여부, b) 첫 인도까지의 기간이다.

a) 방위산업 생태계에서 '납기 지연'은 이례적 현상이 아니다. Lockheed Martin은 2023년 공급 예정이었던 F-35 Block 4 기종의 시스템 통합 문제로, 납기는 약 6개월 연장했다. 또한 F-16V 기종 역시 낮은 CAPA로 납기 지연된 바 있다. Boeing 역시 T-7A, F-15EX 등 다수 기종에 대해 계약 기간 내 납품을 완료하지 못하고 공급 기한을 연장했다.

유럽 기업 역시 납기에서 자유롭지 못했다. Eurofighter Typhoon 기종 역시 다수의 중동 국가와 공급 계약이 체결됐으나, 대부분의 계약에서 기간 내 납품 완료하지 못했다. 최종 납품까지 평균 10년 정도의 기간이 소요된 것으로 파악된다. 반면, 국내 방산 기업은 상대적으로 공급 계약 납기를 준수하는 모습이다. 방위사업청과의 K2 전차 계약이 납품 지연됐던 것을 제외하면, 글로벌 시장에서 계약 기간 내 납품을 완료하고 있다. 특히 최근 폴란드와의 K2 전차 계약의 경우 오히려 약 3개월 조기 납품하며 D Factor 경쟁력을 강화하고 있다.

b) D Factor 기준 계약 기간 내 납품도 중요하나, 초도 물량의 빠른 공급 역시 중요한 요소다. 방위산업의 특성상 재고를 보유하지 않는 바, 수요자의 주문 이후 무기체계 개발 및 생산이 시작된다. 전투기, 전차 및 장갑차 등의 무기체계는 계약 이후 초도 물량 납품까지 통상 2~4년 정도의 기간이 소요된다(전차 및 장갑차는 초도 물량 납품 기간이 전투기 대비 짧은 편).

다만, 국내 방산 기업의 초도 물량 소요 기간은 미국/유럽 대비 약 6개월~1년 정도 빠르다. D Factor 경쟁력을 갖는다. 특히 최근 폴란드 수출 계약을 보면, Gap Filler 형태(기존 내수용 무기체계를 선수출 대여 형식)로 초도 물량 납품 시기를 획기적으로 단축했다.

이러한 국내 방산기업의 공급전략은 글로벌 방위산업 생태계 내 D Factor 경쟁력을 더욱 강화하는 요소로 작용한다. P merit을 차치하더라도 D merit 확보 통한 국내 기업의 글로벌 경쟁력 강화되는 모습이다

iii) Q(Quality, 성능)

앞에서 분석한 바와 같이, 과점 시장인 방위산업 생태계에서 Q Factor(무기체계 성능)의 효용 가치는 P, D Factor 대비 다소 작았다. 다만 이것이 방산 기업이 경쟁력을 제고하는 데 있어 Q Factor를 간과해도 된다는 해석은 아니다.

a) 글로벌 각국은 무기체계를 도입함에 있어 그들의 조건을 설정한다. 해당 조건을 충족해야 도입 자격이 부여되나, 역으로 보면 조건 충족 시 성능 향상에 대한 한계 효용은 가파르게 하락할 수 있음을 의미한다. Q Factor에 대한 조건 충족이 필수적이나, 무조건적인 성능 향상을 추구할 유인은 없다.

b) 도입 성능 기준이 높은지에 대한 검토 역시 동반되어야 한다. 기준이 높은 경우, 다수의 방산 기업이 조건을 충족하지 못하는 상황 발생 가능하다. 다만, 현 시점의 글로벌 주요 방산 기업들은 각국 도입 성능 기준을 충족할 수 있는 수준의 기술력 보유한 것으로 판단된다. 또한 경제력이 뒷받침되지 않는 국가의 경우, 고성능 무기체계 도입에 대한 니즈가 크지 않을 것으로 예상되며, 이에 따라 도입 성능 기준은 더욱 하향될 가능성이 높다.

Q Factor는 생태계 내에서 중요한 요소이나, P, D Factor 대비 그 한계효용은 빠른

속도로 감소할 가능성이 높다. 도입 기준을 상회하는 것이 중요하기 때문이다. 이에 국내 방산기업은 Q Factor에 대한 우려를 제1리스크로 두지는 않는다. 한편, 국내 무기체계의 성능이 이미 글로벌 무기체계 성능과 유사한 수준까지 향상된 점 역시 Q Factor 경쟁력을 강화하는 중요한 요소다.

Ⅲ 결 론

현재의 글로벌 정세는 과거 주요 전쟁을 앞둔 시기와 유사한 흐름을 보인다. 이것을 전쟁 시그널로 받아들이기에는 다소 무리가 있으나, 지표 변동성의 일환으로 치부하기에는 전쟁이 가진 위험성이 매우 크다. 전쟁이 발발해서는 안되지만, 현재의 정세와 지표들을 고려할 때 글로벌 각국은 군사력 증강 필요성을 강하게 느낄 가능성이 높다.

이는 각국 국방계획에서 드러난다. 방위산업, 즉 무기체계의 수요 증가가 전망된다. 공급자 지위에 있는 각 기업들은 전술한 P, D, Q Factor 기반의 경쟁력을 갖출 것이다.

국내 방산 기업들은 P, D Factor에서 강점을 보이며, Q Factor에서도 동등한 수준의 경쟁력을 확보했다. 과점 시장인 방위산업 생태계에서의 M/S 확대가 예상되는 근거다. 실제로, 한국의 무기 수출/수입 배수(수입 대비 수출 배수)는 과거 0에 수렴했으나, 21세기 들어 꾸준히 상승해왔고 현재 0.5배를 상회한다. 물론 방위산업의 주요 강국인 미국(10배 중반), 영국(1~2배), 독일(약 10배 수준) 등에 비하면 낮은 수치이나, 그 흐름은 한국만이 유일한 상승세다.

향후 국내 방위산업의 성장, 메이저리그로의 콜업을 기대하는 이유다. 국내 방산 기업들의 최근 수주잔고 흐름도 이를 방증한다. 글로벌, 한국 국방예산 지출 증가 대비 국내 기업의 수주잔고 증가세는 가파르다. 해당 수주 중 상당 비중이 수출 계약인 점 감안할 때, 앞에서 언급한 바와 같이 국내 방산 기업의 글로벌 시장 내 M/S는 점진적으로 확대될 전망이다.

미국 국가 방위산업 전략(NDIS)과 한국 방위산업 대미수출 전략

◦ 김 만 기 ◦

요약문

미국 국방부의 NDIS 및 NDIS-IP, RSF를 통해 한국 방위산업이 미국 국방 조달사업에 참여할 수 있는 길이 열렸다고 할 수 있다. 이러한 배경에 따라, 최근 한국기업이 미 해군 수송함(Yukon, Wally)에 대한 MRO 사업을 국내 조선소 최초로 수주하게 된 것이다.

트럼프 2기 행정부가 한국의 선박 건조 역량에 관심을 두고 있는 것과 미국에 모항(Home Port)을 둔 모든 전투함 및 수송함에 대해 외국 기업이 MRO와 신조 사업에 참여할 수 없도록 규정한 Jones Act 법령의 개정 필요성에 대해 다양한 의견이 표출되는 것은 한국 방위산업의 대미수출에 긍정적인 변수로 작용할 수 있음을 의미한다. 한국 방산기업의 미 국방부 조달 사업 참여로 연계하기 위해서는 체계적이고 실질적인 생태계 조성이 절실히 필요한데, 미국이 전략적으로 필요로 하는 방위산업 역량에 대해 한국이 적극적인 해결책을 제공하는 정부와 민간의 포괄적인 정책 마련과 지속 가능한 수행체계 구축이 절실하다.

· 핵심어(Key Word) : NDIS, 국방 조달사업, 공급망 구조, 대미 방산수출

I 서 론

미 국방부는 미국 방위산업의 공급망 노후화와 취약점이 국방전력 약화에 미치는 영향을 분석하고 대응 방향을 고심해 왔다. 이에 따라, 공급망의 구조적인 문제를 극복하고 지속 가능한 전투 역량(Sustainable Combat Capability)을 유지하기 위해 「국가 방위산업 전략(NDIS, National Defense Industrial Strategy)」이 발표되었다.

미국 정부는 획기적인 공급망 개선 및 확충을 통해 미군의 전투역량을 향상하기 위하여 NDIS의 후속 조치인 국가 방위산업 전략 시행계획(NDIS-IP, National Defense Industrial Strategy Implementation Plan)을 발표한 것에 이어, 미국이 우방국을 중심으로 지역별 MRO 역량을 강화한다는 지역 유지보수 프레임워크(RSF, Regional Sustainment Framework)를 구축하였고, 한국, 일본, 싱가포르, 호주, 필리핀 5개국을 RSF 지역 핵심 파트너로 선정하였다.

우크라이나 전쟁이라는 국제정치적인 여건과 국방 자생력의 필요성이 대두되면서 폴란드와 중동, 호주 등 다양한 국가로 수출 기회가 만들어지고 있다. 이러한 배경과 맞물려 우방국을 통한 공급망 확장 및 유연한 조달 및 획득 체계 운영이라는 NDIS의 핵심 정책 기조가 한국 방산 수출에 새로운 기회가 될 것으로 기대할 수 있다.

한국 방위산업이 실제로 NDIS의 정책을 대미수출의 초석으로 활용하기 위해서는 먼저 미 국방부의 국가방위전략(NDS, National Defense Strategy)에 대한 이해가 전제되어야 한다. 또한, 미국방부의 무기획득 프레임워크(AAF, Adaptive Acquisition Frame work)와 미국 국방조달규정(DFARS, Defense Federal Acquisition Regulation Supplement)관 관련 규정과 조달법에 대한 실무적인 해석도 선행되어야 한다.

2024년 한국 기업이 미 해군 수송함에에 대한 MRO 사업을 수주한 것은 NDIS와 NDIS-IP, RSF에 나타난 우방을 통한 공급망 확충이라는 기조가 실현된 것이라는 데 중요한 의미가 있다. 하지만, 한국 방산기업이 미 국방 조달사업에 참여하기 위해서는 시설보안인가(FCL, Facility Clearance Level)와 외국 소유권 및 통제(FOCI, Foreign Ownership, Control, or Influence) 등 극복해야 할 많은 규정과 제한 사항이 있는 것도 사실이다.

NDIS와 NDIS-IP가 시사하는 긍정적인 요소를 한국 방산기업의 미 국방부 조달사업 참여로 연계하기 위해서는 체계적이고 실질적인 생태계 조성이 절실히 필요하다. 미국이 전략적으로 필요로 하는 방위산업 역량에 대해 한국이 적극적인 해결책을 제공하기 위해서는 정부와 민간의 포괄적인 정책 마련과 더불어 지속 가능한 수행 체계를 구축하는 것이 절실하다.

Ⅱ 미 「국가 방위산업 전략(NDIS)」의 배경과 시사점

미 국가방위전략(Natinal Defense Strategy)에 있어 NDIS는 미 국방부의 「국가방위전략」(NDS, National Defense Strategy)이 지적한 여러 문제를 극복하기 위해 실행적인 조치의 일환으로 만들어진 전략이다. NDS는 미 국방부가 대통령의 국가안보 전략(NSS, National Security Strategy)을 구현하기 위해 수립하는 핵심 문서로, 국방부의 전략적 방향과 우선순위를 제시하고 있다. 2017년 미 국방수권법(National Defense Authorization Act for FY2017) 제941조는 NDS를 매 4년마다, 그리고 필요에 따라 수시로 발행하도록 규정하고 있다.

NDS는 국제정세, 안보위협 평가, 동맹 및 동반관계, 군사 역량 배치 등 미국이 직면한 다양한 안보 과제에 대응하기 위해 미국의 전반적인 국가안보 목표와 군사 정책의 전략적 방향을 제시하고 있으며, 아래와 같은 핵심 전략으로 구분된다.

전략 경쟁과 위협 인식 : NDS는 중국과 러시아 등 주요 경쟁국과의 '전략 경쟁' 상황을 전제로 하여, 전통적 개념의 전쟁 양상뿐 아니라 사이버, 우주, 전자전 등 비대칭 · 멀티 도메인 위협을 재평가

멀티 도메인 전쟁 역량 강화 : 육 · 해 · 공뿐만 아니라 우주 및 사이버 영역 등 다양한 전장에서의 통합적 전투역량을 강화하여, 신속하고 유연한 대응 체계를 구축하는 것을 전략적인 목표로 설정

동맹 및 동반관계 강화 : 전통적 동맹국과의 협력을 확대하고, 다양한 파트너들과의 공동 작전 및 기술 공유를 통해 국제적 억제력을 강화하는 전략을 표방

군사 현대화 및 혁신 : 급변하는 기술 환경에 맞춰 신기술 도입, 첨단 무기체계 개발 및 군의 조직 · 구조 개편을 추진하여, 미래 전쟁에 대비한 현대적 전력을 구축

준비 태세 및 전력 배분 최적화 : 위기 상황에서 빠르게 대응할 수 있도록 전력의 유연한 배분과 준비 태세를 강화하며, 예산 배분과 자원의 효율적 활용을 통해 전반적인 군사 준비도를 향상하는 데 전략적인 목표 반영

NDS는 미국이 직면한 글로벌 안보 환경의 변화에 대응하기 위해, 전략적 경쟁, 멀티도

메인 전쟁, 동맹 강화, 군 현대화 등 전방위적인 접근 방식을 강조하고 있으며, 이러한 국방 전략을 수행하기 위한 실행안으로서 NDIS에 따라 구체적인 글로벌 공급망 등에 대한 개선 방향을 수행하고 있다.

미국 국가 방위산업 전략(NDIS)은 NDS에 기반 하에서 방위산업에 초점을 맞추어 미국의 방산 생태계와 산업 기반을 강화하는 데 중점을 두고, 안정적인 공급망 구축, 첨단 기술 및 인력 양성, 민간 부문과의 협력 강화 등을 내세우고 있다.

NDIS는 미 국방부가 방위산업 생태계를 현대화하고 회복탄력성을 강화하기 위해 수립한 전략으로, 향후 3~5년 간의 방위산업 관련 정책, 투자 및 민·관 협력의 로드맵을 제공한다. 이 전략은 미국이 직면한 글로벌 안보 환경 변화와 해외 공급망 의존 문제 등 여러 도전에 대응하기 위한 종합 계획이며, 핵심 내용은 다음과 같다.

공급망 탄력성 강화(Supply Chain Resilience) : 핵심 부품과 기술의 안정적인 조달을 위해 해외 의존도를 줄이고, 국내 생산 기반을 확충

숙련 인력과 기술 역량 확보(Skilled Workforce & Technological Advancements) : 방위산업 분야에서 경쟁력을 높이기 위해 전문인력 양성과 첨단 기술 개발을 촉진

유연한 획득 체계 구축(Flexible Acquisition Processes) : 변화하는 전장 환경에 대응할 수 있도록 무기와 시스템 획득 프로세스를 개선

경제적 억제력 강화(Economic Deterrence): 강력한 국내 방산 기반을 통해 경제적 압박을 행사하고, 동맹국 및 파트너와 협력하여 글로벌 방산 네트워크를 강화

대응 역량 및 기반 시설 현대화(Modernization of Capabilities & Infrastructure) : 기존 방산 시설과 기술을 최신화 하여 미래 전쟁 환경에 적합한 체계를 구축

유연한 경로를 통한 새로운 역량 개발(New Capability Development via Flexible Pathways) : 혁신적인 접근 방식을 통해 새로운 군사 능력과 기술을 신속하게 개발하고 도입

지식재산권 및 데이터 분석 강화(Strengthening IP & Data Analytics): 방위산업 내 혁신을 촉진하고 기술 보호를 위해 지식재산권 관리 및 데이터 분석 역량을 강화

미 국방부는 NDIS의 비전을 구체적으로 실행하기 위해 미국 국가 방위산업 전략 시행계획(NDIS-IP)을 발표하고 이를 구체화하고 있다. 이 계획은 미국 방산 생태계의 현대화와 회복탄력성 제고를 목표로 하며, 다음과 같은 6가지 항목의 구체적인 실행 조치가 포함되어 있다.

인도-태평양 억지력 강화(Strengthening Indo-Pacific Deterrence) : 인도-태평양 지역에서 미국의 억지력과 군사 존재를 확고히 하여 해당 지역의 위협에 신속히 대응

생산 및 공급망 확충 =(Expanding Production & Supply Chain Resilience) : 핵심 부품과 기술의 안정적 확보를 위해 국내 생산 기반을 강화하고, 해외 의존도를 줄여 Supply Chain Resilience를 제고 및 개선 방향 활성화

동맹과 파트너 협력 강화(Enhancing Alliances & Partnerships) : 동맹국과 파트너와의 긴밀한 협력을 통해 글로벌 방산 네트워크를 확장하고, 국제적 기술·정보 공유를 촉진

대응 역량 및 기반 시설 현대화(Modernizing Capabilities & Infrastructure) : 기존 방산 시설과 기술을 최신화 하고, 새로운 생산 및 연구 기반 시설을 도입해 현대 전쟁 환경에 부합하는 시스템을 구축

유연한 경로를 통한 새로운 능력 개발(New Capability Development via Flexible Pathways) : 혁신적인 기술과 무기체계를 빠르게 도입할 수 있도록 유연한 획득(Flexible Acquisition) 프로세스를 마련하여 미래 전력 갱신

지식재산권 및 데이터 분석 강화(Strengthening Intellectual Property & Data Analytics) : 방산기술 혁신의 기반인 지적재산(IP)을 보호하고 고급 데이터 분석 능력을 강화하여 연구개발의 효율성 극대화

앞서 미 국방부의 포괄적인 전략을 표방하는 미국 국가방위전략(NDS)과 여기에 언급된 방위산업 공급망 문제를 해결하기 위한 전략인 국가 방위산업 전략(NDIS), 또한 이를 실제적으로 실행하기 위한 국가 방위산업 전략 시행계획(NDIS I-P)을 살펴보았다. 이러한 배경에서 미 국방부가 인도-태평양 지역의 우방국, 특히 한국을 어떠한 관점에서 생각하는지를 가장 잘 이해할 수 있는 세부 실행안이 바로 미 국방부 지역 유지보수 프레임워크(RSF, Regional Sustainment Framework)이다.

RSF는 현대 전투 환경에서 전통적인 중앙 집중형 정비 방식의 한계를 극복하고, 전투 지역 내에서 신속하게 장비를 정비·수리할 수 있는 분산형 MRO (Maintenance, Repair, and Overhaul) 네트워크를 구축하기 위해 마련되었다. RSF를 기획한 가장 중요한 배경은 한국기업에 상당한 시사점을 줄 수 있는 중요한 내용이다.

첫째, 전통적인 중앙 집중형 정비 모델은 적의 공격이나 교란에 취약하여 장비의 다운타임이 길어질 위험이 있다, 이에 따라 전투 지역 내에 정비 능력을 확보하여 신속한 회복(recovery)을 도모할 필요성이 대두되었다.

둘째, 특정 해외 공급망에 대한 과도한 의존과 글로벌 정비 역량의 불균형 문제가 미국

이 동맹국 및 파트너국과 협력하여 지역별 정비 네트워크를 구축하는 핵심적인 배경이 되었다고 볼 수 있다. 이는 바로 NDIS가 추구하는 구체적인 실행 목표와도 일치함을 알 수 있다.

미 국방 조달사업 참여를 지향하는 한국 방산업계 입장에서는 포괄적인 정책을 다루는 NDS, NDIS보다는 NDIS-IP와 RSF가 좀 더 실질적인 시사점을 제시한다고 볼 수 있다. 이러한 정책에 부합하도록 기업 역량을 강화하고 공급망으로 사업을 수행하기 위한 자격과 인증을 사전에 준비하고 획득하는 것이 중요하다.

RSF의 주요 핵심 내용은 다음과 같다.

분산형 MRO 생태계 구축 (Distributed MRO Ecosystem) : 전 세계 각 지역에 MRO 능력을 갖춘 시설을 배치하여 전투 지역에서 직접 장비를 정비할 수 있는 역량 강화

군사 준비 태세 강화(Enhance Military Readiness) : 정비 능력을 전투 지역에 근접시킴으로써 장비의 다운타임을 최소화하고, 신속한 가동 복귀를 지원하여 전반적인 군사 준비 태세 강화

지역 동맹 및 파트너십 강화 =(Strengthen Regional Partnerships) : 동맹국 및 파트너국과의 협력을 통해 공동 정비 네트워크를 구축하고 상호 운용성을 강화하여 지역별 지속 가능한 정비체계 마련

공급망 최적화 및 산업 기반 통합(Optimized Supply Chains & Industrial Base Integration) : 국내외 방산업과 협력하여 예측할 수 있는 수요 창출, 자원 공유, 투자 촉진 등으로 안정적인 정비 및 유지보수 자원을 확보

미 국방부의 RSF 초기 실행은 인도-태평양 지역에 집중되어 있으며, 구체적으로 한국을 포함한 5개국(한국, 일본, 호주, 싱가포르, 필리핀)에 군수 정비 허브가 설립될 예정이다. 이들 지역본부는 전투 지역과 가까운 위치에서 장비 정비 및 유지보수를 지원함으로써 전투력 유지와 빠른 회복 능력을 강화하는 핵심 역할을 하게 될 것이다.

Ⅲ 미 국방 무기획득 프레임워크(AAF) 개요

1. 미 국방 조달 개요 및 조달 규정

2024 회계연도 미국 연방정부의 조달(재화, 용역, 연구개발 등 포함) 지출 규모는 약 7,548억 불($754 Billion)로, 이 중 약 60%인 약 4,452억 불을 국방부가 조달하였고, 하위 기관별로 보면 해군, 육군, 공군, 기타 국방부 예하 기관 순으로 규모가 높았다.

세계 최대 국방 조달 예산을 집행하고 있는 미국 정부는 공공조달을 효과적이고, 투명하고, 공정하게 집행하기 위하여 다양한 조달 규정을 도입하고 있다.

1) 미국 연방 조달 규정(FAR, Federal Acquisition Regulation)

FAR는 미국 연방정부가 물품, 서비스, 건설 등 다양한 분야의 조달 활동을 수행할 때 적용되는 주요 법규이자 실무지침서이다. FAR은 정부 계약의 공정성, 투명성, 경쟁 촉진을 보장하고, 모든 연방기관이 일관된 절차와 기준에 따라 조달업무를 수행하도록 규정하고 있으며 구성은 다음과 같다.

Title, Part, Subpart, Section: FAR는 여러 제목(Title)과 파트(Part)로 나뉘며, 각 파트는 다시 Subpart와 Section으로 세분되어 특정 주제나 절차(계약 유형, 입찰 절차, 계약 관리 등)를 상세히 다루고 있다.

총 53개의 Part : FAR는 Part 1부터 Part 53까지 구성되어 있으며, 각 Part는 연방정부 조달의 특정 영역(일반 조달 정책, 계약 관리, 감리 및 변경 절차 등)을 포괄한다.

FAR의 세부 내용에는 계약에 필요한 전체 과정, 즉, 계약 전, 계약 체결, 계약 이행 및 종료에 이르는 전 단계의 절차가 포함되어 있다. 주요 내용으로는 계약자의 자격 요건, 입찰 및 제안서 제출 절차, 계약 유형, 권리구제 절차 등이 포함되어 미국 연방 조달사업을 지원하는 발주기관이나 사업에 참여하는 기업은 반드시 숙지해야 하는 조달 규정이라고 할 수 있다.

2) 미 국방조달 규정(DFARS, Defense Federal Acquisition Regulation Supplement)

미 국방부가 자체적으로 발행한 DFARS에는 국방 조달의 특수성을 고려한 다양한 계약 관련 자격, 절차, 단계, 법적 규제 등에 대한 내용이 포함되어 있다. DFARS는 201번부터 253번까지 총 53개의 파트(Part)로 구성되어 있으며, 각 파트는 다시 서브파트(Subpart)로 세분되고, 각 서브파트는 특정 주제나 절차를 다루고 있다.

국방부 조달 규정인 DFARS 이외에 각 군은 해당 소요에 적절한 환경을 반영하여 별도의 규정을 운영하고 있는데, 육군은 Army Federal Acquisition Regulation Supplement (AFARS)라고 불리는 보완 규정을 통해 육군 고유의 계약 절차와 요구사항을 상세히 규정하고 있다. 공군은 Air Force Federal Acquisition Regulation Supplement (AFFARS)를 사용하여, 공군의 특수한 조달 및 계약 관리 요구사항을 반영한다. 해군 또한 Navy Federal Acquisition Regulation Supplement (NAVFARS)를 통해 해군 고유의 조달 정책과 절차를 보완하는 조달 규정을 운영하고 있다.

그 외 군수품 일체 공급과 물류 지원을 담당하는 국방부 군수국(DLA, Defense Logistics Agency)은 DLA FAR Supplement라고 하는 자체 보완 규정을 마련하여, 방위물자 및 서비스의 효과적인 조달과 관리를 위한 지침을 제공하고 있다

미 국방조달 시장에 진입을 원하는 한국기업이 국방부의 부처별 조달 규정을 숙지하는 것은 쉽지 않은 일이지만, 제안서 작성 및 제출 시, 그리고 사업 수행을 진행하기 전에 전문가의 도움을 받아 반드시 규정 준수(Compliance)에 대한 제반사항을 이해해야 한다.

최근 한국 정부가 추진해 온 상호국방조달협정(RDP MOU, Reciprocal Defense Procurement Memorandum of Understanding)은 DFARS Part 225와 관련이 있다. Part 225 – Foreign Acquisition에는 한국기업과 가장 직접적으로 연관되는 규정이 포함되어 있다.

Subpart 225.8 – Other International Agreements and Coordination : 225.872 – Contracting with Qualifying Country Sources : 이 조항은 미국과 상호국방조달협정을 체결한 국가(유자격 국가)의 기업들이 미국 국방조달에서 받을 수 있는 혜택과 절차를 상세히 다루고 있다. 특히, 유자격 국가의 제품이 미국산 우선구매법(BAA, Buy American Act) 및 국제수지 개선 프로그램(BOPP, Balance of Payments Program)의 적용에서 면제되어, 미국산 제품과 동등한 대우를 받게 된다는 점이다.

따라서, 한국기업들은 DFARS Part 225를 중심으로 관련 조항들을 자세히 검토하고, 미국 국방조달 시장 진출 전략을 수립하는 것이 중요하다. 또한, RDP MOU의 구체적인 내용과 효과를 충분히 이해하여 이를 활용한 효과적인 시장 진입을 도모해야 한다.

2. 미 국방 무기획득 프레임워크(AAF)

미 국방부는 기존 조달 및 획득 시스템의 복잡성과 그에 따른 획득 지연 문제를 해결하고, 빠르게 변화하는 기술 환경과 안보 위협에 신속하게 대응하기 위해 2020년 미 국방부 내부 훈령(DoD Instruction 5000.02)을 통해 미 국방 무기획득 프레임워크(AAF,

Adaptive Acquisition Framework)를 도입하였다. AAF는 기존 국방 획득 시스템(Defense Acquisition)을 재구성하였으며, 조달 및 획득 프로세스에서 효율성 향상을 목적으로 하고 있다.

AAF를 도입하기 전의 전통적인 획득 절차는 경직되고 시간이 많이 소요되어 최신 기술의 신속한 도입과 새로운 위협에 대한 빠른 대응에 한계가 있었다. AAF는 이러한 문제를 해결하고자 다양한 획득 경로를 통해 프로그램 관리자와 의사 결정권자가 각 프로젝트의 특성에 맞는 유연하고 효율적인 전략을 수립할 수 있도록 지원하고 있다.

AAF의 주요 특징은 다음과 같다

다양한 획득 경로 제공: 프로그램의 특성, 위험도, 긴급성 등에 따라 선택할 수 있는 여섯 가지 주요 획득 경로를 제공한다.

유연한 접근 방식 : 각 프로젝트의 요구에 맞게 전략을 조정하고, 불필요한 절차를 최소화하여 신속한 능력 제공을 목표로 한다.

의사 결정 권한 위임 : 프로그램 관리자와 의사 결정권자에게 더 많은 권한을 부여하여 현장의 상황에 맞는 빠른 의사결정을 촉진한다. 이를 통해 국방부는 방위 시스템 획득의 효율성을 높이고, 빠르게 변화하는 안보 환경에 효과적으로 대응하는 데 목적이 있다.

이 프레임워크는 다양한 획득 경로를 제공하여, 프로그램 관리자와 의사 결정권자가 특정 프로젝트의 특성과 위험도에 따라 최적의 전략을 수립할 수 있도록 지원한다. 유기적인 운영체제 도입을 통하여 예산을 절감하고 프로그램 기간을 단축하는 등 효과적인 조달 획득 시스템으로 자리 잡고 있다. 한국 방위사업청이 무기체계 개발기간을 단축하기 위해 검토하고 있는 긴급 획득 제도는 AAF의 긴급 역량 획득(Urgent Capability Acquistion) 제도를 반영했다고 볼 수 있다.

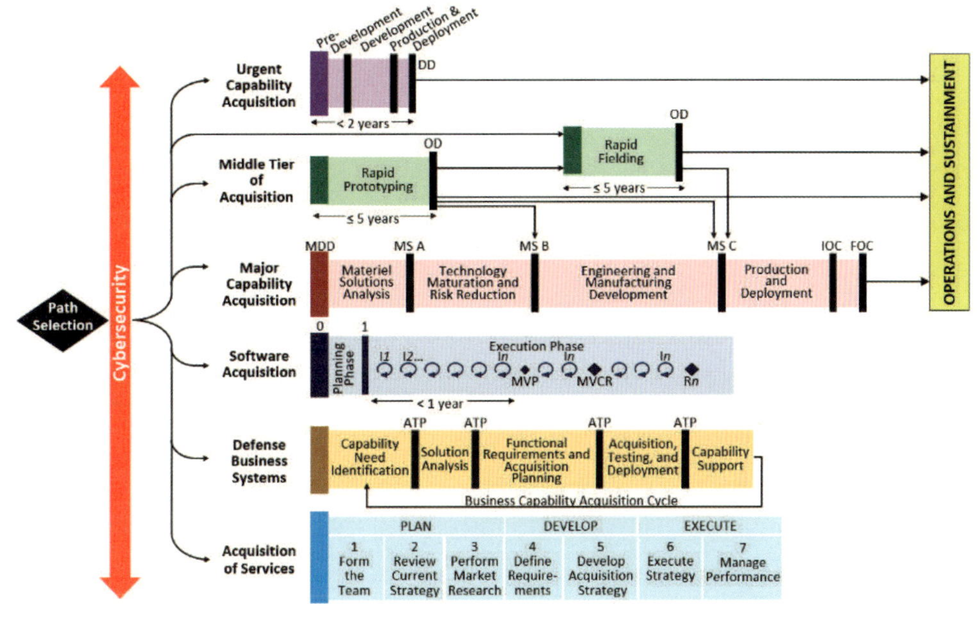

〈그림 1〉 Adaptive Acquisition Framework

AAF는 다음과 같은 여섯 가지 주요 획득 경로로 구성되어 있다.

긴급 역량 획득(Urgent Capability Acquisition) : 긴급한 작전 요구를 충족시키기 위해 신속하게 해결책을 제공하는 경로이며, 주로 2년 이내 단기간에 실행할 수 있는 획득을 목적으로 하는 경우 활용된다. 트럼프 2기 행정부가 임기 중에 가시적인 KPI를 만들어 낼 수 있는 획득 구조가 바로 긴급 역량 획득일 것이다. 한국기업이 미국 현지 체계업체와 협업을 통하여 진입할 수 있는 가장 현실적인 획득시장이라고 볼 수 있다. 이미 개발된 시스템을 활용한 역량 개선에 목적을 두고 있어 한국기업에 유리한 점이 있을 것이다.

중간 단계 획득(Middle Tier of Acquisition) : 신속한 시제품 개발과 배치를 통해 2~5년 이내에 능력을 제공하는 것을 목표로 한다. 새로운 전투체계 또는 성능 개선 사업일 경우에 적용되며, 연구개발과 시제품 생산 및 현장 시험평가가 주요한 평가 항목이기 때문에 한국기업이 해당 개발 제품에 대한 전문성과 실적이 충분할 때 사업화될 가능성이 있을 것이다. 연구개발을 수행하는 주계약자(Prime)와 하청업체(Subcontractor)의 시설보안인가(FCL)와 연구개발에 종사하는 개인에 대한 개인보안인가(PCL)가 동시에 필요하므로 한국기업이 이를 획득하기 전에는 참여하기에 분명한 한계가 존재하는 획득 단계라고 볼 수 있다.

핵심 역량 획득(Major Capability Acquisition) : 대규모 방위 시스템의 획득을 위한 전통적인 경로로, 구조화된 분석과 개발 과정을 거치기 때문에 5년 이상의 시간이 소요되며, 주로 주요 무기체계 개발 및 성능 개선 작업을 통한 확정된 전투역량을 확보해야 할 때에 핵심 역량 획득 제도를 운용하게 된다. 중간 단계 획득보다 더욱 상위의 시설보안인가(FCL)와 Top Secret 수준의 개인보안인가(Personal Clearance Level)가 요구되는 것이 일반적이기 때문에, 완전한 미국 현지화를 통해 소유와 경영을 분리하지 않으면 참여가 어려운 획득 절차라고 볼 수 있다.

소프트웨어 획득(Software Acquisition) : 현대적인 소프트웨어 개발 방법론을 활용하여 소프트웨어 중심의 능력을 신속하게 제공하는 경로이다.

국방 비즈니스 시스템(Defense Business Systems) : 국방부의 비즈니스 운영을 지원하는 정보 시스템의 획득을 다룬다.

서비스 획득(Acquisition of Services) : 서비스 계약의 획득과 관리를 위한 경로이다.

각 경로는 고유한 정책과 절차를 가지고 있으며, 프로그램의 특성에 따라 단일 또는 복수의 경로를 조합하여 활용할 수 있다. 이를 통해 국방부는 다양한 요구사항과 환경 변화에 유연하게 대응할 수 있다.

AAF는 다음과 같은 핵심 원칙을 기반으로 운영된다.

획득 정책의 단순화(Simplify Acquisition Policy) : 불필요한 복잡성을 줄이고 명확한 지침을 제공

획득 접근 방식의 맞춤화(Tailor Acquisition Approaches) : 프로그램의 특성과 위험도에 따라 유연한 전략을 수립

프로그램 관리자 권한 부여(Empower Program Managers) : 의사 결정 권한을 위임하여 신속한 진행을 도모

데이터 기반 분석(Data-Driven Analytics) : 의사 결정 과정에서 데이터와 분석을 적극 활용

적극적인 위험 관리(Active Risk Management) : 잠재적 위험을 사전에 식별하고 대응 전략을 마련

지속 가능성 강조(Emphasize Sustainment) : 획득 초기 단계부터 시스템의 유지보수와 지속 가능성을 고려

이러한 원칙을 통해 AAF는 미 국방부의 획득 프로세스를 혁신하고, 전력화 시기를 단축하며, 전반적인 효율성을 향상하려는 목적으로 운영되고 있다.

Ⅳ 한국기업의 美 국방부 조달 참여 제한요소

1. 한미 FTA 17장 예외 제품군

2012년 체결된 한미 자유무역협정(FTA)은 자유무역 정책 기조에서 출발한 양자 간 협정이다. 한미 FTA 제17장에서 양국은 중앙정부(연방정부)에 대한 양허하한선(개방하한금액)을 대폭 인하하여 정부조달 시장의 개방폭을 확대하였다. 다만, 세계무역기구(WTO, World Trade Organization) 헌장 제3조 1항에서는 국가안보(National Security)에 관련된 제품은 자유무역 대상이 아님을 천명하고 있다.

한미 FTA 협정문 부속서 제17장-가에는 양국 간 정부조달에서 제외되는 '비양허 품목' 즉, 시장 개방 대상에서 제외된 품목이 포함되어 있다. 이러한 비양허 품목은 각국이 자국 산업 보호, 안보, 공공의 이익 등을 이유로 시장 개방에서 제외한 것으로, 해당 품목에 대해서는 FTA의 정부조달 의무가 적용되지 않는다. 따라서, 비양허 품목은 여전히 각국의 국내 법과 규정에 따라 조달이 이루어지며, 외국 기업의 참여가 제한된다.

제17장-가에 제시된 비양허 품목의 구체적인 목록과 범위는 아래 표와 같다. 한미 양국은 비양허 품목의 표기 방식을 미국의 군급분류번호(FSC)로 통일하고 있으며, 해당 제품군들에 대해서는 양국 기업들의 상대국 조달 참여가 제한된다. 미국의 경우 이러한 제한을 미국산 우선구매법(Buy American Act)에서 규정하고 있다. 만일, 한국기업이 17장-가의 비양허표에 해당하는 제품에 대해 미 국방부 입찰에 참여할 경우, 미국산 우선구매법의 면제를 받지 못해 50%의 가격 페널티가 적용되어 입찰 평가 시 불리한 위치에 놓이게 된다. 이러한 할증 기준을 면제받기 위한 협정이 다음 장에 살펴볼 RDP MOU 협정이다.

〈표 1〉 비양허 품목 목록

부속서 17-가, 제 1절, 미합중국 양허표에 대한 주석 4-다	
이 장은 정부조달협정 제23조제1항의 적용으로 인하여 다음 군급번호 분류에 기재된 어떠한 상품의 조달도 일반적으로 적용대상으로 하지 아니한다.	
군급번호 10	무기
군급번호 11	핵병기
군급번호 12	사격통제장비
군급번호 13	탄약 및 폭발물
군급번호 14	유도탄
군급번호 15	항공기 및 항공기 기체 구성품
군급번호 16	항공기 구성품 및 부수품
군급번호 17	항공기 발사, 착륙 및 지상취급용 장비
군급번호 18	우주비행체
군급번호 19	함선, 소형선, 폰툰, 부선거
군급번호 20	함선 및 해상장비
군급번호 2350	궤도식 전투, 공격 및 전술용 차량
군급번호 28	엔진, 터빈 및 구성품
군급번호 31	베어링
군급번호 58	통신, 탐지 및 방사능 간섭 장비
군급번호 59	전기 및 전자장비 구성품
군급번호 60	광섬유 재료, 구성품, 조립품 및 부수품
군급번호 8140	탄약 및 핵병기 상자, 포장 및 특수용기
군급번호 95	금속봉, 금속판 및 형재류

2. RDP MOU 미체결 국가

상호국방조달협정(RDP MOU, Reciprocal Defense Procurement Memorandum of Understanding)은 미 국방부와 동맹국 또는 우방국 간에 체결되는 양자간 협정으로, 방위물자와 서비스의 상호 조달을 촉진하고 국방 산업 협력을 강화하기 위한 것이다. 이를 통해, 양국 간의 재래식 군사 장비의 합리화, 표준화, 상호 운용성을 증진하고, 방위산업 시장에 대한 상호 접근성을 높이는 것을 목적으로 한다.

미국은 현재까지 28개국과 RDP MOU를 체결하였으며, 이들 국가는 미 국방부 조달 규정(DFARS)에서 '적격 국가(qualifying countries)'로 지정되어 있다. 여기에는 호주, 오스트리아, 벨기에, 캐나다, 체코 공화국, 덴마크, 이집트, 에스토니아, 핀란드, 프랑스, 독일, 그리스, 이스라엘, 이탈리아, 일본, 라트비아, 리투아니아, 룩셈부르크, 네덜란드, 노르웨이, 폴란드, 포르투갈, 슬로베니아, 스페인, 스웨덴, 스위스, 터키, 영국이 포함된다.

미국과 이들 국가들은 방위산업 분야에서 무역 장벽을 완화하고, 공정한 경쟁 환경을 조성하여 국방 관련 조달에서의 협력을 강화하고 있다. RDP MOU 유자격 국가들은 미국산 우선구매법 면제를 통해 50% 가격 페널티를 적용받지 않아 가격경쟁력 면에서 불이익을 받지 않는다.

한미 상호국방조달협정(RDP MOU, Reciprocal Defense Procurement Memorandum of Understanding) 체결을 위한 논의는 1990년대 말부터 시작되었으며, 최근 들어 양국 간 방위산업 협력의 중요성이 주목받으면서 RDP MOU 체결을 위한 움직임이 가속화되었다.

2024년 2월 21일, 대한민국 정부는 연내에 미국과 RDP MOU를 체결하겠다는 의지를 공식적으로 밝혔지만, 트럼프 2기 행정부 출범으로 MAGA(Make America Great Again) 정책과 이에 따른 자국 산업보호 정책의 영향으로 협정 체결에 시기적인 조정이 있을 것으로 보인다.

향후 한미 RDP MOU가 체결되면, 미국산 우선구매법과 같은 무역 장벽이 완화되어 한국기업들이 미국 국방조달 시장에 더 원활하게 진입할 수 있고, 또한 공동 연구·개발 및 생산이 더 활발해져 양국 간 방위산업 협력이 강화되는 데에도 이바지할 것으로 기대된다.

3. 시설보안인가(Facility Clearance Level)

미 국방부의 시설보안인가(FCL, Facility Clearance Level)는 기업이나 기관 등의 조직에 기밀 정보를 취급할 수 있는 자격을 부여하는 제도이다. 이는 해당 조직이 미 국방부의 기밀 정보에 접근이 필요한 계약을 체결하거나 수행하기 위한 필수 요건이다.

FCL은 취급할 수 있는 기밀 정보의 등급에 따라 기밀(Confidential), 비밀(Secret), 최상위 비밀(Top Secret) 등으로 구분된다. 일반 기업이 FCL이 요구되는 사업에 참여하기 위해서는 수행할 업무의 내용이나 계약의 요구사항에 따라 미 국방부가 요구하는 적절한 등급의 FCL 자격을 보유하고 있어야 하며, 그렇지 못한 경우 제안요청서(RFP)와 같은 입찰 참여에 필요한 기본적인 서류나 기술 사양조차 열람할 수 없다.

기업이 FCL을 획득하려면 정부 기관이나 이미 FCL을 보유한 주요 계약자의 후원(Sponsorship)이 필요하다. 즉, 정부 계약 기관(Government Contracting Activity, GCA)에서 받거나 또는 미 국방부 계약을 수행하고 있으면서 FCL을 이미 확보한 주계약자(Prime Contractor)로부터 하청(Subcontractor)으로 업무 협력을 하면서 후원을 받는 방법이 일반적인 경로이다.

FCL을 주무하는 기관은 미 국방부 산하 방첩안보국(DCSA, Defense Counterintelligence and Security Agency)이다. DCSA는 FCL의 발급 및 유지 관리를 담당하고, FCL을 취득한 기업에 대하여 FSO(Facility Security Officer)를 통해 조직의 보안 운영을 평가하고, 기밀 정보의 보호를 위한 지침과 감독을 제공하는 등 규정 준수를 책임지고 있다.

한국 기업이 미 국방부 조달사업을 추진하는 데 있어 가장 큰 장애가 바로 FCL 획득이다. 아래에서 언급된 여러 가지 단계나 절차는 많은 시간과 노력이 필요하므로 사전에 철저한 준비가 필요하다. 한국기업이 미 국방부의 MRO 사업을 수행할 충분한 업무 역량이 있다고 하더라도, FCL 자격을 확보하지 않으면 기본적인 검토 대상에서 제외될 수 있음을 인식해야 한다.

FCL은 국가산업보안시스템(National Industrial Security System,NISS)을 통해 신청이 가능하며, DCSA는 제출된 신청서를 바탕으로 조직의 보안 능력, 외국 소유권 및 통제(FOCI Foreign Ownership, Control, or Influence) 등을 종합적으로 평가하여 판단한다. 가장 중요한 요소는 FCL을 신청하는 기업이 외국인 소유 기업일 경우 소유와 경영을 철저히 분리해야 한다는 것이다.

한국기업은 미국에 법인을 설립하기 전에 규정을 준수하기 위한 철저한 사전 준비를 수행해야 하며, 특히 앞서 말한 법인에 대한 분리 작업(Partioning)이 완료해야 FCL 후원을 신청할 수 있는 기본 자격을 갖추게 된다.

V 결론

미 국방부의 NDIS 및 NDIS-IP, 그리고 RSF를 통해 한국 방위산업이 미 국방부 조달사업에 참여할 수 있는 하나의 길이 열렸다고 할 수 있다. 이러한 배경에 따라, 최근 한국기업이 미 해군 수송함(Yukon, Wally)에 대한 MRO 사업을 국내 조선소 최초로 수주하게 된 것이다.

트럼프 2기 행정부가 한국의 선박 건조 역량에 관심을 두고 있는 것과 미국에 모항(Home Port)을 둔 모든 전투함 및 수송함에 대해 외국 기업이 MRO와 신조 사업에 참여할 수 없도록 규정한 Jones Act 법령의 개정 필요성에 대해 다양한 의견이 표출되는 것은 한국 방위산업의 대미수출에 긍정적인 변수로 작용할 수 있음을 의미한다.

미국 정부의 우방국을 통한 방위산업 공급망 확대와 지역 MRO 파트너 확보와 같은 정책적인 변화를 대미수출의 기회로 만들기 위해서는 다음과 같은 선제적인 노력이 필요하다.

첫째, 대부분의 기업이 피상적으로만 알고 있는 미 국방조달 시장에 대해 광범위한 정보를 망라한 미국조달 백서 발간이 필요하다. 여기에 군급분류번호(Federal Supply Class,FSC), 국가재고번호(National Stock Numbers,NSN), 상품서비스분류번호(Product Service Codes, PSC)를 중심으로, 한국기업이 생산하는 품목에 대한 데이터베이스를 구축해야 한다. 이러한 데이터베이스를 근간으로 경쟁력 있는 제품을 선별하여 NDIS, NDIS-IP, 특히 RSF에서 다루고 있는 MRO 사업과 연계할 수 있는 제품과 사업을 발굴해야 한다.

둘째, 방산기업을 대상으로 미 국방부 사업을 실질적으로 이해하고 직접 사업을 발굴, 개발할 수 있도록 실무적인 역량을 교육하는 것이 필요하다. 현재 카이스트와 방위사업청이 운영하고 있는 방산 수출 과정(DEDP)과 같이 미국 국방시장과 글로벌방산 수출시장에 특화된 실무 교육과정 기회를 늘리고, 교육 여건과 환경을 조성해 나가야 한다.

셋째, 신규 사업을 발굴하고 개발하기 위해서는 우리 정부와 기업이 미국방부 조달 및 획득에 관한 규정과 절차, 획득 시스템을 충분히 이해하고, 특히 시설보안인가(FCL) 자격을 사전 취득하기 위한 노력을 기울여야 한다.

넷째, 방산기업이 정부의 역할만을 기대하기보다는 의견 수렴을 위한 테이블에 적극적으로 참여하려는 노력이 필요하다. 현실적으로 트럼프 행정부 재임 기간에 RDP MOU가 체결될 가능성은 녹록지 않아 보인다. 이러한 제약 요소를 현실적인 상황으로 인식하고 정부와 기업, 연구 기관 등이 미 국방부 조달시장 개척에 대해 활발히 의견을 교류할 수 있는 민관협의체 구성이 절대적으로 필요하다.

마지막으로, 중소기업의 참여 활성화를 촉진하기 위한 지원 수단을 강화해야 한다. 중소기업 활성화의 첫걸음은 기업 역량 강화 교육과 미국 현지 조달전문 기업과의 협업이라고 할 수 있다. 미 국방부 조달 예산의 23%가 미국 중소기업청이 지정한 중소기업에 할당되므로, 이들 기업은 우리의 기술과 가격 경쟁력을 필요로 하는 잠재적인 협업 파트너가 될 수 있다.

산업협력 방식의 절충교역 제도 혁신과 방산수출 확대 추진방안

심 상 렬

요약문

1970년대 초 중화학공업 육성 정책과 함께 태동된 한국의 방위산업은 1982년 도입된 절충교역 제도 등을 통해 축적된 기술력, 생산력 등을 바탕으로 반세기의 매우 짧은 기간 동안에 자주국방의 기틀을 마련하고 신흥 방산수출 국가로 성장하였다.

한국은 세계 방산시장 점유율 2.0%, 세계 10위 방산국가로 자리매김한데 이어 향후에도 높은 성장세를 지속할 것으로 전망되고 있다. 정부에서는 2027년 세계 4대 방산 선도국 도약을 목표로 적극적인 방위산업 육성 및 방산수출 지원 정책을 추진하고 있다. 이에 본 연구는 절충교역의 관점에서 방위산업 및 무기체계의 국제거래 특성을 살펴보고, 한국의 절충교역 제도와 현황을 검토한 후, 산업협력 중심의 절충교역 제도 혁신 및 방산수출 확대 추진방안을 모색하였다.

먼저 미국과의 대정부구매(FMS)에 대해 다시 절충교역 적용을 의무화하고, 현행 사업별 절충교역 추진 방식을 사전가치축적 제도로 전면 전환해 나가며, 절충교역 가치평가의 고도화, 유연한 가치승수 적용과 함께 국산부품 조달 의무화(산업협력 쿼터제)가 필요하다. 또한 국가전략산업 발전 계획 등을 고려한 범부처 차원의 하향식 통합 협상방안 마련, 방산수출에 따른 '수출절충교역 의무 신고제' 도입, 한국형 정부간(G2G) 대외군사판매(FMS) 제도 도입, K-방산 경쟁력 및 글로벌 공급망 구축 강화 등을 적극 추진할 필요가 있다.

핵심어(Key Word) : 방위산업, 절충교역, 산업협력, 방산수출, 대외군사판매(FMS)

I 서 론

한국의 방위산업은 1970년대 초 자주국방 차원에서 중화학공업 육성 정책과 연계하여 본격적으로 추진되었다. 특히 1982년 도입된 절충교역(offset trade) 제도의 전략적 활용을 통해 미국 등 방산 선진국으로부터 이전 받은 국방기술, 운영 노하우 등을 바탕으로 짧은 기간 내에 자주국방의 기틀을 다지고, 다양한 무기체계를 해외에 수출하게 되었다.

한국의 방산수출 수주액은 2020년까지 연평균 30억 달러 규모에 머물렀으나, 2021년 72.5억 달러, 2022년 173억 달러, 2023년 135억 달러, 2024년 95억 달러를 각각 기록하였다. 세계 방산시장 점유율이 2% 넘고, 세계 10대 방산국가로 발전하였다.

방산수출 품목은 2022년 6개에서 2023년 12개로 증가하고, 방산수출 대상국가도 2022년 4개에서 2023년 12개로 늘어나는 등 지속적인 성장 기반을 다진 것으로 평가되고 있다.

이러한 놀라운 방산수출 실적은 ① 러시아-우크라이나 전쟁, 이스라엘-하마스 전쟁으로 안보위기를 느낀 각국의 국방비 증가 및 무기체계 수입선 다변화, ② 국산 무기체계의 뛰어난 성능, 저렴한 가격, 신속한 납품 등 경쟁우위 확보, ③ 2027년 세계 방산수출 점유율 5% 돌파, 세계 4대 방위산업 선도국 달성을 위한 정부의 강력한'K-방산'육성 정책 등이 주요 요인으로 꼽힌다.

이에 따라 최근에는 외국산 무기체계 수입에 따른 기술이전, 부품제작 수출 등의 수입 절충교역보다 현지생산, 산업협력 등 무기체계 수입국의 다양한 요구조건에 맞춰 절충교역 의무를 이행해야 하는 수출절충교역이 주요 이슈로 대두되고 있다. 방산수출과 절충교역 의무는 동전의 양면과 같기 때문이다.

주요 방산수출 대상국인 동남아시아, 중동, 동유럽, 남미 국가 등 방위산업 후발국들은 한국이 방위산업 육성을 위해 선진국에게 기술이전, 부품제작 수출 등을 요구했던 것과는 달리 방위산업 부문 이외의 절충교역 조건도 제시하고 있다. 이는 한국의 개별 방산업체 및 방위사업청 등 방산수출 정부부처 혼자의 힘으로는 해결하기 어려운 경우가 많다.

이러한 상대방의 다양한 절충교역 요구 조건을 수용하지 못하면 방산수출이 실패할 수 있다. 방산수출에 성공했다고 할지라도 절충교역 의무를 제대로 이행하지 못하면 페널티(penalty)가 부과되고, 향후 거래에서 배제되는 불이익을 받을 수 있다. 기술이전을 잘못할 경우에는 글로벌 방산시장에서 상대방과 경쟁하는'부메랑 효과'를 경험할 수도 있다.

이제 한국은 여전히 첨단 무기체계를 미국 등으로부터 국외조달을 해야 하는 수입국으로서 상대방에게 반대급부를 요구하는 수입절충교역과 신흥 방산수출국으로서 상대방의 다양한 반대급부 요구를 수용해야 하는 수출절충교역 의무 이행 간에 발생하는 딜레마에 직면해 있다.

이에 본 연구에서는 방위산업 및 무기체계의 국제거래 특성을 살펴보고, 한국의 절충교역 제도와 현황을 검토한 후, 산업협력 방식의 절충교역 제도 혁신과 방산수출 확대 추진 방안을 모색하고자 한다.

Ⅱ 방위산업 및 무기체계 국제거래의 특징

(1) 방위산업의 특징

방위산업(defense industry)은 국가안보를 위해 소요군이 필요로 하는 무기체계, 그 구성품 및 부품, 장비 등의 군수품을 개발, 생산하는 산업을 말한다. 군수산업, 병기산업, 전쟁산업으로 불리기도 한다는 점에서 일반 민수(民需)산업과 몇 가지 다른 특성을 지니고 있다.

무엇보다도 국가안보와 밀접한 관련이 있기 때문에 정부의 역할과 영향력이 매우 크고, 국제협약 및 국내법령 등에 의해 신규 진입과 활동이 제한된다. 또한, 전·후방 연관효과가 매우 크고, 대규모 투자 및 고정비용이 요구되는 리스크가 큰 기술집약적 산업으로서 국민경제 발전에 기여할 수 있는 미래 먹거리 산업이기도 하다.

이와 함께 수요와 공급 모두 쌍방 독과점의 불완전경쟁 형태의 시장구조를 갖고 있고, 가격보다 성능과 납기가 중시되며, 계약과 협상에 의한 정치적 거래가 많다. 또한 국제거래에 있어 기술이전 등 반대급부를 요구하는 절충교역이 보편적이며, 정치적, 윤리적 이슈와 함께 협력과 경쟁이 공존한다.

이렇듯 방위산업은 일반 민수산업의 시장경쟁 원리가 작동되지 않고, 대부분의 방위산업 매출이 한정된 소요군의 수요(정부예산)에 의존함에 따라 일반 제조업에 비해 성장 가능성이 제한적이다. 따라서 지속적인 방위산업 성장을 위해서는 폐쇄적인 내수형 방위산업 구조에서 벗어나 개방적인 수출형 방위산업 구조로 전환하는 것이 필요하다.

(2) 무기체계 국제거래의 특징

한국은 군수품을 사용 용도에 따라 무기체계와 비무기체계로 구분하고 있다. 「국방전력발전업무규정」 제14조에서는 무기체계(weapon systems)를 “유도무기, 항공기, 함정 등 전장에서 전투력을 발휘하기 위한 무기와 이를 운영하는데 필요한 장비, 부품, 시설, 소프트웨어 등 제반 요소를 통합한 것"으로 정의하고 있다.

이렇게 정의되는 한국의 무기체계는 대분류, 중분류, 소분류로 구분된다. 대분류는 지휘통제·통신, 감시·정찰, 기동, 함정, 항공, 화력, 방호 및 기타 등 8개로 나뉜다. 그리고 대분류 무기체계는 다시 중분류, 소분류로 나누어지고, 소분류가 단일 무기체계를 포함한다.

또한 무기체계의 특성을 기준으로 지상 무기체계, 항공 무기체계, 해상 무기체계, 미사일 및 로켓 시스템, 전자전 및 사이버전 무기체계, 방공 시스템, 화학·생물학적·핵무기 등으로 분류되기도 한다.

무기체계의 국제거래는 〈표 1〉에서 보듯이 일반상품과 크게 다른데. 방위산업 및 무기체계의 특성과 밀접하게 관련되어 있다. 일반상품보다 더 복잡하고, 안보적, 정치·윤리적 측면에서 매우 민감한 활동이다.

첫째, 규제 및 통제의 정도가 매우 크다. 국가안보와 직결되기 때문에 정부의 수출입 허가가 필수적이며, 특정 국가, 단체에 대한 무기체계 판매는 국제협약, 다자간협정 등에 의해 금지되거나 제한된다.

둘째, 국가안보 및 정치·윤리적 고려가 필요하다. 무기체계 판매는 동맹 관계 강화 또는 특정 지역에서의 영향력 확대 수단으로 사용되기도 하며, 불공정거래, 인권침해, 방산비리 등의 비윤리적 행위가 문제가 되기도 한다.

셋째, 성능과 납기 중심의 비경쟁적 가격 결정이 이루어진다. 수요군의 요구 충족을 위한 성능, 전력화시기 등이 가격보다 우선되기도 하며, 복잡하고 투명하지 않은 절차와 협상에 의해 가격이 결정되기도 한다.

넷째, 장기적 계약 및 후속군수지원이 중요하다. 한번 무기체계를 도입하면 20~30년을 운용하기 때문에 장기적인 유지보수, 교육훈련, 업그레이드 서비스 등이 중시된다.

다섯째, 다른 국가로의 무기체계 전환이 어렵다. 무기체계 도입 후 폐기까지의 수명주기가 매우 길고, 상호운용성 관점에서 잠금효과(lock-in effect)로 인해 다른 국가로부터의 무기체계 도입 내지 대체를 어렵게 만든다.

여섯째, 반대급부 요구의 절충교역이 일반적이다. 대부분의 무기체계 국제거래는 기술이전, 대응구매, 공동생산, 창정비 등의 조건부 절충교역 형태를 띠고 있어 훨씬 복잡한 조건을 둘러싸고 긴 합의 과정과 이행 기간이 요구된다.

이와 같은 무기체계 국제거래의 특징은 정부, 군, 방산업체, 유관기관 등의 긴밀하고도 유기적인 협력 관계 구축을 필요로 한다. 특히 구매국과 판매국 간에 절충교역을 둘러싼 추가 비용 발생, 이해관계 상충 등은 계약 체결하기까지 장기간이 소요되고, 협상 자체의 무산으로 이어지기도 한다. 또한, 계약의 이행도 예기치 못한 변수의 발발로 인해 난관을 겪는 경우가 많다.

〈표 1〉 일반상품 및 무기체계 국제거래 비교

구 분	일반상품 국제무역	무기체계 국제거래
거래 품목	- 단독 제품 위주	- 시스템(복합무기체계 포함) 중심 - 구성품, 후속군수물자, 서비스도 포함
거래 지속성	- 단기성 (~수년)	- 장기성 (10~30년) - 후속군수지원 필요
거래 주체	- 정부와 기업 (G2B) - 기업과 기업 (B2B) - 기업과 개인 (B2C)	- 정부와 정부 (G2G) - 정부와 기업 (G2B)
거래 형태 가격 결정	- 제품 중심의 일반 시장거래 - 경쟁을 통한 가격 결정	- 제품 자체 외에 정부지원, 절충교역, 산업협력 등 포함 정치화된 거래 - 쌍방 독과점적 특성에 따라 주로 협상으로 가격 결정
규제	- 최소한의 규제 - WTO 등의 무역원활화 추진	- 강력한 규제 - 바세나르 협정*, 국가별 직·간접적 수출통제와 규제
시장 동태성	- 신상품 등장, 수요 변화 등에 따른 높은 불안정성, 변동성, 비(非)지속성 - 기회 창출 및 후발자의 신규시장 진입 용이	- 긴 제품수명주기, 국방수요 등에 따른 높은 안정성, 지속성, 낮은 변동성 - 기술학습과 기술추격의 한계로 인한 후발자의 신규 시장진입 제한

* 바세나르협정 : 재래식 무기 및 이중용도 품목 및 기술의 수출통제에 관한 조약 (The Wassenaar Arrangement on Export Control for Conventional Arms and Dual-use Goods and Technologies, 1996)

자료 : 장원준 외 7인, "주요 방산수출국가의 수출지원제도 분석과 시사점", KIET, 2012, p.85. 수정

Ⅲ 한국의 절충교역 제도 및 운용 현황

1. 절충교역의 개념 및 유형

(1) 절충교역의 개념

절충교역(offset trade)은 무기체계 국제거래에서 보편적인 조건부 연계무역이다. 한국은 1982년 국방부 훈령으로 절충교역 제도를 도입하였으며, 1983년 최초로 F-16 전투기 구매도입 사업에 절충교역을 적용하였다.

절충교역에 대한 정의는 무기체계 수입국이냐 수출국이냐에 따라 달라진다. 2006년 제정된 「방위사업법」 제3조에서는 수입국의 관점에서 절충교역을 "국외로부터 무기 또는 장비 등을 구매할 때 국외의 계약상대방으로부터 관련 지식 또는 기술 등을 이전받거나 국외로 국산무기 · 장비 또는 부품 등을 수출하는 등 일정한 반대급부를 제공받을 것을 조건으로 하는 교역"으로 정의하고 있다.

또한, 방위사업청의 「절충교역지침」에서는 절충교역을 "외국으로부터 군수품을 획득할 때 외국 계약자에게 기술이전 및 부품 역수출 등 일정한 반대급부를 요구하는 조건부교역으로서 현금 지급이 아닌 절충교역 가치(offset value)로 인정하는 것"으로 정의하고 있다.

이에 반해 방산수출 지원을 위해 2021년 2월 제정된 「방위산업 발전 및 지원에 관한 법률」 제2조에서는 수출국의 관점에서 절충교역 대신 수출산업협력이란 용어를 쓰고 있다.

다시 말해 수출산업협력을 "방산업체가 국외에 방산물자 등을 수출할 때 계약상대자에게 관련 지식 또는 기술 등을 이전하거나, 계약상대자로부터 무기 장비 또는 부품 등을 수입하거나, 계약상대국과 경제협력을 하는 등 일정한 반대급부를 제공할 것을 조건으로 하는 협력관계"로 정의하고 있다.

한편 세계 최대 방산수출 국가인 미국은 절충교역을 "군수물자, 서비스의 정부간(G2G) 거래 또는 상업판매(commercial sales)에서 구매 조건의 하나로 요구되는 보상 관행"으로 정의하고 있다. 아울러 "미국정부의 어떤 기관도 외국정부에게 군수물자를 판매하는 것과 관련하여 절충교역을 장려, 개입해서는 안 된다"고 규정하고 있다.

이와 같이 미국은 절충교역 의무이행에 따른 자국의 부가가치와 고용기회 감소를 우려하여 절충교역에 반대하고, 정부의 참여 금지(hands-off)를 규정하고 있다. 그러나 미국 정부가 직접 수출에 나서는 대외군사판매(foreign military sales, FMS)에서 미국 방산업체가 무기체계 구매국으로부터 절충교역 의무를 부과 받고 이행했을 경우 해당 비용을 구매국이 사전에 예치해 놓은 FMS 예치금 계좌에서 보전해 주고 있다.

그리고 세계무역기구(WTO)는 정부조달협정(GPA) 제16조 및 제23조에서 절충교역을 "국내 제품, 기술 라이선싱, 투자, 대응무역 또는 유사한 요구사항을 이용하여 국내개발을 장려하거나 구매국의 대금지불을 개선하기 위한 방법"으로 정의하고 있다.

WTO는 기본적으로 자유무역 원칙의 실현을 위해 제4조에서 "정부조달에 있어 국내외 공급자간 차별 및 절충교역 의무를 부과하지 못한다"라고 규정하고 있다. 그러나 제3조에서 "국가안보 목적의 정부조달에 대해서는 절충교역 제도를 예외적으로 인정"하고 있다.

EU도 절충교역에 대해 "회원국은 회원국의 무기, 무장 및 전쟁물자 교역에 관련된 기본적인 이해관계를 수호하기 위해 필요한 조치(절충교역을 의미)를 취할 수 있다"고 중립적 입장의 정의를 내리고 있다.

(2) 절충교역의 유형

각국의 입장에 따라 다양하게 정의되는 절충교역 제도는 현재 전 세계 130여 국가에서 운용하고 있다. 그 형태도 무기체계 구매국과 판매국 간의 협상 결과에 따라 기술이전, 공동연구, 공동생산, 면허생산, 하청생산, 해외투자, 물물교환, 대응판매, 환매거래 등 매우 다양하다. 해당 무기체계와 관련이 없는 분야에 대한 산업협력 차원의 요구조건이 제시되기도 한다.

방위사업청에서는 절충교역을 해외로부터 구매하는 무기체계·장비 등과의 관련성에 따라 직접절충교역과 간접절충교역으로 구분하고 있다. 직접절충교역은 획득하고자 하는 장비·물자와 직접 관련된 기술이전, 부품제작 수출 등을 내용으로 하는 절충교역을 말한다. F-15K(2차) 기체 성능개량 사업에서 F-15K 구성품인 전방 시현기를 제작 수출한 것이 대표적인 예이다.

반면 간접절충교역은 획득하고자 하는 장비 또는 물자와 직접 관련 없는 기술을 이전받거나 부품을 수출하는 것 등을 내용으로 하는 절충교역을 말한다. F-15K(2차) 기체 절충교역에서 A-10(전투기 일종) 날개를 제작 수출한 것이 대표적인 예라고 할 수 있다.

또한, 수혜 분야에 따라 절충교역을 군수분야 및 민수분야 절충교역으로 구분하고 있다. 군수분야 절충교역은 무기체계 개발기술, 부품제작 참여, 군수지원, 군수품 수출 등을 말하며, 한국은 방위사업청, 방위산업진흥회 등에서 주관하고 있다. 민수분야 절충교역은 민수제품 수출, 산업협력, 금융지원 등을 말하며, 산업통상자원부, 중소기업부 등에서 담당하고 있다.

최근에는 기존의 기술이전, 부품제작 수출 등에서 현지생산, 공동개발, 공동판매 등으로 절충교역의 중심이 바뀌고, 무기체계 수입국의 정책 목표 달성을 위한 다양한 요구사항을 적극 수용하는 산업협력으로 이어지고 있다.

한편 매년 자국 방산업체의 무기체계 거래 및 절충교역 관련 각종 통계 등을 담은 보고서를 내고 있는 미국 상무부 산업보안국(BIS)에서는 절충교역의 유형을 8가지로 나누고 있다. 즉 직접절충교역 2가지(공동생산, 하청계약), 직 · 간접절충교역 5가지(기술이전, 라이센스 생산, 투자, 교육훈련, 신용공여), 그리고 간접절충교역 1가지(대응구매)로 절충교역을 분류하고 있다.

2. 한국의 절충교역 운용 현황

(1) 수입절충교역 현황

① 절충교역 절차 및 조직

절충교역 절차는 [그림 1]에서 보듯이 매우 길고 복잡하며, 많은 이해관계자가 존재한다. 방위사업청(방사청) 내 통합사업관리팀(IPT), 절충교역과 등을 중심으로 산업통상자원부(산업부), 중소기업부(중기부) 등 유관 정부부처가 참여하고 있다. 국방기술품질원(기품원), 국방과학연구소(ADD) 등이 기술적 업무를 지원하고, 한국방위산업진흥회(방진회), 한국항공우주산업진흥협회(항우협) 등의 유관기관이 협상방안 마련 등에 참여하고 있다.

해외 방산업체 및 주요 절충교역 국가에서는 전문인력이 수십 년간 절충교역 업무만을 전담해 오고 있다. 이와는 달리 현재 한국의 절충교역 전담 방사청 절충교역과 인원은 10여 명 수준에 불과하고, 잦은 인사이동 등으로 전문성이 떨어진다는 평가를 받고 있다. 산업부도 기계로봇과 내 절충교역 담당은 1~2명에 불과하고, 항우협 등에서 업무를 지원하는 수준이다.

한편 절충교역 관련 규정에서는 원칙적으로 기본계약 체결 전에 절충교역 합의각서(MOU) 체결을 완료하고, 기본계약 기간 내에 절충교역 의무를 이행하도록 하고 있다. 다만 미국과의 FMS 사업의 경우에는 청약 및 수락서(letter of offer and acceptance, LOA) 수락 전에 절충교역 합의각서를 체결하도록 하고 있다.

그러나 이러한 원칙에도 불구하고 전력화 지연을 이유로 절충교역심의회의 심의 · 조정을 거쳐 기본계약을 우선 체결하고, 절충교역은 기본계약과 분리 추진하는 경우가 빈번하게 발생하고 있다. 또한, L3 harris, 록히드마틴, 에어버스 등 일부 해외 방산업체의 절충교역 의무 이행률은 매우 저조한 수준에 머물고 있는 것이 현실이다.

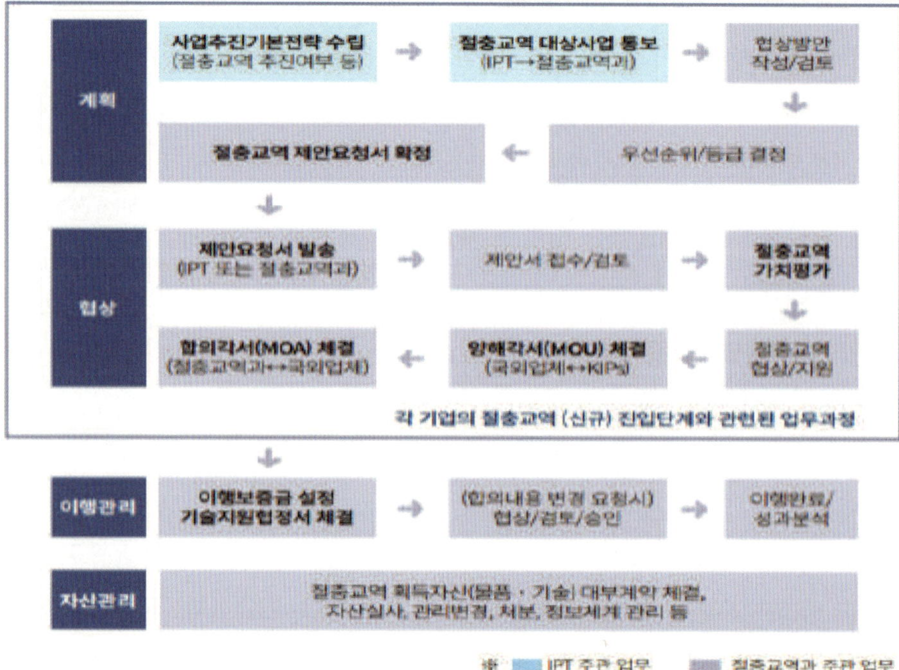

자료 : 방위사업청, 「절충교역 가이드북」, 2020.

〈그림 1〉 한국의 절충교역 수행 절차

② 절충교역 적용 기준

한국의 절충교역 적용 기준은 사업 여건에 따라 변화되어 왔다. 1982년 절충교역 제도 최초 도입 시에는 100만 달러 이상 계약금액에 대해 50% 이상 절충교역 비율을 적용하였다. 1980년대 후반 들어 국방부를 중심으로 최초 국내 군수품의 해외수출 추진과 함께 하청생산, 설계 및 제작, 시험평가와 관련된 핵심기술 획득으로 절충교역 대상 범위가 확대되었다.

절충교역 적용 계약금액은 1982년 최초 100만 달러에서 1984년 200만 달러, 1986년 500만 달러 이상으로 상향 조정되었으며, 2006년 방위사업청 개청과 함께 1,000만 달러 이상으로 상향되어 현재에 이르고 있다.

절충교역 적용 비율도 1982년 계약금액의 50% 이상에서 1986년 독자 무기체계 개발을 위한 국방핵심기술 확보를 목표로 30% 이상으로 조정하였다. 2006년 방위사업청 개청 이후 경쟁사업과 비경쟁사업을 구분하여 2009년부터 3년간은 절충교역 적용비율을 경쟁사업은 기본계약의 50% 이상, 비경쟁사업은 30% 이상으로 조정하였다.

2010년대에는 산업부장관이 추천한 품목들도 절충교역 대상에 포함될 수 있도록 하였고, 중소기업 우대의 절충교역 가치승수를 상향 조정하였다. 2012년 경쟁사업 50% 이상, 비경쟁사업 10% 이상으로 조정하였다가 2022년 경쟁사업은 50% 이상, 비경쟁사업은 30% 이상(FMS 사업 제외)으로 다시 상향 조정하였다.

특히 2018년 12월 개정된 「절충교역지침」에 따라 국외조달 방식 중 미국과의 FMS 사업에 대해서는 국익에 도움이 된다고 판단되는 경우에 한하여 방위사업추진위원회의 심의를 거쳐 절충교역 추진을 결정하고 있다.

이러한 한국의 선택적인 절충교역 적용은 전 세계 주요 국가가 [그림 2]에서 보듯이 FMS 사업 여부와 무관하게 모든 무기체계 구매액의 50~100%에 대해 절충교역을 적용하고 있는 것과 대비된다. 절충교역 기준도 40~50여 개 주요 절충교역 제도 운용 국가 중에서 중 · 하위권으로 평가된다.

방위사업청의 2023~2024년 2년간 절충교역 대상(예정) 사업 59개 중 경쟁여건이 형성되지 않은 비경쟁사업(FMS 사업 등 단순구매 포함)이 76%(45개 사업)이다. 이러한 현실 속에서 2023년 3월 F-35 2차 사업(약 4조 원)에 대한 절충교역을 추진하지 않겠다는 결정은 향후 미국과의 FMS 사업에 대한 절충교역 추진 여부에 큰 영향을 미칠 것이다.

이와 같이 절충교역 추진이 의무가 아니라 선택으로 변경되는 것에 대해 ① 세계 130여 개 국가들이 비용이 들더라도 여전히 절충교역 제도를 활용하고 있다, ② 주요국들의 절충교역 활성화 추세와 불일치한다, ③ 절충교역을 통한 미래가치 포기가 국익에 부합하지 않는다, ④ 국내 무기체계 수출 시 구매국의 다양한 수출절충교역 조건을 적극 이행하려는 것과 상반된다는 점 등을 들어 우려하는 목소리가 높다.

따라서 장기적인 관점에서 절충교역이 향후 한국의 미래 방위산업과 국익에 도움이 될 것인지, 수입 · 수출 절충교역 전 분야에 완전한 대응능력을 갖추고 있는지, 국내 방산업체들의 기반 능력이 확보되어 있는지 여부 등 제반 여건을 세심히 살펴보고 내실을 다질 필요성이 있다.

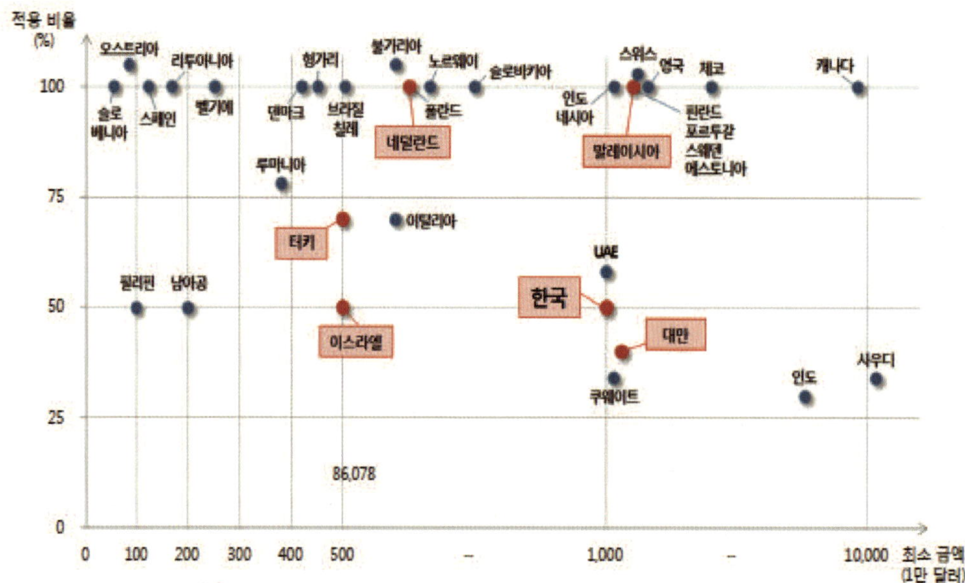

자료 : 장원준 · 김미정, 방위산업 절충교역의 최근 이슈와 향후 과제, KIET, 2016.

〈그림 2〉 주요 국가별 절충교역 적용 금액 및 비율 현황

③ 사전가치축적 제도

2010년대 중반 이후 해외 방산업체의 국방핵심기술 이전 기피 현상 심화, 국가전략산업 육성, 방산수출 및 일자리 확대 필요성 등에 따라 절충교역 정책은 기존의 기술획득 중심에서 방산수출, 일자리, 국가전략산업, 중소기업 중심으로 전환되었다. 2018년 12월에는 사전가치축적 제도가 도입되었다.

사전가치축적(offset banking) 제도는 해외 방산업체가 무기체계 구매 기본사업과 관계없이 구매국에 대한 절충교역 의무를 미리 충족시키는 제도를 말한다. 1년 이내에 계약체결을 완료해야 하는 기존의 사업별 절충교역 추진 방식이 아니라 무기체계 국외구매 기본계약 체결 최대 5년 이전부터 국내업체들과 미리 체결한 실적(부품제작 수출, 공동개발 등)을 축적해 두었다가 향후 수주한 사업에서 축적된 절충교역 가치를 활용할 수 있도록 하고 있다.

사전가치축적 제도는 ① 개별 해외 구매사업과 관계없는 절충교역 업무 추진으로 구매사업 기본계약 추진에 걸림돌이 되지 않는다, ② 충분한 협상기간(3~6개월 → 4~5년) 확보와 국익 차원의 대형 공동개발사업 추진 등 우수한 절충교역 협상 방안 마련이 가능하다, ③ 개별 사업과 무관하게 국가전략산업 육성 등 국가 정책 목표와의 연계성을 제고할 수 있다는 장점을 갖고 있다.

절충교역 주요국인 튀르키예, 네덜란드, 이스라엘, 대만 등은 사전가치축적 제도를 중심으로 무기체계 구매 사업과 관계없이 미리 국제공동개발 · 생산, 부품생산물량, 핵심기술들을 확보하고 있다. 튀르키예는 사전가치축적 방식으로 T-129 공동개발 · 생산, T-70 공동생산과 같은 국가전략적 대규모 절충교역 협상을 체결하였다.

그러나 한국은 방위사업청 내 해당 통합사업관리팀(IPT) 주관의 사업별 절충교역 방식과 절충교역과 주관 사전가치축적 방식으로 이원화하여 추진함으로써 그 장점을 충분히 살리지 못하고 있는 것으로 평가된다.

또한, 여전히 기존의 상향식(bottom-up) 협상방안 추진 방식에 머무르고 있다는 평가이다. 국익 차원에서의 통합 협상방안 우선순위 마련 부재, 기존 방산 분야 위주의 절충교역 추진 경향 등이 주요 요인으로 분석된다.

이러한 문제점 지적에 따라 「'23-27 방산발전 기본계획」에 절충교역을 사전가치축적 개념으로 전환하는 내용이 포함되고, 사업별로 추진 중인 절충교역을 통합 운영함으로써 절충교역 확보가치를 대규모로 확보하여 실효성 있는 협상방안을 확보하겠다는 내용이 포함된 것은 긍정적으로 평가된다.

④ 절충교역 확보 가치

방위사업청 자료에 따르면, 한국은 지난 40년(1983~2022)간 절충교역 제도 운용을 통해 약 232억 달러의 절충교역 가치(offset value)를 획득한 것으로 나타났다. 국내 무기체계 자체 개발을 위한 기술획득 비중이 전체의 46.0%(106억 7천만 달러)로 가장 높고, 부품제작 및 수출 30.8%(71억 4천만 달러), 장비 획득 23.1%(53억 6천만 달러) 순으로 나타났다.

그러나 2010년대 후반 이후에는 절충교역 확보가치가 크게 줄어든 것으로 나타났다. 최근 5년(2016~2020)간 무기체계 국외구매는 13조 6,000억 원에 이르고 있으나, 이를 통한 절충교역 획득가치는 약 1조 원(8억 달러)에 불과하여 전체 무기체계 수입의 7% 수준에 그치고 있다. 이는 과거 5년(2011~2015)의 79억 9,000만 달러 대비 1/10 수준으로 급감한 것이다.

이러한 절충교역 확보가치의 급감은 특히 2018년 「절충교역지침」 개정 이후 미국과의 FMS 사업에 대해 비경쟁 상황이어서 협상력이 제한되고, 기본사업 지연, 가격 인상 요인 등 실익이 크지 않다는 이유로 절충교역을 추진하지 않은 것이 가장 큰 요인으로 분석된다.

그러나 최근 5년간(2018~2022) 미국으로부터의 무기체계 수입은 전체 무기체계 국외구매(15조 4,429억 원)의 3/4이 넘는 12조 523억 원(78.0%)에 달한다. 이 가운데 FMS

사업 비중은 50.7%로서 상업구매(49.3%)보다 더 높다. 이렇게 무기체계 국외구매에서 높은 비중을 차지하는 FMS 사업에 대해 절충교역을 추진하지 않은 것이 절충교역 확보가치의 급감으로 이어진 것이다.

이것은 튀르키예, 네덜란드, 노르웨이 등 절충교역 주요국이 첨단 전투기, 무인기 공동개발, 생산과 주요 국방기술 확보, 기개발 무기체계 및 주요 부품의 수출통로 확보 등 '미래 방위산업 발전을 위한 핵심창구'로 절충교역을 전략적으로 활용하는 것과 대비된다.

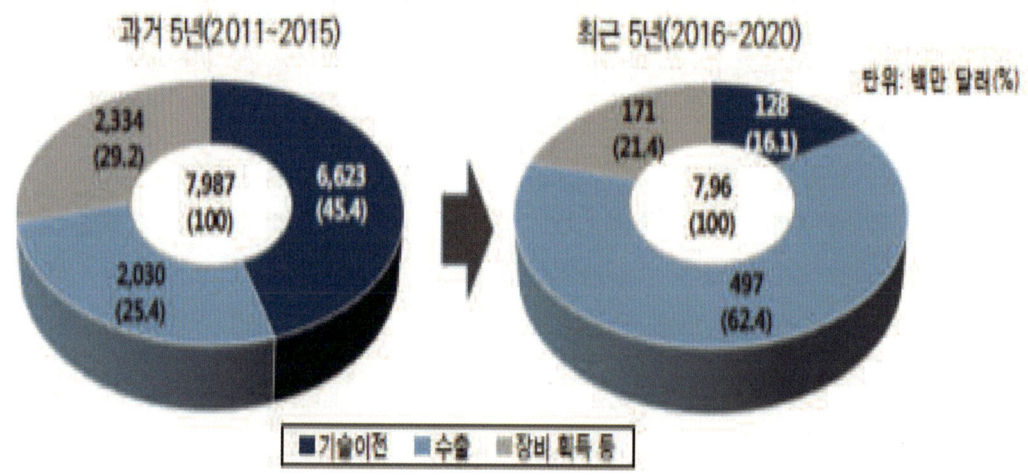

자료 : 장원준 · 박혜지, 글로벌 방산수출 4대강국 진입을 위한 K-방산 절충교역의 최근 동향과 발전과제, KIET, 2023.

〈그림 3〉 절충교역 확보가치 비교

(2) 방산수출 및 수출절충교역 현황

① 방산수출 현황

한국의 방산수출은 방위산업 및 절충교역 제도의 발전과 궤도를 같이 해 왔으며, 3세대로 나누어 살펴볼 수 있다.

먼저 1세대 방산수출(1983~2006)은 자동차를 비롯한 비(非)군수품과 탄약, 부품 등의 수출이 중심이 되었던 시기였다. 1984년 캐나다 Raytheon사로부터 공군의 정밀접근레이더(PAR)를 구입하면서 절충교역으로 현대자동차의 Pony2 CX 1,000여대(약 1,900만 달러)를 캐나다에 수출하여 자동차 산업의 선진국 시장 진출 교두보 마련에 기여한 것이 한 것이 두드러진다.

2세대 방산수출(2006~2020) 시대는 방위사업청 개청 이후 특정한 방산제품 위주 수출과 본격적인 방산수출 정책을 마련했던 시기라고 할 수 있다. 1998년 국내 최초로 독자

개발한 공군 기본훈련기(KT-1)를 2003년 이후 인도네시아, 터키, 페루 등에 수출할 수 있었다. 그리고 T-50 초음속 고등훈련기 및 이를 기반으로 한 FA-50 경공격기를 독자개발 및 수출하였다.

그리고 2020년대 이후 3세대 방산수출 시대는 성능, 가격, 납기 등 육 · 해 · 공 무기체계 전반에 걸쳐 높아진 경쟁력, 정부의 강력한 방산수출 지원 정책, 그리고 러시아-우크라이나 전쟁, 이스라엘-하마스 전쟁 등에 따른 지정학적 위기 고조 및 글로벌 방산 수요에 힘입어 놀라운 성장세를 보이고 있다.

특히 한국은 [그림 4]에서 보듯이 최근 5년간(2018~2022) 방산 수출이 크게 증가한 국가 중 하나로 거론된다. 2020년까지 연평균 30억 달러 규모에 머물렀던 한국의 방산수출은 2021년 72.5억 달러, 2022년 173억 달러로 급성장한데 이어 2023년 135억 달러, 2024년 95억 달러를 각각 기록하였다. 세계 방산시장 점유율이 2%가 넘고. 세계 10대 방산국가로 발전하였다.

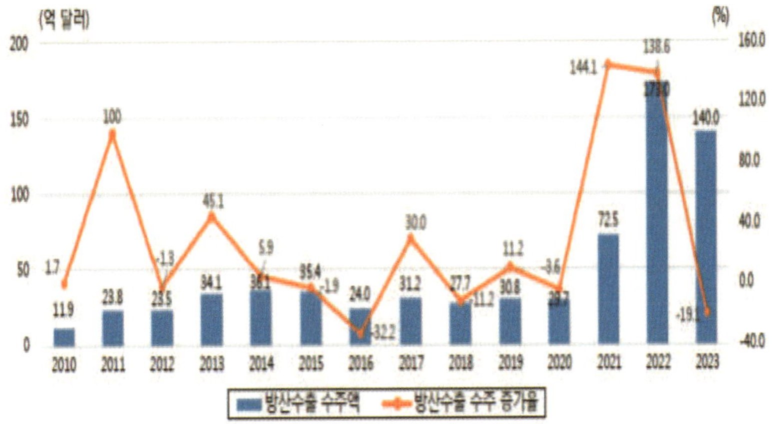

자료 : 심순형, 미국 대선 향방에 따른 방위산업 영향 및 대응 과제, KIET, 2024.

〈그림 4〉 국내 방산수출 수주 추이(2010~2023)

이렇듯 한국의 방산수출은 양적으로 크게 증가했을 뿐만 아니라 질적으로도 높은 성장세를 보이고 있다. 방산수출 권역과 품목이 다양해졌다. 방산수출 권역은 〈표 2〉 및 〈표 3〉에서 보듯이 기존의 아시아, 북미 중심에서 최근에는 중동, 유럽, 중남미, 오세아니아, 아프리카까지 전 세계로 확대되었다.

방산수출 품목도 〈표 3〉 및 〈표 4〉에서 보듯이 탄약, 부품, 함정 중심에서 최근에는 첨단 기술력에 기반을 둔 고부가가치의 기동, 화력, 항공, 함정, 유도무기 등으로 다각화된 모습을 보이고 있다. 잠수함, 구축함, T-50 고등훈련기, FA-50 경전투기, K2 흑표 전차,

K9 자주포, K-239 천무 다연장로켓, 천궁2 지대공미사일 · 레이더 등이 대표적이다.

방산수출 수주가 급증하면서 한화에어로스페이스, 현대로템, LIG넥스원, 한화오션, HD현대중공업, 한화시스템, 한국우주항공(KAI), 풍산 등 국내 방산업체의 국내 · 외 생산라인 확대, 신규 공장 건설 투자가 늘고 있다. 설비투자에 대한 정부의존도가 낮아지고, 방산업체의 자발적인 투자가 증가하면서 방산수출 확대와 방산업체의 투자 확대라는 선순환 구조가 조성되고 있다.

이러한 한국의 방산수출 현황과 관련하여 대부분의 방산수출이 방산업체 주도로 직접상업판매(direct commercial sales, DCS) 방식에 의해 이루어지고, 정부는 이를 지원하는 수준에 머물고 있다. 반면 세계 최대 방산수출 국가인 미국은 방산업체 주도의 DCS 방식과 함께 정부간(G2G) 거래인 FMS 방식을 병행하고 있다.

미국은 구매국의 다양한 정치, 군사, 경제 상황에 따라 정부 주도의 FMS(평균 40%)와 방산업체 주도의 DCS(평균 60%)를 적절하게 조합하여 세계 방산시장 점유율을 높여가고 있다.

〈표 2〉 2020년대 이후 한국의 방산수출 주요 국가(2020~2023)

연도	2020	2021
주요 수출국가	폴란드(72%), UAE, 이집트, 필리핀 **(4개국)**	폴란드(35%), 노르웨이, 에스토니아, 핀란드, UAE, 호주, 말레이시아, 사우디아라비아 등 **(12개국)**

자료 : 삼일PwC경영연구원, 키워드로 보는 방위산업의 현재와 미래, 2024.

〈표 3〉 한국의 무기체계별 방산수출 현황(2010~2023)

구분	주요 수출품목	주요 수출국가
화력	레드백 장갑차, K-9 자주포, 권총탄, 탄약류	미국, 핀란드, 폴란드, 인도, 노르웨이, 에스토니아, 호주, 이집트
항공	KT-1 기본훈련기, KA-1, T-50 고등훈련기, FA-50 경공기	인도네시아, 튀르키예, 페루, 태국, 이라크, 세네갈, 필리핀, 폴란드
함정	1,400톤급 잠수함, 전투함, 호위함, 군수지원함, 해안경비정, 함정전투체계	인도네시아, 방글라데시, 태국, 영국, 노르웨이, 필리핀, 페루
유도	천궁-Ⅱ, 현궁, 해성, 천무	UAE, 사우디아라비아
기동	장갑차, K-2 전차, 군용차, 파워팩	인도네시아, 말레이시아, 튀르키예, 필리핀, 폴란드

자료 : 심순형, 미국 대선 향방에 따른 방위산업 영향 및 대응 과제, KIET, 2024.

〈표 4〉 2020년대 이후 한국의 방산수출 주요 품목(2020~2023)

연도	2020	2021	2022	2023
주요 수출품목	K9 자주포 (1개)	K9 자주포, T-50, 초계함(3개)	MMSSA II, K9 자주포, K2 전차, 원양경비함, FA-50, 천무(6개)	K9 자주포, K2 전차, 원양경비함, FA-50, 천무, 레드백 등 (12개)

자료 : 삼일PwC경영연구원, 키워드로 보는 방위산업의 현재와 미래, 2024.

한편, 현재의 방산수출 호조가 향후 수년 간 지속될 가능성이 높은 것으로 전망되고 있다. 미국의 방위비 증액 압박에도 불구하고 소극적 태도를 보여온 NATO 회원국들은 2022년 러시아-우크라이나 전쟁 이후 GDP 대비 2% 이상의 방위비 지출 목표 달성을 가속화하고 있으며, 글로벌 국방비 지출 확대를 주도하고 있다.

아시아 지역에서는 대만해협, 남중국해 등을 둘러싼 지정학적 긴장에 대응하여 호주를 비롯 필리핀, 베트남, 말레이시아, 태국 등 동남아 국가들의 국방비 지출이 증가하고 있다.

또한, 2025년 1월 미국 트럼프 2기 행정부 출범 및 미-중 패권전쟁 격화 등으로 한국 조선업체의 미국 함정 건조, 유지 · 보수 · 운용(maintenance, repair and operation, MRO) 확대, 초음속 고등훈련기, 유도무기 비궁, K9 자주포 등의 미국시장 진출 가능성 등이 예상되고 있다.

수리온 헬기, 잠수함을 비롯 국내 독자개발에 성공한 차세대 전투기(KF-X) '보라매'의 중동, 동남아시아 지역 등에 대한 수출 실현 가능성도 높아 신흥 방산수출 국가로서 성장세를 지속할 것으로 전망되고 있다.

② 방산수출 지원 제도

방산업체가 해외 국가(정부)를 대상으로 방산수출에 따른 수출절충교역 의무 이행하는데 있어 정부 지원이 필요한 이유는 분명하다. 일반 민수용 품목은 업체와 업체(B2B), 업체와 개인(B2C) 간의 거래이지만, 방산수출은 방산업체와 수입국 정부(B2G), 정부와 정부(G2G) 간 거래이다. 따라서 경제 논리보다 정치적, 군사적, 외교적 이해관계가 큰 영향을 미치고, 방산업체만으로는 상대방의 다양한 수출절충교역 요구를 충족하기 어려운 것이 현실이다.

이에 따라 세계 주요 방산수출 선도국들은 정부간 외교 협력, 금융 지원, 마케팅 홍보 지원, 정보 제공, 기술료 완화 등 자국 방산업체를 지원하는 다양한 정책을 시행하고 있다.

특히 프랑스 등은 민간수출금융 지원과 별도로 독자적인 국가별 방산수출과 관련된 신용등급 평가 시스템을 마련하여 정부 주도의 국가별 리스크 분석 및 결정과 함께 전략적 수출금융 지원을 하고 있다.

또한, 이스라엘 등은 자국의 방산업체가 경쟁력을 갖출 수 있도록 정책적 지원을 하고 있을 뿐만 아니라 해외 방산업체의 글로벌 공급망에 참여할 수 있도록 정부 차원에서 적극 지원하고 있다.

한편 한국의 방산수출 주요 대상국들은 기술이전, 자국 내 현지(하청)생산은 물론 방산업체에서 필요로 하지 않는 무기(물품)의 대응구매를 요구하거나 방산 분야 이외의 산업협력을 요구하기도 한다. 이는 방산업체의 자체 능력만으로는 해결하기 어렵고, 기술이전의 경우 정부의 승인이나 지식재산권 보호 등 민감한 문제를 해결해야 가능하다.

이에 따라 방산수출 인프라 구축 측면에서 2009년 방산물자 수출 전담기관인 KOTRA 방산물자교역지원센터가 설립되었고, 방산수출 컨트롤 타워 강화 차원에서 대통령 비서실에 방산담당관이 신설되었다.

2020년 2월 제정 및 2021년 2월 시행된 「방위산업 발전 및 지원에 관한 법률(방위산업발전법)」에 따라 방위산업 국가정책사업 지정, 선제적 부품개발 확대, 수출 촉진, 공제조합 신설, 방산기업 지원 확대 등의 정책이 추진되었다.

특히 수출 촉진의 경우 구매국 요구에 맞는 제품 생산을 위한 무기체계 개조·개발 지원, 수출제품의 한국군 운용 실적 확보를 위한 군 시범운용 등 방산수출기업 지원 근거가 마련되었다. 또한, 무기체계 국외구매 과정에서 확보한 절충교역 가치를 국내기업 수출에 지원할 수 있는 수출산업협력 제도도 도입되었다.

또한, 방위산업 발전 및 방산수출 지원에 필요한 범정부 차원의 안건 발굴을 위해 방위산업발전협의회를 중소벤처기업부와 육·해·공군 등 각 군까지 함께 참여하는 국가전략적 협의체로 위상이 높였다.

한편 최근 정부에서는 2027년도까지 세계 무기수출 점유율 5%를 돌파하여 장차 5대 방산 수출 대국으로 진출하겠다는 목표를 제시하면서 다양한 방산수출 지원 제도를 도입 및 강화하고 있다.

③ 수출절충교역 현황

현재 무기체계 국외구매에 따른 수입절충교역에 대해서는 방위사업청이 매년 발간하는 「방위사업 통계연보」 등을 통해 기간별, 국가별, 참여기관별 절충교역 사업수, 절충교역 확보가치 등을 알 수 있다.

그러나 방산수출에 따른 수출절충교역에 대해서는 국가별, 유형별, 무기체계별 세부적인 내용이나 통계가 발표되고 있지 않다. 방산업체가 별도로 정부 지원을 요청하지 않는 한 파악하기 어려운 것이 현실이다. 경쟁이 매우 치열한 방산시장 특성상 수출계약의 핵심인 절충교역 관련 정보들은 방산업체의 영업비밀로 여겨지고 있기 때문이다.

이에 따라 수출절충교역 이행이 제한되어 정부 지원을 요청했던 공개된 자료와 정부 차원에서 지원했던 사례들은 소수에 불과하다. 2001년 튀르키예 K9 자주포 수출 시 정부에서 무상으로 기술이전을 지원하고, 2007년 튀르키예 KT-1 훈련기 수출 시 튀르키예 방사청(SSM)에서 공식적으로 자국산 공군 전자전 훈련장비 구매를 요구함에 따라 정부 차원에서 대응구매 지원을 수행한 것 등이 대표적이다.

최근에는 정부의 적극적인 외교적 지원과 국제방산전시회 참가 등을 통해 방산수출에 성공한 한국 방산업체들의 해외 현지생산, 후속군수지원, 함정 MRO 시장 진출 등이 언론에 보도되고 있다.

한화에어로스페이스의 K-9 자주포와 레드백 장갑차 호주 생산공장 완공 및 K-9 자주포 루마니아 현지생산 추진, 현대로템의 폴란드형 K-2 전차(K2PL) 생산·납품 관련 현지 국영방산그룹 PGZ와의 컨소시엄 합의서 체결, 한화조선과 HD현대중공업의 미국 함정 MRO 시장 진출 등이 대표적이다.

반면 수출절충교역 미이행 또는 기술이전 등에 따른 후유증이 간헐적으로 언론 보도를 통해 알려지고 있다. 대표적인 사례로 ① 대우조선해양의 군수지원함 수출 관련 노르웨이의 자국산 국방부품 대응구매 요구 및 수용 불가에 따른 수출절충교역 미이행 패널티 문제, ② 현대로템의 K-2 전차 터키 수출 시 기술이전에 따른 터키산 알타이 전차와의 중동 수출 경합, ③ 한화에어로시스템의 레드백 호주 수출 관련 현지생산에 따른 부작용 우려, ④ 현대로템의 폴란드 및 루마니아 K2 전차 현지생산과 관련한 이슈 등을 들 수 있다.

Ⅳ 한국의 절충교역 및 방산수출 발전방안

1. FMS 사업 절충교역 적용 의무화

비용 상승 가능성에도 불구하고 전 세계 130여 개 국가들이 여전히 절충교역 제도를 운용하고 있다. 해외 방산업체로부터의 기술이전, 현지생산 등을 통해 자국의 방위산업 역량 강화 및 일자리 창출에 주력하고 있다.

특히 〈표 5〉에서 보듯이 노르웨이, 튀르키예, UAE, 사우디아라비아, 대만 등 주요국들은 미국과의 FMS 사업을 포함하여 모든 무기체계 국외구매에 대해 절충교역을 적극 추진하고 있다.

따라서 한국도 무기체계 국외구매 사업에서 그 비중이 가장 높고 단위사업당 금액도 큰 미국과의 FMS 사업에 대해 다시 절충교역 적용을 의무화하는 것이 필요하다.

절충교역 가치의 절대규모 증가는 기존의 해외 선진기술 획득, 부품제작 수출, 창정비 능력 확보 등을 넘어 그동안 축적된 기술력, 생산력, 신뢰도 등을 바탕으로 해외 방산업체와의 공동연구·생산·판매, 글로벌 공급망 참여 등을 위한 전략적인 통로로 작용할 수 있기 때문이다.

〈표 5〉 주요국의 FMS 사업 절충교역 추진 현황

구분	노르웨이	튀르키예	UAE	사우디 아라비아	대만	한국
절충교역 적용비율	100% 이상	70% 이상	60% 이상	35% 이상	35% 이상	비경쟁 30% 경쟁 50%
FMS 절충교역 적용 여부	O	O	O	O	O	X
승인 기관	산업무역 노동부 산업협력국	방위산업청 방위산업국	경제부 절충 교역위원회 및 기술관리청	방위사업청/ 경제절충교역 위원회	경제부 산업 개발국 및 절충 교역위원회	방위사업청 절충교역 심의회

자료 : 장원준·박혜지, 글로벌 방산수출 4대강국 진입을 위한 K-방산 절충교역의 최근 동향과 발전과제, KIET, 2023. 재구성

2. 사전가치축적 제도 활성화

절충교역 주요국들은 대부분 사전가치축적 제도를 절충교역 추진의 대표적인 방식으로 활용하고 있다. 해외 무기구매사업 기본계약과 무관하게 대규모 고부가가치 절충교역 가치를 충분한 기간(4~5년)을 두고 추진할 수 있기 때문이다.

한국도 2018년 12월 사전가치축적 제도를 도입하여 방사청과 미국 보잉사 간에 절충교역 기반의 '첨단무기체계 공동 연구개발 합의각서 (MOU)'체결 등의 성과를 거두기도 했다. 그러나 〈표 6〉에서 보듯이 기존 사업별 절충교역 추진 방식의 보조적 역할에 머물고 있어 그 장점과 취지를 제대로 살리지 못하고 있는 것으로 평가받고 있다.

따라서 현재 추진 중인 일부 사업을 제외하고는 현행 사업별 절충교역 추진 방식을 해

외 방산업체와의 충분한 사전협상을 전제로 한 사전가치축적 제도로 전면 전환해 나가는 것이 필요하다. 사업별 절충교역 방식에 대해 수년 내 제도 자체가 폐지되는 일몰제 적용을 검토할 필요도 있다.

이와 관련하여 향후 4~5년 내 해외 구매사업 추진이 예상되거나 지난 수십 년간 한국에 절충교역을 제공해 왔던 해외 대형 방산업체와의 사전가치축적 제도 활성화를 적극 추진하는 것이 필요하다. 아울러 사전절충교역 이행기간을 현행 5년에서 사업별 5~10년으로 연장이 가능하게 하여 해외 방산업체의 사전가치축적 적극 참여를 유도할 필요가 있다.

〈표 6〉 방위사업청의 절충교역 제도 추진 방향(2021)

구분	사업별 추진	사전가치축적
주무부서	해당 무기구매 통합사업팀(IPT)	절충교역과
절충교역 대상	해당 무기체계 부품제작 수출, 공동개발 · 생산	간접 부품제작 수출, 핵심기술 이전, 군수지원, 창정비, 군수품 수출, 항공 MRO, 민수품 수출, 외국인 투자 등
계약	기본계약 포함	합의각서 체결
적용비율	경쟁 50%, 비경쟁 30%	사업별 적용

자료 : 방위사업청, 산업협력 제도 및 목록화 추진 안내, 2021.

3. 가치평가 고도화 및 국산부품 조달 의무화

사전가치축적 제도의 조속한 정착, 해외 및 국내 방산업체 간의 정보의 불일치 해소 등을 위해 절충교역 가치평가의 투명화와 국산부품 조달 의무화가 필요하다.

현재 절충교역에 대한 가치평가는 국내 가치평가 기관에서 국외업체의 절충교역 제안 내용을 대상으로 기술성, 경제성, 전력 증강성 등을 종합적으로 검토하여 이를 정량적 가치(또는 등급 및 점수)로 평가하고 있다.

「절충교역지침」에 따르면, 수출물량과 관련한 직접절충교역의 경우 대기업 1.5배, 중소기업 3배, 그리고 간접절충교역의 경우 대기업 1배, 중소기업 2배의 가치승수가 각각 부여되고 있다. 이러한 가치승수 부여는 최대 5배를 부여하는 터키 등 다른 나라에 비해 낮은 수치이다.

또한, 외국인투자는 1배, 장비제공 최대 3배, 기술이전 2배 등의 가치승수를 적용하고 있다. 이는 네덜란드(외국인투자 최대 10배, 마케팅지원 최대 10배, 기술이전 최대 10배), 말레이시아(외국인투자 최대 5배, 마케팅지원 4배 이상, 기술이전 5배), 대만(외국인투자 최대 10배, 기술이전 10배) 등과 비교할 때 가치승수 기준과 범위의 다양성이 떨어진다.

따라서 시대별, 상황별 정책목표 달성을 위한 유연한 가치승수 적용을 추진해야 한다. 특히 현재 중점 정책목표인 국내 중소 방산업체의 부품제작 수출, 공동생산 등 산업협력 촉진, 해외 글로벌 방산 공급망 참여 등을 촉진하기 위한 중소기업 수출물량의 가치승수 상향 조정이 필요하다.

한편 미국(50%)[1], 이스라엘(20%) 등은 해외에서 도입하는 무기체계의 일정 비율을 국산부품으로 조달하도록 의무화하는 산업협력 쿼터제를 시행하고 있다.

또한, 국외업체가 국내 중소업체와의 절충교역을 적극 추진하도록 유도하기 위해 터키(30%), 네덜란드(20%) 등은 절충교역 확보가치의 일정 비율을 반드시 자국 중소기업과 협업하도록 의무화하고 있다.

따라서 2022년부터 일부 대형 사업에 시범적으로 진행 중인 산업협력 쿼터제를 적극 추진하는 것이 필요하다. 또한, 국내 방산업체들의 절충교역 참여 비율 제고, 대·중소기업간 협력 관계를 촉진과 함께 특히 중소 방산업체의 수출활로 확보 및 경쟁력 강화를 위해 중소기업과의 협업을 의무화하는 것이 필요하다.

4. 범정부 차원의 통합 절충교역 협상방안 마련

절충교역 주요국들은 사전가치축적 제도와 연계하여 절충교역을 통한 대규모, 고부가가치의 절충교역 가치를 확보하기 위해 범부처 차원의 통합 절충교역 협상방안 방식을 적극 추진하고 있다.

특히 대만은 매년 절충교역 우선순위 리스트 현황을 작성 및 온라인에 공개하여 주요 해외 방산업체로 하여금 우수한 절충교역 협상방안을 준비하도록 하고 있다. 대규모 무기체계 공동개발과 생산을 포함하는 우수한 절충교역 제안은 구매국이 요구하는 충분한 정보와 준비기간이 필요하기 때문이다.

따라서 현재와 같은 주요 부처(방사청, 산업부 등)의 단위사업별 상향식(bottom-up) 절충교역 협상방안을 넘어 강력한 리더십 아래 국가전략산업 발전 계획 등을 고려한 범부처 차원의 하향식(top-down) 통합 협상방안의 마련이 필요하다.

이를 위해 국방부-산업부장관 공동주관 방위산업발전협의회 또는 대통령실 주관 방산수출전략평가회의에 주기적으로 의제로 올려 범부처 차원의 통합 절충교역 협상방안 마련을 공식화할 필요가 있다.

---

1) 미국은 Buy American Act를 통해 외국산 부품의 비용이 구매 무기체계 총비용의 50%를 초과해서는 안 된다고 규정함으로써 자국산 부품의 사용을 강제하고 있다.

이와 함께 범부처 참여의 1:1 절충교역상담회 개최, 국내외 방산 전시회 등에서의 K-방산 절충교역 설명회 개최 등을 통해 해외 방산업체가 한국의 최우선 절충교역 또는 산업협력 관련 통합 절충교역 협상방안을 충분히 이해하고 적극 제안할 수 있도록 홍보를 강화하는 것이 필요하다.

5. (가칭)수출절충교역 의무신고제 도입

미국은 1992년 개정된 국방생산법(Defense Production Act)에 따라 방산수출로 5백만 달러 이상의 절충교역 계약을 체결하였거나, 25만 달러 이상의 절충교역 가치금액을 이행한 모든 자국 방산업체들에 대해 매년 절충교역 합의 체결 및 이행 내역을 상무부 산업안보국(BIS)에 보고하도록 의무화하고 있다.

이러한 조치는 세계 최대의 무기체계 수출국으로서 자국 기업들의 절충교역 이행으로 인해 구매국으로의 기술이전이나 유출을 통한 자국 방산업체의 경쟁력 저하를 방지하고, 국내 고용 및 수출 감소 등 경제 분야에 대한 부정적 영향과 역효과를 막는데 목적이 있다.

따라서 한국도 미국처럼 절충교역의 영향을 조사하고 정책적 대응과 지원 소요를 식별하기 위해 국내 방산업체가 외국 정부 또는 기업과 체결한 절충교역 합의각서(MOA) 내용과 구매국에 대한 절충교역 이행사항을 의무적으로 신고하도록 하는 제도의 정비가 필요하다.

이러한 (가칭)수출절충교역 의무신고제 도입은 기업 입장에서 사업기밀이 노출될 수 있다는 우려가 있을 수 있다. 그러나 국내 방산업체의 수출절충교역 의무 이행에서의 어려움을 식별하고, 방산업체와 정부가 공동으로 사전적, 사후적으로 대처할 수 있는 융통성 확보를 위해 적극 검토가 필요하다.

6. 한국형 FMS 제도 도입 및 방산수출 방식 다양화

최근 한국의 방산수출 대상국가 및 대상품목은 크게 확대되고 있으며, 미·중간 패권전쟁 심화, 글로벌 안보환경 악화, 진영 간 안보협력 강화 등 전 세계적인 지정학적 리스크 및 갈등 고조로 향후에도 높은 성장세를 지속할 것으로 전망되고 있다.

그러나 한국의 무기체계를 구매하는 국가들의 다양한 정치, 군사, 외교, 경제 상황과 수출절충교역 의무이행 조건 등을 고려할 때 현재와 같은 방산업체 주도의 확정계약(fixed price contract)에 의한 직접상업판매(DCS) 방식은 한계에 직면할 수밖에 없다.

따라서 미국처럼 국내 및 외국의 무기체계 소요를 함께 묶어 국방조달하고, 정부 보증의 총괄 패키지 방식으로 방산수출을 함으로써 국방예산 절감, 대외신뢰도 제고, 대외정책 수단 활용 등을 도모할 수 있는 한국형 정부간(G2G) 대외군사판매(FMS) 제도의 도입을 적극 검토할 필요가 있다.

미국은 안보와 국익에 부합되는 경우에 한하여 우방국에게 양산 및 전력화된 무기체계를 FMS 방식으로 판매하는 것을 허용하고 있으며, 특히 F35 스텔스 전투기 등 대부분의 최첨단 무기체계 판매에 적용하고 있다.

FMS는 미국이 일방적으로 정한 표준계약조건에 근거한 정부 간 계약문서, 즉 오퍼(letter of offer and acceptance, LOA)에 따라 해당 무기체계의 운용, 유지에 필요한 모든 요소를 통합하여 제공하는 총괄 패키지 방식(total package approach)으로 이루어지고 있다.

또한, 구매자금의 성격에 따라 구매국의 달러화 현금 구매 및 대외군사차관 제공에 의한 구매로 나누어지지만, FMS 오퍼를 이행하기 위한 모든 자금은 국방재무회계본부(DFAS-IN)로 지급 또는 이체되어 'FMS 신탁자금계좌'로 관리된다.

미국 정부가 구매국을 대신하여 방산업체와의 모든 계약체결, 계약관리, 후속군수지원 보증 등을 수행하고, 최종 계약금액은 계약 종료시점에서 사후정산을 통해 확정되는 개산계약(rough estimate contract)이라는 점이 큰 특징이다.

이러한 FMS 제도의 도입은 특히 2026년부터 전력화되는 국산 초음속전투기 KF-21 '보라매'를 비롯 차세대 이지스 구축함, 차세대 미사일 방어체계 등을 중동(사우디아라비아, UAE 등), 동유럽(폴란드, 루마니아 등), 동남아(필리핀, 말레이시아 등), 남미(페루, 칠레 등) 지역에 수출하려고 할 때 유용한 방산수출 마케팅 수단으로 활용될 수 있다.

7. K-방산 경쟁력 및 글로벌 공급망 구축 강화

지속적인 방산수출 확대를 위해서는 초기 단계부터 소요군의 작전요구성능(ROC) 충족은 물론 글로벌 방산시장을 겨냥한 민·군 협력에 의한 무기체계 개발, 수출형 시제품 제작 지원 등을 더욱 강화할 필요가 있다. 이와 함께 기술이전, 산업협력, 금융지원 등과 같은 국산 무기체계 구매국의 다양한 요구조건을 수용할 수 있는 맞춤형 수출전략 수립 및 코리아 원팀(Korea One Team) 마케팅 활동이 요구된다. 이를 위해 세계 방산시장의 글로벌 가치사슬(GVC) 분석, 중장기적 관점에서의 국내 방산기반 조사, 국산 무기체계 사용자 그룹 결성 및 활성화 등을 통한 K-방산 글로벌 공급망 구축이 필요하다. 또한, 무기체계 개조개발 예산 및 수혜 범위를 대폭 확대하는 것도 필요하다. 지원 예산을 현재 연간 400억 원 수준에서 향후 수천억 원 수준으로 확대하고, 그 수혜 대상도 중소기업과 함께 대·중견기업으로 확대할 필요가 있다.

Ⅳ 결 론

2018년 6월 방위사업청의 '절충교역 혁신방안'은 기존의 방산기술 획득 중심에서 방산 육성, 방산수출, 일자리창출에 기여하는 방향으로 절충교역 제도를 전면 재편하는 내용을 담고 있다.

이에 따라 「절충교역지침」 개정을 통해 사전가치축적 제도 도입, 중소기업 가치승수 상향 조정, 항공 MRO 능력 국내 유치, 국내 중소기업 개발 소재의 해외 항공기 제작사 품질인증 등의 조치가 이루어졌다.

또한, 「방위사업법」의 방위산업 발전 관련 부분을 분리하여 대규모 투자 및 고난도 개발사업의 국가정책사업 지정, 부품 국산화 및 체계적인 부품 관리, 공제조합 신설, 절충교역 가치상계 등 방산수출기업 지원 등이 담긴 「방위산업발전법」이 2020년 2월 제정되어 2021년 2월부터 시행 중이다.

그러나 절충교역을 공동개발·생산, 합작투자 등을 추가한 산업협력으로 명칭 변경하고, 일정 비율의 국산부품 사용 의무화(산업협력 쿼터제), 절충교역 추진을 의무화하지 않는 법적 근거를 마련 등을 위한 「방위사업법」 일부 개정 법률안은 아직 국회를 통과하지 못한 상태이다.

현행 절충교역 절차는 매우 길고 복잡하며, 국내외 많은 이해당사자가 관여되어 있어 다양한 평가와 의견이 나온다. 이에 본 연구에서는 해외 무기체계의 도입에 따른 수입절충교역은 물론 방산수출에 따른 수출절충교역 관점에서 우리나라의 절충교역 제도 및 현황 등을 살펴보고, 다음과 같은 몇 가지 산업협력 중심의 절충교역 제도 혁신 및 방산수출 확대 추진방안을 제언하고자 한다.

첫째, 국내 방산업체의 방산수출 및 글로벌 공급망 참여 확대 차원에서 국외구매에서 차지하는 비중이 높고 단위사업당 금액도 큰 미국과의 대정부구매(FMS)에 대해 다시 절충교역 적용을 의무화하는 것이 필요하다.

둘째, 현재 추진 중인 일부 사업을 제외하고는 현행 사업별 절충교역 추진 방식을 해외 방산업체와의 충분한 사전협상을 전제로 한 사전가치축적 제도로 전면 전환해 나가는 것이 필요하다. 사업별 절충교역 방식에 대해 수년 내 제도 자체가 폐지되는 일몰제 적용을 검토할 필요도 있다.

셋째, 절충교역 가치평가의 고도화, 유연한 가치승수 적용과 함께 국외업체와 국내 중소기업 간의 절충교역 촉진을 위해 절충교역 확보가치의 일정 비율을 중소기업과 협업하고, 해외 무기체계의 일정 비율을 국산부품으로 조달하도록 의무화(산업협력 쿼터제)하는 것이 필요하다.

넷째, 넷째, 강력한 리더십 아래 국가전략산업 발전 계획 등을 고려한 범부처 차원의 하향식(top-down) 통합 협상방안의 마련이 필요하다.

다섯째, 국내 방산업체의 수출절충교역 의무 이행에서의 어려움을 식별하고, 정부와 방산업체가 공동으로 사전적, 사후적으로 대처할 수 있도록 가칭 '수출절충교역 의무신고제'의 도입이 필요하다.

여섯째, 미국처럼 국내 및 외국의 무기체계 소요를 함께 묶어 국방조달하고, 정부 보증의 총괄 패키지 방식으로 방산수출을 함으로써 국방예산 절감, 대외신뢰도 제고, 대외정책 수단 활용 등을 도모할 수 있는 정부간(G2G) 대외군사판매(FMS) 제도의 도입을 적극 검토할 필요가 있다.

일곱째, 글로벌 방산시장을 겨냥한 무기체계 개발 및 수출형 시제품 제작 지원, 구매국 맞춤형 수출전략 수립 및 K-방산 글로벌 공급망 구축, 무기체계 개조개발 예산 및 수혜 범위 대폭 확대 등이 필요하다.

K-방산 브리프
K-Defense Brief

제6장 글로벌 방산시장 및 해외 방산기업 분석과 K-방산 경쟁력 강화

이 준 곤

요약문

글로벌 방산시장은 지정학적 불안정성의 심화와 이에 대응하기 위한 각국의 안보 강화를 위한 국방 예산 증가로 지속적 성장이 예상된다. 특히 향후 인공지능과 연계된 고성능 무기체계 중심의 수요가 증대되면서 관련 기술 개발과 생산 능력 확보를 위한 경쟁이 치열할 것으로 전망된다. 미국과 유럽은 각자의 방위산업전략을 통해 방산 생태계 안정, 리스크 대응 능력 강화 및 수출 시장 확대를 위해 지속적인 인수합병, 사업 다각화, 전략적 협력 및 적극적 거버넌스와 같은 방법 등을 통해 변화에 적극적으로 대응하면서 지속 가능한 성장을 준비하고 있다. K-방산의 지속 성장을 위해서는 국내 방산 활성화를 통한 안정적인 생태계 구축, 국제 협력을 통한 경쟁력 강화 및 시장의 확대, 그리고 정부-산학연 거버넌스 강화가 강조된다. 특히 정부 주도의 강력한 컨트롤 타워를 통해 내수 및 수출시장 확대를 위한 다양한 대안을 도출해야 하고 전략적 기술의 연구 개발 투자와 미래 방산을 이끌어갈 기술의 식별을 통해 선제적이고 집중적인 투자가 이루어져야 할 것이다.

· 핵심어(Key Word) : 글로벌 방위산업, 방산 기업 분석, K-방산 경쟁력

I 서 론

방위산업은 시장경제 논리와 이론으로 충분히 설명할 수 없는 수요처가 제한되어있는 특수 산업이며, 정치 외교적 영향에 매우 민감하고 수요와 공급에 대해 기업이 단독으로 결정을 할 수 없는 특수한 산업 구조로 되어 있다.

특히, 국가 예산을 사용하여 무기체계가 개발되기에 해당 국가의 안보적 우선순위와 그에 따른 다양한 규제의 틀 안에서 성장해야 하는 국가 전략 산업이라는 특수성을 가지고 있다.

전 세계적인 지역 간 안보 위기, 장기화되고 있는 러시아 우크라이나 전쟁, 불안정한 글로벌 경제 상황, COVID-19와 같은 글로벌 팬데믹 현상에 대한 트라우마, 미국 트럼프 2기 정부의 강력한 자국 우선주의 Make America Great Again (MAGA) 정책 등은 국방의 측면에서는 자국의 안보 강화, 궁극적으로 이를 달성하기 위한 방위산업에 대해 집중과 투자를 유도하고 있다.

글로벌 방산 기업들은 이러한 환경적 변화와 위기에 발 빠르게 대처하기 위해 선제적 수출 전략의 추진, 국제 협력 모델 발굴, 대형화 및 통합화 등의 다양한 경영전략을 통해 지속 성장과 장기적 경쟁력을 확보하기 위해 노력하고 있다.

2022년 대한민국 방위산업은 폴란드발 수주를 기점으로 "K-방산" 이라는 단어가 어색하지 않을 정도로 방산 수출의 급성장을 이루는 도약을 시작하였고 일반 대중들에게도 미래 성장의 기대를 모으는 국민 산업으로 인식되고 있다.

이와 같은 시기에 미국 트럼프의 재집권에 따른 미국 국방 정책의 변화, 이에 따른 글로벌 방산시장의 변화, 나토(NATO)를 중심으로 하는 유럽방위산업전략(EDIS) 정책 등은 우리 K-방산에는 도전이자 기회로 다가올 것이기에 우리의 전략적 추진 방향과 대응 방안, 이에 맞는 국가적 방산 역량을 철저히 준비해야 하는 엄중한 시기일 것이다.

II 글로벌 방위산업 시장의 변화

1. 포스트 글로벌화(Post-Globalization)와 글로벌 안보

포스트 글로벌화 (Post-Globalization)는 기존 세계화 (Globalization)가 겪고 있는 한계와 문제점을 인식하고, 이를 극복하기 위해 제시되는 새로운 패러다임과 현상이다.

세계화에서 야기된 경제 침체, 지역 간 불균형, 환경 문제, 지역 간 지정학적 긴장 고조 등의 문제를 해결하기 위해 다양성과 지속 가능한 발전을 위해 다양한 국가와 균형을 이루는 다극화, 지역 간 협력을 강화하면서 역량을 강화하는 지역화, 기후 환경 보호와 국제적 책임을 강조하면서 디지털 글로벌화와 같은 특징을 보인다.

또한, 다양한 문화를 존중하고 특히 디지털 기술을 활용하여 새로운 경제 모델을 창출하고, 사회 문제를 해결하면서 기존 세계화의 문제점을 보완하고 더 나은 미래를 만들기 위한 새로운 접근 방식을 추구하고 있다.

특히, 2025년은 UN이 선포한 '국제 평화와 신뢰의 해'로 국제 사회가 포용적인 대화와 협상을 통해 분쟁을 해결하고 평화와 신뢰를 보장 및 강화하는 것을 촉구하고 있다. 또한, 양자 역학 개발 100주년을 기념하고 양자 응용 프로그램의 중요성에 대한 대중의 인식을 공유하기 위해 '국제 양자 과학 및 기술의 해'로 지정하면서 기술과 신뢰라는 두 가지의 축을 통해 포스트 글로벌화를 견인하고 있다.

그러나 현재로서는 이스라엘과 하마스가 휴전안에 서명했지만, 중동의 잠재적 갈등은 지리적 범위가 확장될 가능성도 배제할 순 없는 상황이다. 장기적 상태에 고착되어있는 러-우 전쟁에서 전술적인 측면에서는 드론과 인공지능(AI)의 사용이 필수적인 요소로 자리 잡았고, 산업적인 측면에서는 그동안의 유럽 방산이 직면한 공급망과 생태계의 문제들이 노출되었다. 동시에 특히 미국은 인도-태평양 지역에 이어서 우크라이나를 지원하기 위해 무기체계 조달 분야에서 상당한 개혁을 가속화 하였다.

한편, 경제적 논리에서 억제적 논리로 전환하여 대규모 투자와 다년 계약을 통해 생산 규모를 빠르게 늘리는 전략적인 접근 방식을 채택했다. 나토(NATO)의 안보 패러다임도 변화하고 있다. 워싱턴 2024 정상회담은 NATO의 전략적 비전을 재확인하고, 파트너십의 중요성, 우크라이나에 대한 지속적 지원, 러시아, 중국, 테러리즘을 주요 위협으로 지적하면서 향후 유럽의 안보 구조는 우크라이나 전쟁의 종전과 관계없이 상당 기간 러시아와의 구조적 갈등 국면이 지속될 것이며 중국을 안보 위협 세력으로 인식하여 미국과 지속적인 안보 협력을 추진해 나아갈 것으로 전망된다.

핀란드와 스웨덴의 나토(NATO) 가입은 군사 작전 및 안보 강화를 위한 북유럽 지역에서 동맹의 전략적 위치를 크게 강화하고 우크라이나에 대한 군사 지원을 위한 새로운 조치를 가능하게 함과 동시에 신기술 적용, 무기체계의 상호 운용성, 에너지 효율성, 인공지능(AI) 및 ESG 전략까지 확장하고 있다.

여기에 미국 우선주의를 강력하게 추진하고 있는 트럼프 2기 정부의 자국주의를 바탕으로 다양한 국방 및 외교 정책이 추진될 것이며 취임사에서도 언급했듯이 세계에서 가장 강력한 군대를 구축하여 승리한 전쟁뿐 아니라 종식 경험이 있는 전쟁, 개입하지 않은 전쟁을 통해 미국의 성공을 측정한다고 강조하였다. 이는 결국 전통의 안보와 동맹의 개념보다는 현실적 실익을 중시하는 정책으로 추진될 것이고 결국 세계 각국은 그에 따른 대안 도출과 협상에 주안점을 두고 외교 안보 정책을 수립할 것이다.

2. 글로벌 방위산업 시장 : 유럽 방위산업 시장을 중심으로

지정학적 불안정성 심화에 따른 각국의 안보 증대에 따른 국방예산 증가로 글로벌 방위산업시장은 당분간 지속적인 성장이 예상되고 특히 인공지능과 연계된 고성능 무기체계 중심의 수요가 증대되면서 관련 기술 개발과 생산 능력확보를 위한 경쟁이 치열할 것으로 예측된다.

특히, 유럽과 나토(NATO)를 중심으로 하는 유럽 방위산업 시장의 경우 장기간 이어지는 러-우 전쟁 및 트럼프 정부의 국방비 인상 압박으로 프랑스, 독일 등 나토(NATO) 주요 회원국들을 중심으로 국방예산을 국내 총생산 GDP의 2%에서 3% 이상으로 증액 추진을 고려하고 있다.

전투능력 강화를 위한 전쟁물자의 수요 증가, 주변국 간 안보적 위기의식의 변화, 나토 차원의 지속적 우크라이나 지원 등 현 안보 불안 요소들이 유럽 전역으로 확장되어 유럽 각국의 군비 증강 및 투자는 당분간 지속될 것으로 예상된다.

결국에 글로벌 방위산업 시장의 측면에서 본다면 유럽 각국의 신 무기체계 연구개발 및 생산의 증대, 나토(NATO) 회원국 간 공동 협력 및 연대 강화를 통한 산업의 성장과 수출로 이어지는 안정적인 선순환 생태계가 상당 기간 지속될 것이다.

이는 유럽에서 최초로 2024년 3월 발표한 유럽방위산업전략(EDIS)에서 알 수 있듯이 유럽 각국은 방위산업에 대한 투자 및 지원을 확대함으로써 유럽연합(EU) 내 방산시장 활성화 및 유럽 방위 분야 능력 강화를 위한 적극적인 대응을 천명하였다.

따라서 유럽의 방위산업 시장은 유럽연합(EU) 내에서의 협력 및 통합의 확대 전략을 위해 자원을 확보하고 파트너십과 합작투자를 지속 추진하여 미국의 방위산업과 유사하게 시너지 확보를 위한 기업 간의 대형화, 통합화를 추진하고 있다.

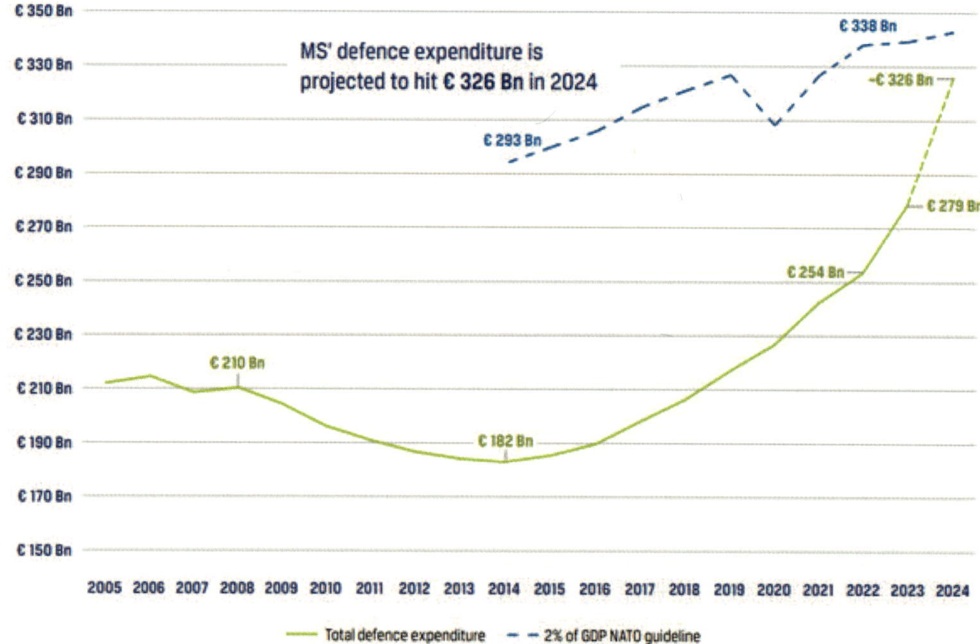

〈그림 1〉 2005~2024 EU 국방비 지출 변화 (European Defense Agency, 2024.12월)

또한, 유럽 전역의 협력을 통해 글로벌 수출 시장에 집중함으로 해당 국가의 소요에만 집중하는 것이 아닌 유럽 전역 및 그 외 지역으로의 방산 수출 시장에서 제품의 기술력과 상호 운용성을 바탕으로 다양한 시장 확장 및 개척을 추진하고 있다.

이를 위해 기존의 유럽적 무기체계 개발 문화에서 변화를 주어 신속한 개발 방식으로 전환하고 있고, 혁신을 가속화 하기 위해 민첩하고 유연한 계약 및 개발 프로세스 구현하고 있으며 미래를 위해 양자, 사이버, 우주 및 자율 시스템과 같은 새로운 핵심 기술 확보 및 고도화를 위해 전략적 투자를 하고 있다.

향후 유럽 내 방위 협력은 계속 강화될 것이며 나토(NATO)와 미국을 중심으로 하는 상호 운용성을 중심으로 방산 생태계를 안정적으로 유지하고 생산 능력을 강화하여 유럽 외의 공급업체에 대한 의존도를 낮출 것으로 예상된다. 이를 위해 유럽 방위 자금 인센티브를 확대하고 추가 자금을 활용하여 유럽의 안보 및 방산 능력을 장기적인 전략으로 다양한 협력 사업들이 추진될 것으로 예상된다.

3. 글로벌 협력 : 유럽 방위산업 시장을 중심으로

유럽은 1990년 이후 유럽연합(EU)을 중심으로 대형 무기체계 개발을 위해 합작투자

(JV), 전략적 협력 및 컨소시엄 형태의 다양한 협력 모델을 형성하고 있다. 대표적으로 A400M 대형 수송기와 유로파이터 전투기는 프랑스, 독일, 이탈리아, 스페인 등 다국적 협력체의 공동 성과물이라고 볼 수 있다. 최근 우주 Space 시대의 위성 개발을 위한 탈레스 알레니아 스페이스 (Thales Alenia Space)는 탈레스(Thales 67%)사와 레오나르도(Leonardo 33%)사가 공동 투자하여 설립한 조인트벤처로 임직원 8,900명, 유럽 내 10개국에서 생산 및 설계를 수행하고 있다.

유럽 방산업체 특징은 다국적 기업을 근간으로 전문 분야별 전략적 협력을 이루고 있다는 점이다. 항공기 부문은 Airbus가 중심이 되어 민수, 군수의 고정익, 회전익 항공기 개발을 주도하고 있으며, 미사일과 유도무기는 MBDA, 항공전자는 BAE Systems, Leonardo, Thales, 엔진은 Safran 등의 방산기업들을 중심으로 국경을 초월한 협력으로 전환되고 있다.

1980년대 후반부터 프랑스와 이탈리아는 장거리 대공미사일 개발을 위해 프랑스(Thales, MBDA)와 이탈리아(MBDA)의 대표적인 합작회사인 유로쌤(Eurosam)을 설립하였고, 2015년에는 전차 분야는 독일 KMW와 프랑스 넥스터(Nexter)사가 공동 합작법인 KNDS를 설립하였고, 2019년 조선 분야는 이탈리아 핀칸테리(Fincanteri)사와 프랑스 나발그룹(Naval Group)의 조인트벤처인 NAVRIS가 설립하였으며, 2024년에는 독일 라인메탈(Rheinmetall)사와 이탈리아 레오나르도(Leonardo) 사가 차세대 전차 개발을 위한 합작법인을 발표하였다. 유럽은 이처럼 국경과 역사를 초월한 지속적인 국가별 협력이 이어지고 있다.

이러한 협력의 배경은 글로벌 시장에서 경쟁력을 가지고 미국과 차별된 독자적인 유럽만의 전략과 문화가 반영되어 기술적 고도화, 핵심 분야의 역량 집중 등의 고유한 특징을 바탕으로 특히 이면에는 유럽 각국의 과거 불편한 역사적인 관계보단 미래를 위해 안보적 협력이 우선되어야 한다는 상호적 이해관계가 밑바탕이 되어 있음을 알 수 있다.

2022년 말 일본은 영국, 이탈리아와 함께 차세대 전투기 개발을 공식화하였고, 특히 2차 대전 이후 일본은 미국 이외의 국가와 방산 분야의 첫 협력 개발의 시도는 나토(NATO)와 지속 협력을 모색해 온 결과물이라 할 수 있을 것이다. 일본과 유럽의 방산업체 간의 협력은 항공기, 엔진 등의 공동 개발을 통해 산업 전반으로 확장될 것으로 기대된다.

우리 역시 현 안보 상황을 고려 한미동맹, 나토 협력의 틀 안에서 국가별 공동개발, 다양한 협력 모델을 적극 도출해야 할 것이다. 그리고, 러-우 전쟁 이후 동북아시아의 안보 및 대북 억제력까지 고려한 확장된 글로벌 방산 협력이 요구될 것이다.

특히, 미국과 나토(NATO)를 중심으로 그 협력의 대상과 범위에 대해 다양한 확장성을 고려해야 할 것이다. 또한, 독자기술 확보를 통한 국산화율의 증대, 기술의 다변화 및 규모의 경제 확보를 위해 해외 시장 진출을 위한 수출 국가별 맞춤 전략 및 그에 따른 투자가 동반되어야 할 것이다.

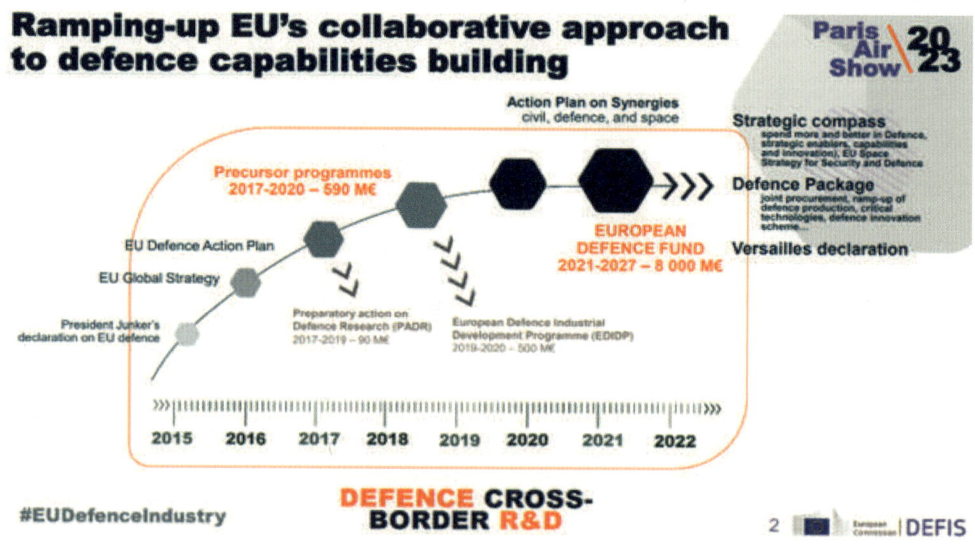

〈그림 2〉 유럽연합(EU) Defense Fund (2023.6월)

유럽 시장으로의 진출은 2022년 폴란드의 대형 수주를 기반으로 한국의 투자가 연계될 수 있는 지역 단위의 거점 확보, 현지 기업과의 다양한 협력, 주변국 시장으로의 확장과 협력 등과 같은 다양한 전략 모델을 가지고 유럽 안에서 적용함으로 그들 안으로 들어가야 할 것이다.

정치 외교적인 영향력과 한계와 제한을 극복하기 위해서는 경쟁력 있는 가격 유지와 우수한 성능과 품질관리, 안정적 후속 지원, 융합적 K-산업의 제안 등 갈수록 치열해지는 글로벌 경쟁 안에서 우리가 도출할 수 있는 다양한 비즈니스 모델들의 개발을 통해 지속 성장의 전략을 추진해야 할 것이다.

Ⅲ 글로벌 방위산업 기업 분석

1. 지속적인 구조 개편 및 전략적 협력

글로벌 방위산업 기업들은 지속적인 인수합병, 사업 다각화, 전략적 협력 및 투자와 정부의 강력한 거버넌스 등 다양한 경영전략 및 활동 등을 통해 미래 성장을 준비하고 확장해 가고 있다.

글로벌 1위 기업인 록히드 마틴(Lockheed Martine)은 항공기 회사인 록히드(Lockheed Corporation)와 미사일 기업인 마리에타(Martin Marietta) 간의 합병에서 탄생되었다. 그 이후 지속적인 인수합병 및 통합을 거치면서 특히 2015년 미국 최대의 군용 헬기 제작업체인 시콜스키(Sikorsky)를 인수함으로써 고정익기, 회전익기 및 우주까지 아우르는 세계 최대 방산기업으로 성장하였다.

글로벌 2위 기업인 RTX는 100년이 넘은 전통 미국 방산 기업으로 2020년 항공기 엔진, 항공전자 장비로 유명한 유나이티드 테크놀로지스 (United Technologies)와 레이시온(Raytheon)의 합병으로 세계 최대 규모의 방산업체로 통합이 되었고, 당시 미국 대형 방산기업 간의 M&A로 주목을 받았다. 프랑스는 정부 주도의 전략적 통합 거버넌스를 통해 에어버스(Airbus), 탈레스(Thales), 나발그룹(Naval Group) 등 각각 항공기, 항공 시스템, 조선 등 분야별 전문화를 위한 방산기업을 탄생시켰고, 지금도 지속적인 인수합병을 통해 효율성과 전문성을 위한 노력을 진행하면서 유럽 및 중동, 아시아, 동남아 시장에서 지속적 성장을 유지하고 있다.

이는 정부의 집중적 지원과 기업 간 시너지 도출을 통해 글로벌 시장에서 프랑스 방산기업의 성장이 기대되는 동인이다. 그 외에도 유럽 내 수많은 대형 조인트벤처의 설립과 주도적 성장도 주목할 필요가 있다. Space 시대를 대비하여 위성 개발을 위한 탈레스 알레니아 스페이스(Thales Alenia Space)는 프랑스 탈레스(Thales)사와 이탈리아 레오나르도(Leonardo) 사가 공동 투자하여 설립한 다국적 조인트벤처이면서 탈레스 그룹 내에서 유럽을 대표하는 위성 전문업체로 성장하고 있다.

지상 분야에서는 2015년 독일의 방산기업 KMW와 프랑스의 국영방산기업 Nexter가 50:50으로 설립한 KNDS(KMW + Nexter Defense Systems)는 현재 글로벌 45위의 방산기업으로 전차, 장갑차, 포병 시스템, 전투 관리 시스템 등 광범위한 솔루션을 개발하고 제공하고 있다.

우리나라의 경우, 과거 대표적으로 정부 주도의 항공기 통합법인 한국항공우주산업

(KAI)의 탄생이 있었다. 외환위기 이후 당시 제한된 항공 시장 안에서 1999년 국내 항공기 관련 기업들(삼성항공, 대우중공업, 현대우주항공)이 정부의 정책 하에 통합되어 현재 국내 대표 항공우주 기업으로 성장하고 있다.

과거 삼성 역시 오랫동안 대한민국 방위산업의 역사를 같이 시작한 기업이다. 우리에게 잘 알려진 KF-16 전투기와 T-50 고등훈련기는 삼성항공에서 한국항공우주산업 (KAI)으로, K-9 자주포의 개발은 삼성항공을 거쳐 삼성테크윈에서 현재 한화에어로스페이스에서 성장을 이어가고 있다.

삼성전자는 2000년 프랑스 탈레스사와 조인트벤처를 설립하여 삼성탈레스를 거쳐 현재 한화 시스템을 통해 국내 방위산업 성장에 크게 이바지하였다. 이후 삼성그룹은 방산부문을 2015년 한화그룹으로 최종 매각함으로 방위산업을 정리하였다. 현재 한화는 그룹 내의 방산 지도를 새롭게 기획하고 인수 합병한 사업군과 시너지를 통해 현재 국내 최고의 방산기업으로 성장해 가고 있으며, 한화에어로스페이스를 중심으로 글로벌 방산기업 순위 24위에 이름을 올리며 향후 20위권 내로의 진입도 가능할 것으로 예상된다.

LIG 넥스원 역시 과거 LG 그룹 내의 금성정밀을 시초로 LG 정밀과 LG 이노텍을 거쳐 2004년 LIG 그룹으로 LG에서 분사하여 현재 LIG 그룹 내의 핵심 전략 기업으로 국내외 방산시장에서 확장 및 성장을 이어가고 있다. 이처럼 2000년 이후 국내 기업들은 다양한 경영전략을 통해 수많은 변화를 주도해 가고 있고 지금도 방산 부문을 미래의 전략적 산업으로 판단, 지속 육성과 투자를 하고 있다.

2. 글로벌 방산기업 순위 및 방산 매출

2024년 12월, 스웨덴 스톡홀름 국제평화연구소(SIPRI)에서 발표한 2023 글로벌 100대 방산기업 순위를 보면 1위는 미국의 Lockheed Martin 사로 2023년 총매출 미화 608억 천 불(원화 약 87조 1천억)을 달성함으로써 2009년 이후로 부동의 1위 자리를 지키고 있다.

전체 100개 기업 중 40%인 41개의 기업이 미국 기업이며 영국을 포함한 유럽 기업은 총 26개 기업으로 여전히 미국 방산기업과는 큰 격차를 보인다. 우리 기업도 한화(24위), 한국항공우주산업(56위), LIG넥스원(76위), 현대로템(87위)의 4개 기업이 글로벌 Top 100순위에 포함되어 있고, 중국 기업은 AVIC(8위)를 포함하여 총 9개 기업이 일본 기업은 미쯔비스 중공업, MHI(39위)를 포함하여 총 5개 기업이 포함되어 있다.

글로벌 Top 100위 안에 3개 이상의 방산기업을 보유한 국가는 우리나라를 포함하여 미국, 중국, 영국, 프랑스 독일, 인도, 이스라엘, 터키, 일본 총 10개국, 총 87개 사로

Top 100의 대부분을 차지하고 있다. 글로벌 상위 20위까지의 기업 순위는 전년 대비 큰 변동이 없으나 신규로 Top 100에 진입한 기업은 모두 8 개사로 우리나라의 현대로템을 포함하여 4개의 미국 기업, 2개의 일본 기업, 1개의 체코 기업이 추가되었다.

매출 미화 50억 불 (원화 7조 1천 억) 이상의 회사는 모두 28개 사이고 100위 기업(미국 TTM Technologies, 인쇄 회로 기판(PCB) 제조업체)의 매출이 미화 10억 1천만 불(원화 1조 4천 억)로 Top 100의 모든 기업이 미화 10억 불 이상의 매출을 달성하였다. 2022년에는 미화 10억 불 이상 기업이 총 93개였다는 점에서 볼 수 있듯이 글로벌 방산시장의 성장을 확인할 수 있고, 1위와 100위 기업 간의 매출 차이 역시 2022년 64배에서 60배로 다소 줄어들면서 전체적으로 모든 방산기업이 성장을 이루고 있다는 점도 볼 수 있다.

미국	영국	중국	프랑스	한국	터키	이스라엘	독일	일본	기타
41	7	9	5	4	3	3	4	5	19

2023 글로벌 상위 100개 방산기업 수(SIPRI Arms Industry Database, 2024.12월)

글로벌 상위 100개 기업은 대부분 방산과 민수 사업 부문을 모두 영위하고 있다. 100개 기업 중 절반 정도의 기업들은 (총 49개) 전체 매출의 50% 이상을 방산 부문이 차지하고 있다.

물론 부동의 글로벌 1위인 미국 록히드 마틴(Lockheed Martin)사는 전체 매출 중에서 90%가 방산으로부터 발생 되고 있으나 중국은 9개 사 모두 방위산업 비중이 최저 4.6% 최고 32%, 96위인 일본의 미쯔비시 전기(Mitsubishi Electric Corp.)는 2.8%의 매우 낮은 방산 비중을 보이고 있으며, 10% 미만인 방산기업은 우리나라의 한화(9.3%)를 포함해서 총 9개 기업이 있다.

이에 반해 90% 이상의 방산 매출을 보이는 기업은 총 20개로 특히 100% 모두 방산 매출을 기록한 회사는 우리나라의 LIG넥스원, 우크라이나의 JSC Ukrainian Defense Industry로 2개 기업이 포함되어 있다(우리나라의 한국항공우주산업 79%, 현대로템 44%의 방산 부문 매출 기록).

반면, 항공기 제조업체로 우리에게 잘 알려진 미국 보잉(Boeing)사는 40%, 유럽의 에어버스 (Airbus)사는 18%의 낮은 방산 매출을 보여주고 있다.

시스템 단위에서도 방산 매출 비중은 프랑스 탈레스(Thales) 52%, 영국 롤스로이스(Rolls-Royce) 33%를 제외하고 프랑스 샤프란(Safran) 18%와 미국 하니웰(Honeywell)

사 14%는 낮은 방산 비중을 차지하고 있다.

기업 내 방산 매출이 90% 이상을 차지하는 20개 사를 제외하고는 대부분의 글로벌 방산기업들은 모두 민수 분야의 성장과 새로운 사업 포트폴리오 및 시너지 확보를 통해 전략적으로 신기술에 투자하고 신규 시장으로 확장함으로 글로벌 불확실성과 시장의 유동적 환경 변화에 적극 대응하려는 전략을 볼 수 있다.

또한, 글로벌 상위 100개 사 중에서 전년 대비 10% 이상의 매출 증가율을 달성한 기업은 전체 39개이며 우리나라 기업 중에선 LIG 넥스원 (0.6%)을 제외한 한화 (52.7%), 한국항공우주산업(44.9%), 현대로템(44%) 모두 10% 이상의 성장을 보이는 점은 글로벌 시장에서 우리 방산의 미래 잠재력과 성장력을 보여주는 긍정적 지표로 해석할 수 있을 것이다.

특히, 50% 이상의 매출 증가율을 기록한 기업은 우리나라 한화 1개 기업을 포함하여 총 5개 기업으로 그중 3개사(일본전기 NEC Corp.,미쯔비시 전기Mitsubishi Electric Corp., 후지쯔 Fujitsu)는 일본 기업이 포함되었고, 전기 전자 기업인 일본전기 NEC Corp.는 84%의 놀라운 매출 증가율을 달성하였다.

일본의 군사력 증강과 글로벌 방산 수출시장으로 진출하는 정책의 변화와 결과를 볼 수 있으며, 이처럼 전통적으로 글로벌 방위산업의 성장을 이끌어온 국가들과 방위산업을 새롭게 미래의 성장동력으로 추진하는 국가들의 기업들이 포함되면서 향후 전 세계 방산시장 경쟁은 갈수록 치열할 것으로 예상된다.

10%~30%	30%~40%	40%~50%	50%~60%	60%~70%	80% 이상
29	1	4	2	2	1

2023 매출 증가율(10%이상) 방산기업 수(SIPRI Arms Industry Database, 2024.12월)

여기에서 흥미로운 점은 매출 감소로 인한 마이너스 성장과 1% 미만의 매출 증가율을 기록한 기업들도 무려 32개 기업으로 상위 100개 기업 중 30%는 성장이 둔화 중인 점도 주목할 필요가 있다. 10% 이상의 역성장을 보인 대표적인 회사인 프랑스 다쏘 에비에이션(Dassault Aviation Group) 40.8%, 중국 항공우주공사(CASIC) 21.5%와 이탈리아 레오나르도(Leonardo) 11.4%의 역성장을 보였고, 이는 항공기 주문량 감소, 각종 시스템 납품 지연으로 인해 큰 폭의 매출 감소세를 보여주고 있다.

최상위 방산업체인 글로벌 1위 미국 록히드 마틴(Lockheed Martin)사와 2위인 RTX 사는 각각 1.6%, 1,3%의 역성장을 보였고, 33위 프랑스 샤프란(Safran) 사는 0%의 제자리 성장세를 기록하였다. 차후에도 지속적인 글로벌 안보 불안과 각국의 국방비 증액에 따른 방산기업들의 지속 성장이 예측되지만 갈수록 치열해지는 글로벌 경쟁 안에서 32개 방산기업들의 마이너스 성장 지표는 향후 지속 성장을 위해 우리 기업들이 대비해야 하는 시사점을 보여준다.

신기술을 위한 과감한 전략적 투자, 시장 확장을 위한 다양한 협력 모델, 정부의 대내외적 거버넌스 강화, 이행 사업의 철저한 사업 관리 및 후속 지원 등 우리 기업들이 철저히 준비하고 대처함으로 미래 성장을 준비해야 할 것이다.

-10% 이상	-9% ~ -5%	-4% ~ 0%	0.9% ~ 1%	3% 미만
3	10	13	6	12

2023 매출 증가율(3%미만) 방산기업 수(SIPRI Arms Industry Database, 2024.12월)

3. 글로벌 방산기업의 지분율 구조

글로벌 Top 100순위에 가장 많은 회사가 포함된 미국의 방산업체는 대부분 금융 지주사 소속의 자산 운용사, 투자 회사 등의 기관 투자자들이 대주주 그룹을 형성하고 있다. 이들은 또한 미국의 여러 대형 방산업체에 지분을 동시에 참여하면서 수익을 창출하고 있다. 미국의 대부분 방산기업들은 자산 운용사와 기관의 지분율이 50%~ 90%를 차지하고 있고 이사회를 중심으로 주주와 기업 이익의 극대화를 위한 지배 구조로 되어 있다.

이는 2000년대 이후 미국의 지배 구조 개선 노력의 일환으로도 볼 수 있으며, 미국 에너지 기업인 엔론의 회계 조작 사건을 계기로 투자자 보호 및 기업의 회계 통제 강화를 목적으로 제정된 사베인스 옥슬리법 (Sarbanes-Oxley Act)을 계기로 기업구조는 상당한 변화에 직면했다. 현재 뱅가드그룹(The Vanguard Group, Inc.), 블랙록 펀드(BlackRock Fund Advisors), 스테이트 스트리트 코퍼레이션(State Street Corp.) 등 자산 운용사 회사들이 미국의 주요 방산업체의 대주주로 참여하고 있다.

주주의 이익을 최우선에 두고 단기 실적과 동시에 장기적 성장을 위한 경영의 효율과 투명성을 바탕으로 다양한 경영 기법을 통해 매우 선제적이고 적극적인 경영 활동을 추진하고 있다. 방위산업의 특성상 무기체계 개발과 관련된 장기적 투자, 국가안보와 관련된 정책적 투자와 연계하여 기관 투자자들의 비중과 참여는 지속적인 증가세를 보일 것으로 예상된다.

순위	기업	최대주주	기관 투자자	기타
1	LM	State Street Corp. (14.9%)	Institutional (46.2%)	Other/Unknown (38.9%)
2	RTX	State Street Corp. (8.4%)	Institutional (61.8%)	Other/Unknown (29.8%)
3	Northrop Grumman	State Street Corp. (9.5%)	Institutional (61.6%)	Other/Unknown (28.9%)
4	Boeing	Vanguard Fiduciary Trust (6.9%)	Institutional (46.2%)	Other/Unknown (46.9%)
5	General Dynamics	Longview Asset Management (10.2%)	Institutional (69.3%)	Other/Unknown (20.5%)

미국 방산 상위 5개 기업 지분율 구조 (2025.1월 기준)

미국과는 달리 유럽의 방산 회사들은 다소 다른 지분 구조를 보이고 있다. 대표적으로 글로벌 Top 100개 사 중에서 프랑스의 대표 5개 방산기업 중 다쏘 에비에이션(Dassault Aviation)을 제외한 모든 회사는 프랑스 정부가 대주주로 소유하고 있으며 각 프랑스 방산 회사들은 교차 투자 및 지분 참여를 통해 프랑스 전체의 방위산업 성장을 이끌어가고 있다.

특히, 항공기 제조업체인 에어버스사 (Airbus)는 연합 정부 구성으로 프랑스(10.8%), 독일(10.8%), 스페인 정부(4.1%)가 각국에서 설립한 국영회사를 통해 총 25.7%의 정부 지분을 공유하고 있고, 나머지는 유럽 증권 시장에 상장되어 있다.

이탈리아의 대표적인 방산기업인 레오나르도 (Leonard) 역시 이탈리아 정부가 30.2%를 보유하고 있으며 조선사인 핀칸티에리 (Fincantieri)는 이탈리아 국부펀드인 CDP Equity가 71.33%로 최대 주주로 활동 중이며, 독일 항전, 센서 전문기업인 헨솔트(Hensoldt) 역시 독일 정부 지분(25.10%)이 최대 주주이며, 튀르키예(터키) 아셀산(Aselsan)은 군 전력 증강기금(TAFF)이 74.20%를 보유한 최대 주주로 등재되어 있다.

이처럼 유럽의 주요 방산업체들은 정부의 지분 참여를 통해 정부의 강력한 거버넌스 및 정책적 지원, 국가별, 기업 간의 전략적 협력을 통해 자국 시장 및 글로벌 시장으로의 진출을 추진하는 모습을 볼 수 있다.

순위	기업	최대 주주	2대 주주	기타
12	Airbus	정부(프랑스,독일,스페인) (25.7%)	기관투자자 (5.7%)	68.6%
13	Leonardo	이탈리아 정부 (30.2%)	기관투자자 (50.3%)	19.5%
16	Thales	프랑스 정부 (26.6%)	Dassault Aviation (26.59%)	46.81%
32	Naval Group	프랑스 정부 (62.25%)	Thales (35%)	2.75%
33	Safran	프랑스 정부 (11.33%)	기관투자자 (13.2%)	75.47%
46	Dassault Aviation	Dassault 일가 (66.42%)	Airbus (10.53%)	23.05%
51	Fincantieri	이탈리아 정부 (71.33%)	기관투자자 (3.16%)	25.51%
73	Hensoldt	독일 정부 (25.10%)	Leonardo (22.82%)	52.08%

유럽 주요 방산 기업의 지분율 구조 (2025.1월 기준)

Ⅳ 결 론

1. 국내 방산 활성화를 통한 수출 시장의 확대

K-방산의 성장은 기본적으로 안정적인 방산 생태계의 유지를 위해서는 국내 방산의 활성화에 최우선을 두어야 한다. 이를 통해 소요군[1)]의 요구도에 따른 무기체계의 적기 개발과 전력화 일정 준수를 우선순위로 두고 지속 성장을 위한 해외 수출시장 확대를 위한 다양한 글로벌 협력을 추진해야 할 것이다.

국내 방산의 활성화를 위해 지속적 성능개량 및 후속 군수지원 등을 통한 추가 사업 기회 및 시장의 창출, 국내에서 검증된 무기체계를 통한 데이터 축적 및 부품 국산화율 향상, 민간의 상용 기술 및 글로벌 최신 기술을 신속하게 국방에 적용하여 활용할 수 있는

1) 기획 및 계획 과정에서 어떤 부대가 일정시기에 임무를 수행하기 위하여 필요한 소요(전력명, 필요성, 운영개념, 전력화시기, 소요량 등)를 제기하는 부대 및 기관이며, 임무수행을 위해 무기 등을 요구하는 대상자를 의미함.

기반과 제도 조성은 재차 강조해도 지나치지 않을 것이다.

또한, 소요예산은 검토 단계에서부터 더욱 철저하고 정확하게 산정이 되어 국내 기업들의 재무적 영향이 없어야 할 것이다. 이를 바탕으로 국내 기업은 다양한 방법으로 수출시장 진출로 이어지는 구조가 되어야 국내 방산시장의 상생, 기술적, 재무적 성장이 동반됨으로 안정적 생태계의 선순환이 가능할 것이다.

2. 국제 협력을 통한 경쟁력 강화 및 시장 확대

러-우 전쟁의 장기화, 중동 지역의 안보 불안, 한반도를 중심으로 하는 동북아의 안보 강화, 새롭게 시작하는 트럼프 2기 행정부의 외교 안보 정책과 연계하여 더욱 예측하기 어려운 민감한 국제정세 속에서 방위산업의 발전과 성장은 기업의 선제적이고 다양한 경영전략과 신규 시장을 위한 투자를 통해 지속적인 개척이 필요하다.

이제 한국 방위산업의 역사는 50년을 넘었고, 미래의 지속 동력 확보를 위해서는 안정적 자원의 확보와 산업 생태계 성장 및 다양성을 바탕으로 해외 시장과의 적극적 협력과 투자 등이 수반되어야 할 것이다. 잠재적 수출시장을 고려한 국제 협력의 다변화 및 공동 시장 확장은 그 범위가 방위산업을 넘어선 국가적 전 분야에 걸친 고려가 필요할 것이다.

이를 위해, 정부의 강력한 거버넌스가 필요할 것이다. 또한, 민간의 해외 방산기업과 연구소 간 지속적 협력 강화 및 국내 투자 유치를 통해 공동 R&D 연구소, 조인트벤처(JV)[2] 등의 국내 방산기업과 상생 전략을 유도하여 국내 기업의 해외 진출 유도하여야 할 것이다.

3. 정부-산학연 거버넌스 강화

안정적 방위산업의 생태계 구성을 위해서는 정부를 중심으로 기업체와 학계, 연구기관 간의 협력체계를 더욱 강화하여 우수한 자원에 대한 지속적인 확보 및 미래 전장 환경에 신속하게 대응할 수 있는 토양을 구축해야 할 것이다. 이를 위해서는 방산업무의 전문성 확보 및 강화를 위해 정부 차원의 강력한 거버넌스 구현할 수 있는 컨트롤타워를 구성하고 유연한 규정 검토를 통해 내수 시장의 과도한 경쟁의 조정과 조율을 통해 국제 협력의 전문성 강화와 수출시장 확대를 위해 다양한 대안을 도출해야 할 것이다.

현재 우리나라는 지역별로 혁신 주체별 방산 관련 기업, 연구기관, 대학 등을 중심으로 상호 협력하고 시너지를 창출하는 산업 생태계를 구성하기 위한 방산 클러스터(Cluster) 사업을 추진 중이고 최근 방산 인적자원 개발협의체(Sector Council) 발족을 통해 우주, 인공지능, 드론 등 첨단전략산업의 집중육성 및 전문인력 양성 확보를 위한 시스템을 구

2) 둘 이상의 당사자가 공동지배의 대상이 되는 경제활동을 수행하기 위해 만든 계약 구성체

축할 예정이다.

그 외에도 최근 정부가 추진하고 있는 '글로컬 대학 30'에도 항공, 국방 분야가 선정되어 우수자원 확보 및 지역별 생태계 경쟁력 강화를 위해 연계성 있게 추진될 예정이다. 그러나 아직 개선해야 하는 많은 과제와 해외 선진 시스템과의 차이가 있지만 보다 실질적이고 유기적으로 성장하는 한국형 시스템 구성에 주안점을 두어야 할 것이다.

마지막으로 K-방산의 현 수준에 관해 항시 재점검할 필요가 있을 것이다. 2025년 1월 국방과학기술연구소에서 발간한 '2024 국가별 국방과학기술 수준 조사서'에서 우리는 주요 방산 12개국 중, 8위의 기술 수준을 유지하고 있다.

이는 미국, 중국, 영국에 이어 세계에서 4번째로 많은 국방 연구 개발 예산 투자를 기반으로 다양한 연구개발을 진행한 것에 관한 결과로 해석할 수 있을 것이다. 그러나 무기체계 별로 수준에서는 전자전, EO/IR SAR 및 레이더와 함정 분야의 해양 무인 무기체계는 9위, 10위의 기술 수준을 보이며 글로벌 해외 시장에서 기술적 차이를 보여주고 있다.

전략적 기술의 연구개발, 향후 미래 방산을 이끌고 갈 기술의 식별을 통해 미래 무기체계 및 사이버 기술의 강화와 같은 선제적이고 집중적 연구개발 및 투자가 필요할 것이다.

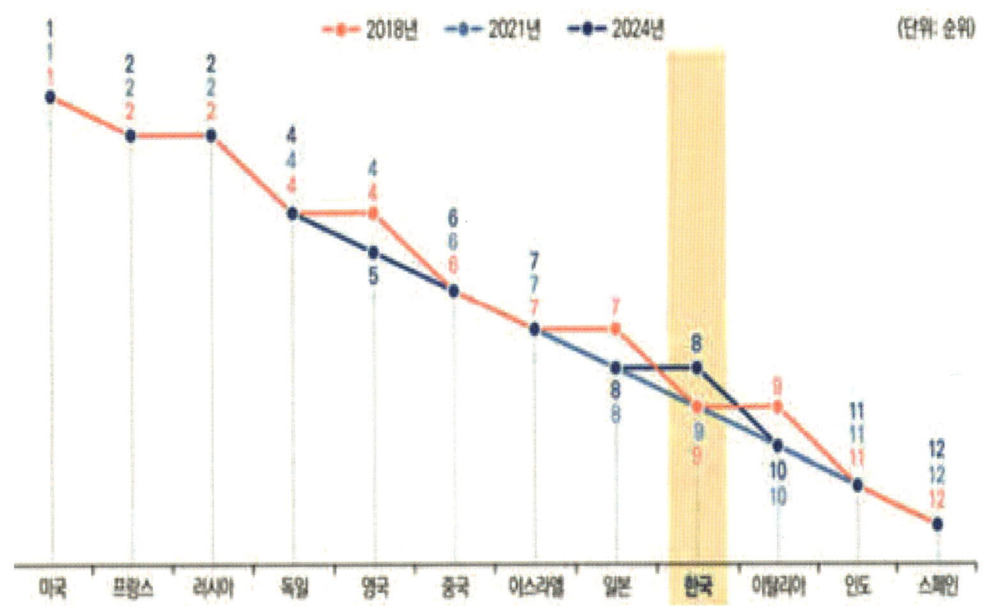

〈그림 3〉 주요 12개국 기술 수준 (2024 국가별 국방과학기술 수준조사서, 국방기술진흥연구소)

K-방산은 이제 미래 성장동력의 한 축을 담당하는 우리나라의 핵심산업으로서 글로벌

시장에서 대한민국의 대표 산업으로 성장하고 있다. 2025년 K-방산은 도전과 험난한 환경이 예상된다.

트럼프 2기 정부의 미국 우선주의 정책과 그에 따른 한반도 국방 정책의 변화, 특히 미국과 유럽의 방위산업전략은 자국과 지역 내 무기 생산 및 구입 비중을 강화하며 수출의 장벽을 높일 것으로 예상된다.

어려운 환경일수록 국제적으로 K-방산의 신뢰 향상을 위해 다양한 외교 채널을 통한 해외 방산 협력 활동과 지원이 강화되어야 할 것이다. 특히, 정부를 중심으로 기업 간의 협력과 원팀 시너지를 통해 K-방산의 국제경쟁력 강화와 신뢰 구축을 위해 산학연 모두의 입체적 노력과 헌신이 절실히 필요할 것이다.

K-방산 브리프
K-Defense Brief

국가 경쟁력 제고 위한 전략산업 방산기술 보호 관리체계 구축

이 강 범

요약문

미-중 G2, 러-우전쟁, 이스라엘-중동 간의 갈등이 격화되는 신냉전 상황에서 정보통신 및 IT 기술 발전에 따른 전장 양상이 달라지고 있다. 세계 각 국간 갈등상황과 기술발전의 무한경쟁 시대에 글로벌 방산시장은 여태까지 경험하지 못한 새로운 국면을 맞이하게 되었고, 우리나라는 글로벌 우위를 선점하고 지속가능한 K-방산 발전을 위해 무엇을 어떻게 해야 할 것인가 과제에 직면하게 되었다.

글로벌 방산 상황의 변화와 함께 국가 경쟁력 제고를 위한 전략산업의 선택이 필요하고 방위산업은 이러한 전략적 산업으로서의 특성과 요건에 부합된다. 그러나, 방위산업의 발전을 위해 방산 관련 연구기관과 산업체에서 개발한 방산기술의 보호는 매우 중요하다. 특히, 경쟁국들의 해킹이나 산업스파이를 활용한 기술탈취가 횡행하고 있는 상황에서 국가의 역량을 총동원해서 사전 예방하지 않으면 애써 개발한 기술을 도용당하거나 기술 개발에 뒤처지게 되는 결과를 초래할 가능성이 크다.

정부는 방산기술 보호를 위해 전담기관을 선정하여 방산기술 보호를 위한 임무와 역할을 부여하고, 전담기관은 방산기술 보호를 위한 전문성 확보와 그 역할에 대한 진지한 고민과 검토가 필요할 것이다.

· 핵심어(Key Word) : 방산기술 보호, 방산기술 보호센터, 방산기술 보호청, 정보기관

I 서 론

최근 국제정세는 미국과 중국, 러시아와 EU 등 세계 강대국 사이의 갈등으로 인해 이제 세계가 더 이상과 협업과 조화를 통해 상호 이익을 도모하는 상황이 아니라 이기적 국익추구를 위한 이전투구 판이 되고 있다.

미국의 트럼프 대통령 취임 이후 자국의 무역적자를 해소하기 위해 관세를 활용하거나 파나마 운하를 차지하겠다는 등의 행태는 이와 같은 현상을 잘 보여주고 있다. 이러한 국제적 상황 하에 수출을 국가경쟁력으로 삼고 있는 우리나라는 생존을 위해 어떠한 전략과 정책으로 대응할지에 대한 절박한 고민에 직면해 있다.

특히, 미-중 G2를 비롯 러시아, NATO 체제의 유럽 등 강대국들의 갈등과 이들과 연계된 우크라이나, 이스라엘, 중동, 대만 등의 갈등이 격화되면서 세계는 신냉전의 문턱에 들어서고 있다. 이러한 상황에서 AI, 로봇, 드론 등을 비롯한 IT 기술의 비약적 발달과 더불어 기존의 전장 상황은 완전히 다른 양상으로 전개되고 있다.

이처럼 세계 각국의 갈등 격화 상황과 기술 발전의 무한경쟁 시대에 우리나라는 국가경쟁력 제고 차원에서 어떠한 산업을 전략적으로 육성하고 발전시켜야 할 것인가 깊이 고민해야 하는 상황이다.

우리나라는 다행히 반도체를 비롯한 첨단분야 산업에서 우월한 경쟁력을 토대로 방산산업의 대외수출이 획기적으로 증가하는 등 방산수출의 호기를 맞이하고 있다.[1)] 방위산업이 국가경쟁력 제고를 위한 선도적 전략산업으로 고도화해 나아가기 위해서는 첨단 과학기술의 고도발전을 이루어 내야 하고, R&D 투자 등 국가적 지원 등 기반 조성이 선행되어야 할 것이다.

하지만, 각종 해킹이나 산업스파이 활동을 통해 중요한 방산기술들이 탈취당하거나 유출되는 상황에서는 방산산업의 발전은 기대하기 어렵다. 미국을 비롯한 세계의 방산산업 선도국가들은 방산기술 보호를 위해 각종 법제와 보안 시스템을 구축하고 있다. 우리나라도 방산기술 보호를 위해 어떻게 대응할 것인가에 대해 깊이 고민해야 할 필요가 있다.

이에 우리는 국가적 생존전략과 함께 국제 경쟁력 제고를 위한 전략산업에 대해 고민해보고 전략산업으로서 방위산업을 활성화하고 이러한 방위산업 활성화를 위한 주요 토대로서 방산기술 보호라는 문제에 대해 고찰하고자 한다.

1) 2020년까지 K-방산수출액이 30억 달러에 못 미치는 수준이었으나 2021년부터 급격히 증가, 2022년 176억 달러, 2023년 130억 달러 규모에 달했고, 2024년 수출 목표치는 200억 달러임 (출처: 국가전략정보포털, 한국무역보험공사, “방위산업 현황과 전망”, 2024.2).

Ⅱ 국가 경쟁력 제고를 위한 전략산업으로서의 방위산업

1. 국가 경쟁력 제고를 위한 전략산업 육성 필요성

국가의 국가경쟁력 제고를 위해서는 해당 국가가 가지고 있는 산업발전 수준, 기술적 수준, 인적자원의 수준 등 여러 가지를 고려하여 종합적으로 검토하여 국가 전략산업을 선정해야 한다. 국가 전략산업 선정을 위해서는 산업발전이나 경제적 요소뿐만 아니라 안보적 측면과 국제적 협력관계 등 여러 측면에서 가장 적합한 산업 분야를 선정해야 한다.

우리나라의 경우 IT기술, 반도체, 미사일 등 항공분야, 조선분야의 산업 기술력과 안보상황 등을 고려해 본다면 우리나라의 전략산업으로서 방위산업 분야는 매우 적절한 것으로 생각된다.

국가 전략산업으로서 방위산업을 육성하는 전략은 국가의 안보를 보장하고, 경제적 성장 및 기술 발전을 촉진하는 데 중요한 역할을 한다. 방위산업을 강화함으로써 자국의 국방능력을 향상시켜 국가의 안보를 보호하는 동시에 고용 창출 및 경제적 가치를 창출한다.

방위산업은 첨단기술을 요구하는 분야이므로, 인공지능(AI), 로봇 기술, 드론, 사이버 방위, 레이더 기술 등 혁신적인 기술들이 적극적으로 도입되어 개발되어야 한다. 이를 위해 정부는 방위산업 관련 연구 개발(R&D)에 대한 투자를 확대하고, 민간 기업과의 협력 강화, 대학 및 연구기관과의 협업을 통해 혁신적인 기술을 개발하는 방향으로 나아가야 한다. 방위산업을 민간 산업과 융합되어 스마트 시티, 자율주행차, 의료 기술 등 다양한 분야에서 활용될 수 있다.

방위산업을 국가의 주요 수출산업으로 육성하기 위해서는 국제적으로 경쟁력 있는 방산장비와 기술을 개발하여 글로벌 방산시장에 진출해야 한다. 이를 위해서는 국제 방위전시회 참가, 외국과의 방위협정 체결, 해외 파트너십 구축 등을 통해 해외 시장에 대한 접근을 강화해야 한다. 또한, 방위산업은 동맹국들과의 방위 기술 및 장비 교류, 공동 연구 및 개발 등 협력을 통해 더욱 발전할 수 있다.

이와 같은 차원에서 방위산업의 경쟁력을 높이고, 국제적으로 인정받을 수 있는 기술을 개발할 수 있다. 방위산업의 육성을 위해 정부는 세제 혜택, R&D 지원, 수출 지원 등의 다양한 형태로 방위산업을 체계적이고 전략적으로 지원하고, 장기적인 비전과 계획을 세워야 한다.

2. 방위산업 육성을 위한 방산기술 보호체계 강화

최근 AI 기술과 관련하여 중국의 딥씽크가 챗GPT의 기술을 도용하였다는 의혹[2)]이 제기되고 있다. 자칫 막대한 국가적 투자를 통해 개발된 방산기술들이 해킹이나 산업스파이들을 통해 유출된다면 전략산업 육성은 사상누각이 되고 말 것이다.

방위산업 육성을 위해서는 연구개발 등을 통해 확보한 기술이나 노하우 등이 유출되어서는 안 된다. 우리나라는 반도체, 조선, IT분야 기술 선도국으로서의 위치에 있다. 그간 조선분야를 비롯해 반도체, 자동차 분야 등 다양한 분야에서 중국 등 인접 경쟁국가로 기술이 유출되었다. 따라서 이러한 기술유출에 대한 근본적인 보호대책 없이 전략기술 개발과 산업발전을 이루기는 쉽지 않다.

방산기술 유출 방지를 위해서는 강력한 법적, 제도적 장치가 마련되어야 한다. 정부는 「방위산업기술 보호법」을 제정, 과거에 비해 산업기술 보호를 위한 법제가 강화되기는 하였으나, 국가안보와 직결되는 방산기술 보호를 위해서는 보다 강화된 법제가 필요하다.

전략산업과 방산기술의 핵심 자산인 지적재산권(IP)을 보호할 수 있도록 법적 제도 마련이 필요하다. 정부는 방산기술 유출이나 불법 복제를 방지하여 방산기술 및 전략산업 관련 법적 규제와 감독을 강화해야 한다. 방산기술 유출방지를 위해 국가 간 방산기술 유출방지 협약을 체결하거나, 기술 보호와 관련된 법적 규제를 강화하는 방안도 필요하다.

최근 기술유출이 사이버 상에서 이루어지는 점을 감안, 방산기술 보호 관리체계 구축을 위해 통합 보안관리 시스템 도입할 필요가 있다. 통합 보안관리 시스템을 구축하여, 기술유출을 실시간으로 감지하고 차단할 수 있도록 해야 한다. 이를 위해 보안 기술과 정보시스템의 연계를 강화해야 하며 방산기술 유출의 위험성에 대한 인식 제고와 교육이 필수적이므로 방산기업과 연구소 등에서 기술 보호의 중요성을 인식하고, 관련 교육과 훈련을 강화해야 한다.

2) 경향신문, “챗GPT 도용? 보안 우려?…중국 딥시크 향한 질문들”, 2025.1.30.

Ⅲ 해외 주요국가들의 방산기술 보호 관리체계

1. 미국

(1) 법적 체계

미국의 방산기술 보호를 위한 주요 법적 체계는 1947년 미국의 국가 안보를 위한 법적 기반을 마련한 「국가 안보법」(National Security Act)을 토대로 방산기술 보호와 관련된 여러 조항을 포함하고 있다. 방산기술과 관련된 민간 기업의 보안을 관리하는 체계인 「국방 산업 보안 프로그램」(Defense Industrial Security Program, DISP)은 민간기업과 방위산업체의 기밀 유출을 방지하는 역할을 한다.

미국의 방위산업 기술과 군수품의 해외 수출을 규제하는 「국제무기거래규제법」(International Traffic in Arms Regulations, ITAR)은 미국 방산기술이 외부로 유출되는 것을 방지하며, 외국인과의 기술 거래에 대한 기술 이전과 위반시 제재를 포함하고 있다.

그 외에도 미국 국방 예산과 관련 매년 제정되는 「국가 방위 기술 보호법」(National Defense Authorization Act, NDAA)은 방산기술 보호와 관련된 새로운 규정을 포함하며, 방산기술 보호 예산과 방안들을 명시하고 있다.

(2) 기술적 보호 관리 시스템

미국은 국가의 안보와 방위산업의 경쟁력을 유지하기 위해 기술적 보안, 정보보호, 사이버 보안, 그리고 물리적 보안을 모두 포함한 고도로 체계화된 기술적 보호 시스템을 구축하고 있다.

첫째, 정보보호 및 사이버 보안 대책으로 'AES'(Advanced Encryption Standard)는 고급 암호화 표준을 설정하고, 암호화 키를 제공하여 중요한 데이터 보호를 위해 강력한 보안을 제공한다. TLS(Transport Layer Security)는 방위산업 기술이 온라인으로 유출되는 것을 방지한다.

또한, '침입탐지 및 방지 시스템'(IDS : Intrusion Detection Systems/ IPS : Intrusion Prevention Systems)은 방산기업 내외부의 비정상적인 접근을 실시간으로 탐지하고, 이를 차단하는 시스템을 구축하여 해커나 악의적인 내부자에 의한 데이터 유출이나 시스템 침해를 예방한다.

인공지능(AI) 기반의 위협 탐지 시스템은 이상 징후를 빠르게 식별하여 공격 패턴을 분석하여 즉각적인 대응을 가능하게 한다. 방위산업체들은 다양한 수준의 보안을 요구하는 네트워크 환경을 세그먼트화[3]하기 때문에 민감한 방위산업 기술이 저장된 네트워크를 외부 공격으로부터 보호한다. 민감한 정보를 안전하게 전송할 수 있도록 방위산업체의 네트워크에 대한 외부 접근을 암호화된 터널을 통해 안전하게 관리하기 위해 VPN(가상 사설망) 기술[4]을 사용한다.

둘째, 물리적 보안 및 접근 통제 시스템은 지문 인식, 홍채 인식, 얼굴 인식 등의 생체인식 기술을 활용하여 시설에 대한 출입을 제어하고 부정한 접근을 차단한다. 물리적 출입을 위한 인증 외에도, 전자적인 인증을 통해 다중 인증(MFA)을 요구하여 보안을 강화한다. 또한, 방산 관련 중요 데이터를 저장하는 서버실은 화재, 침수, 해킹 등 다양한 위협에 대비한 물리적 보호 시스템을 갖추도록 하고 있다.

셋째, 기술적 정보 보호시스템은 방위산업에서 사용되는 기술적 지적재산(IP)을 보호하기 위해 중요한 방위산업 기술은 특허로 보호되며, 이를 통해 불법 복제나 기술 유출을 방지한다.

넷째, 사이버 위협 및 사고 대응 시스템(Cyber Incident Response Plan)은 사이버 공격이 발생하면 즉시 '침해대응팀'(Cyber Incident Response Team)이 동원되어 문제를 해결하고, 공격 분석 및 복구 작업을 진행한다. 디지털 포렌식 기법을 사용하여 공격자의 활동을 분석하고, 향후 유사한 공격을 방지하기 위한 조치를 취하는 한편 방산기술 관련 모든 소프트웨어와 시스템에 대한 정기적인 보안 패치를 적용하여 해커의 침입 경로를 차단하고, 보안 취약점에 대응할 수 있도록 한다.

또한, 시스템 보안의 취약점을 찾아내는 '침투 테스트'(Penetration Testing)나 보안으로 그 기록을 실시간으로 분석 · 탐지하는 '보안통합 관리 시스템'(SIEM: Security Information and Event Management) 시스템을 활용하여 사이버 공격에 대응한다.

(3) 인적 보안 관리

미국의 방산기술 보호의 인적 보안 관리체계는 철저한 검증, 교육, 인증, 모니터링, 그리고 사고 대응 절차를 포함하여 방산기술 보호를 위한 종합적인 관리 시스템을 구성한다.

미국 방산분야 종사자는 반드시 보안 인증(Security Clearance)을 받아야 한다. 보안 인증의 종류에는 기밀 접근의 강도에 따라 '기밀'(Confidential), '비밀'(Secret), '상급비밀'(Top Secret) 등으로 구분된다.[5]

---

3) 네트워크 환경 세그먼트화는 네트워크를 여러 개의 세그먼트(부분화)나 서브넷으로 나누어 각각 소규모 네트워크 역할하도록 함으로써 네트워크 보안을 강화하고, 모니터링을 효율적으로 관리

4) VPN(가상 사설망) 기술은 인터넷과 같은 공중 네트워크를 전용회선처럼 사용할 수 있게 해주어 공중망을 경유하여 데이터가 전송되더라도 외부인으로 부터 안전하게 보호되도록 하는 기능

보안 인증을 받기 위해서는 개인의 신원, 과거 이력, 재정 상태, 외국과의 관계 등을 조사하는 '배경 조사'(Background Investigation)와 '심리적 평가'(Psychological Evaluation)를 통해 비밀을 지킬 수 있는 정신적 안정성을 확인하고 한다.

보안 인증을 받은 후에도, 주기적으로 해당 인력의 배경 및 신뢰성 상태를 점검하고, 새로운 위협이나 이상 징후가 있는지 '연속적인 모니터링'(Continuous Evaluation)을 한다.

방위산업 기술의 보호에서 중요한 부분은 내부자 위협을 관리(Insider Threat Management)하는 것인데 외부 해커보다 내부자(직원, 계약자 등)가 민감한 정보를 유출하는 경우가 많기 때문에[6] 비정상적인 데이터 접근, 저장 및 전송 등을 실시간으로 추적하여 잠재적인 유출 징후를 미리 감지할 수 있도록 '사용자 활동 모니터링'(User Activity Monitoring)을 실시한다. 방산분야에 종사하는 모든 직원, 계약자, 외부 협력자는 비밀유지 계약(NDA, Non-Disclosure Agreement)을 체결하여, 민감한 정보를 외부로 유출하지 않겠다는 법적 책임을 지고 있다.

방위산업 종사자는 "최소 권한 원칙"(Principle of Least Privilege)을 통해 직원에게 역할에 필요한 최소한의 권한만 부여하여 불필요한 정보에 접근하는 일을 방지하도록 관리(Acess Control) 된다. 또한, 직원이 퇴사하거나 회사 내 다른 부서로 이동할 때, '퇴직 후 보안관리'(Exit Management)를 통해 기밀 정보에 대한 접근 권한을 즉시 종료하고, 퇴직 후 일정기간 동안 비밀유지 의무를 부여한다. 퇴직 후에도 기술 유출을 방지하기 위해, 일정기간 동안 기밀 유지 계약이 지속되며 퇴직자는 이 계약에 따라 퇴직 후에도 비밀을 지킬 의무가 있다.

보안 사고가 발생하면, 미국의 방산업체는 사고 대응팀(CIRT, Cyber Incident Response Team)이 즉시 투입되어 사건을 분석하고, 추가적 피해 방지를 하기 위해 대응한다. 정기적으로 보안 감사(Security Audits)를 실시하여 인력의 보안 준수 여부를 점검한다.

---

5) 중요도 수준: '상급 비밀'(Top Secret) 〉 '비밀'(Secret) 〉 '기밀'(Confidential),

6) 내부자에 의한 산업기밀 유출이 전체 사고의 91%를 차지한다는 통계도 있다. 보안뉴스, 2013.4.3., "개인정보 유출 등 보안사고의 또 다른 주범 '내부자들'..범인은 이 안에 있다." 제하 기사 참조(https://www.boannews.com/media/view.asp?idx=115440).

(4) 방산기술 보호 관련 인증 제도

미국 국방부(DoD)가 주도하는 사이버 보안 인증 프로그램인 CMMC(Cyber security Maturity Model Certification)는 미국 방위산업 공급망에서 사이버 보안 수준을 향상시키기 위한 제도이다. 주로 방위 계약자와 공급업체가 사이버 보안을 강화하고, 민감한 방산 정보를 보호하기 위해 도입되었다. CMMC는 미국의 국방부가 계약자에게 요구하는 보안 요구사항을 구체화하고, 이를 인증할 수 있도록 체계적인 모델을 제공한다.

CMMC의 구조는 3단계의 성숙도 모델로 구성되어 있는데 레벨1(Basic Safeguarding of FCI[7]))는 패스워드 정책, 안티바이러스, 방화벽 설정 등 기본적인 사이버 보안 조치를 요구하며, 주로 기본적인 기술적 보호 장치와 절차를 통해 위험을 관리한다.

15개 이행과제에 대한 업체 자체 심사 후 SPRS(Supplier Performance Risk Systems, 미국 국방부 공급업체 성능 및 위험 평가 시스템)에 등록한다. 레벨2(Broad Protection of CUI[8]))는 시스템 보안 모니터링, 보안 인시던트 대응 계획[9] 등 보안 관리 및 대응을 강화하며, 조직 내 보안 프로세스와 위험 관리가 더 체계적으로 이루어진다.

110개 이행과제에 대한 자체 심사대상이 있고, 미국 C3PAO(인증 심사기관)에 의한 이증심사 평가 2가지 유형이 있다. 레벨3(Higher-Level Protection of CUI Against Advanced Persistent Threats)은 데이터 암호화, 고급 침해 탐지, 비즈니스 연속성 계획 수립 등 보안 정책 및 절차가 구체적이고, 사이버 공격 대응능력이 잘 정비된 수준이다. 134개 이행과제에 대한 미국 국방부 DIBCAC(방산 사이버보안평가 센터)에서 직접 평가한다.[10]

CMMC 인증은 각 단계에 맞는 보안 요구사항을 충족하는지를 평가하고, 인증을 부여하며 인증 받은 기업은 미국 국방부와 계약을 체결할 수 있는 자격을 얻는다. 국방부와 계약을 체결하려는 기업은 해당 계약의 요구사항에 맞는 CMMC 인증을 보유해야 하는데 계약의 성격에 따라 요구되는 CMMC 인증 수준이 다르다.

2. 독일

(1) 법적 체계

독일은 「방위산업법」(Verwaltungsvorschrift für die Rüstungsindustrie, RüstIndV)

---

7) FCI(Federal Contract Information) : 연방 계약 정보.

8) CUI(Controlled Unclassified Information) : 통제되지 않은 비밀 정보.

9) 보안 인시던트 대응 계획이란 사이버 위협, 보안 침해, 사이버 공격을 탐지하고 대응하는 조직의 프로세스와 기술을 말함.

10) 미국 국방부(DoD) CMMC 관련 문건 참조(https://dodcio.defense.gov/cmmc/About/).

을 제정, 방산기술 보호와 관련된 절차 및 규정을 명확히 하여 방위산업체가 방산기술을 안전하게 취급하고 보호할 수 있도록 규정하고 있다.

「국가보안법」(Grundgesetz)은 국가 안보와 관련된 기본 원칙을 규정하고 있는데 방산기술의 보호는 국가 안보의 중요한 부분으로 간주되며, 기밀 보호와 관련된 규정이 포함된다.

「외환법」(Außenwirtschaftsgesetz, AWG)은 국가의 전략적 기술이 외국으로 유출되는 것을 방지하기 위한 법적 장치를 제공한다. 이 법은 방산기술의 해외 수출을 규제하고, 허가 없이 방산기술을 외국에 이전하는 것을 금지한다.

독일은 EU와 NATO의 회원국으로서 EU의 「통합 방산기술 보호 지침」(EU Common Position)와 NATO의 「국제무기거래규제」(NATO Standardization Agreements) 등 EU 및 NATO의 방산기술 보호 규정을 준수한다. 또한, 「통제된 기술 이전법」(Export Control Act)을 Wassenaar Arrangement[11]와 같은 국제적인 통제 체제를 준수하여, 방산기술의 수출을 통제한다.

(2) 기술적 보호 관리 시스템

독일은 방산기술의 보호를 위한 여러 기술적 시스템과 인프라와 강력한 사이버 보안 시스템을 운영한다. 고급 암호화 기술, 침입 탐지 시스템, 안전한 통신망 구축을 통해 기술 유출을 방지하고 있다. 특히, 독일 사이버 보안청(BSI)은 국가의 사이버 보안 전략을 관리하고, 방산기술과 관련된 데이터의 안전을 강화한다.

방산기술이 기밀로 취급되도록 시스템적으로 보호하는 프로그램인 '기술 보호 시스템'(TPS)은 기밀 정보를 안전하게 저장하고, 민감한 데이터의 무단 접근을 방지하는 역할을 한다. 출입 통제 및 물리적 보안을 통해 방산기술이 저장되고 연구되는 시설에 대한 물리적 보안을 강화한다.

출입 통제 시스템, CCTV 모니터링, 생체 인식 기술 등을 통해 내부 및 외부의 접근을 제한한다. 또한, 보안 시설에서의 정보 유출을 방지하기 위해 지속적으로 감시와 관리가 이루어진다. 기술 유출을 실시간으로 모니터링하여 민감한 기술이 외부로 유출되는 것을 사전에 차단할 수 있도록 하고, 기술 유출이 발생할 경우 즉각적 대응을 할 수 있는 시스템을 갖추고 있다.

---

11) 1995년 네덜란드 바세나르에서 선언문을 채택하며 탈냉전시대의 안보 위협 세력들을 대상으로 재래식무기와 관련 이중용도 품목 및 기술을 통제하는 것을 목적으로 출범함.

(3) 인적 보안 관리

독일은 방산기술에 접근할 수 있는 인력에 대해 철저한 검증과 교육을 수행한다. 보안 인증(Security Clearance)은 방산기술에 접근할 수 있는 인력에 대해 보안 인증을 받아야 하며, 이 인증은 배경 조사와 철저한 검토를 거쳐 부여된다. 이는 기밀 정보를 취급할 수 있는 자격을 갖춘 인력을 선별하는 과정이다. 방산기술을 취급하는 모든 인력에게 보안 교육을 주기적으로 제공하여 기술 유출의 위험을 최소화할 뿐만 아니라 기밀 유지의 중요성을 인식시킨다.

방산기술을 다루는 직원은 배경조사를 통해 국가안보에 위협이 될 수 있는 잠재적 위험을 사전에 차단한다. 보안상 문제가 있을 수 있는 인력에 대해서는 접근을 제한한다. 방산기술을 다루던 직원이 퇴직 후에도 일정 기간 기밀유지 의무를 부여하여, 퇴직 후에도 방산기술 유출을 방지한다.

(4) 방산기술 보호 관련 인증 제도

독일은 방위산업에 관련된 사이버 보안 요구사항을 설정하기 위해 IT Security Act (IT-SiG)를 시행하고 있다. 이 법은 독일 내의 중요한 IT 시스템과 데이터를 보호하기 위한 규제를 포함하며, 방산 분야에도 동일하게 적용된다. 방산 계약자와 공급자는 국방부와의 계약을 체결하기 전에 일정 수준의 사이버 보안 조치를 도입하고, 이를 인증 받아야 한다. 방산 사이버 보안 인증 절차는 기본적으로 보안 요구사항을 준수하는지 평가하고, 보안 수준에 맞는 인증을 부여하는 방식으로 진행된다.

방산기업들은 독일 정부의 인증을 받기 위해 사이버 보안 감사를 받으며, 보안 시스템과 관리 프로세스가 법적 요구 사항을 충족하는지 점검받는다. 방산기업은 인증을 받기 위해 사이버 공격을 미리 예측하여 대응할 수 있는 위험 관리 절차와 사이버 사고 대응 계획을 수립해야 한다.

인증 기준 및 요구사항은 '기본적인 사이버 보안 조치'로서 정보보호 및 데이터 암호화와 같은 기본적인 보안 조치를 채택해야 하며, 보안 프로세스와 인시던트 대응체계를 구축해야 한다.

'높은 보안 수준'은 국가 안보와 직결되는 정보는 엄격한 보안 규정을 따르며, 고급 보안 기술을 적용하고, 이를 관리할 수 있는 인프라를 구축해야 한다. '위협 모니터링 및 대응'은 사이버 위협에 대한 지속적인 모니터링을 통해 이상 징후를 탐지 및 대응할 수 있는 체계를 마련해야 한다. 독일 방산 사이버 보안 인증 받은 기업들은 안전한 공급망을 구축하고, 독일 정부와의 계약에서 신뢰를 얻을 수 있다.

미국의 CMMC는 미국 국방부 주도의 인증 시스템으로 공급망 전반에 걸쳐 사이버 보안을 관리하지만, 독일은 국내 법적 요구사항을 통해 방산 계약자에게 사이버 보안을 요구하는 방식이다. 독일의 IT Security Act와 방산 사이버 보안 인증은 미국의 CMMC와 유사한 개념을 가지고 있으나, 독일은 국가적 차원의 법적 요구사항에 따라 방산 데이터 보호에 초점을 두고 있고, 미국 CMMC는 국방부의 계약자들이 요구하는 보안 기준을 설정하는 데 중점을 둔다.

3. 일본

(1) 법적 체계

일본은 방위산업의 핵심기술 및 정보를 안전하게 보호하기 위해 「방위산업기술 보호법」(Defence Industry Technology Protection Law)을 제정, 방산 기업들이 준수해야 할 보안 기준을 설정하고 있다.

동법은 기술 유출 방지와 정보보호에 초점을 맞추고 있으며, 방위산업 관련 기업들이 법적으로 요구되는 보안 시스템을 구축하고 운영하도록 한다. 이 법에 따라 방산 기업들은 기술보호 계획과 기술 유출 방지를 위한 내부 보안체계를 수립해야 하며, 민감한 방산 정보를 관리하고 보호하기 위해 정보보안 관리체계를 도입하고 운영해야 한다.

(2) 기술적 보호 관리 시스템

일본은 사이버 보안 체계를 강화하여 기술적 보호 관리차원에서 방산기술과 정보를 보호하고 있다. 방산 정보를 암호화하여 외부에서 접근하거나 해독할 수 없도록 보호하고 외부 해커의 공격으로부터 정보를 보호하기 위해 방화벽, 침입 탐지 시스템(IDS) 등 네트워크 보안을 강화하여 운영함으로써 잠재적 사이버 위협을 사전 평가하고, 이를 방지하기 위한 위험 관리 절차를 수립한다. 또한, 보안구역 설정, 방산 관련 시설 CCTV 감시와 출입 카드 시스템으로 출입 통제강화 등 물리적 시스템으로 방산 관련 정보를 보호한다.

(3) 인적 보안 관리

일본의 방산 기업들은 내부 보안 관리체계를 구축하여 직원들이 기술 유출이나 정보 보안에 대한 규정을 준수하도록 하고 있다. 직원에 대해 보안 교육을 주기적으로 실시하여, 직원들이 보안 의식을 갖도록 하고 있으며 방산기업 대상 정기적인 보안 감사를 실시하여 보안 체계가 제대로 운영되고 있는지 점검한다.

(4) 방산기술 보호 관련 인증 제도

일본은 국가안보와 방위산업의 사이버 보안을 강화하기 위한 다양한 정책을 추진하고 있으며, 이러한 정책들은 주로 방위청(Defense Ministry)과 관련된 기관들이 주도하고 있다. 일본의 방위산업은 민간 방산기업과 정부 기관 간의 협력에 의존하고 있으며, 방산기술의 유출을 막고 사이버 공격으로부터 방위 시스템을 보호하는 것이 주요 목표이다. 일본 방위청(Ministry of Defense, MOD)은 방위기업들이 사이버 보안을 강화하도록 요구하는 정책을 마련하고 있으며, 일본의 방위산업과 관련된 정보 시스템에 대한 보안 기준을 설정하고 있다. 일본 정부는 방위 관련 기술과 데이터가 외부 공격 또는 사이버 범죄로부터 보호될 수 있도록, 방산 계약자들에게 강력한 보안 기준을 적용한다. 이를 통해 국방 기술의 유출을 방지하고, 방산 정보보호에 중점을 두고 있다.

일본의 방산기업들은 사이버 보안 관리 시스템(Cybersecurity Management Systems, CMS)을 구축하고 운영해야 하며, 이는 방위청과 관련된 시스템 및 정보에 접근할 때 반드시 지켜야 할 보안 규정을 포함한다. 방산 기업들은 보안 관리 프로세스와 위험 평가 절차를 수립하여, 국방 데이터와 기밀 정보를 안전하게 보호하고, 방산 시스템의 취약점을 사전에 점검할 수 있는 시스템을 갖추어야 한다. 일본의 방산 기업들은 보안 인증을 받기 위해 방위청의 사이버 보안 기준을 충족해야 한다. 이 기준은 정보 시스템의 보호, 사이버 공격 대응, 위험 관리를 포함하며, 기업은 이를 바탕으로 사이버 보안 인증을 받을 수 있다. 방위청과의 계약을 체결하려면 방산 계약자가 데이터 암호화와 네트워크 보안과 같은 기초적인 보안 요구 사항을 충족해야 하며 침해 사고 발생 시 신속하게 대응할 수 있는 사고 대응 절차와 복구 계획을 마련해야 한다.

Ⅳ 방산 활성화와 방산기술 보호를 위한 정책 검토

1. 국제 경쟁력 제고를 위한 방위산업 활성화 방안

(1) 기술 혁신 및 연구개발(R&D) 강화

방위산업의 경쟁력은 핵심 기술에 의해 좌우된다. 따라서 지속적인 기술 혁신과 연구개발(R&D)을 통한 선도적인 기술 확보가 필요하다.

첫째, 고급 방산기술 개발이 필요하다. AI, 빅데이터, 로봇 기술, 드론, 사이버 보안 등 첨단기술을 방위산업에 적용하여, 무기 시스템, 전략 시스템의 효율성 및 정확성을 높이고 이러한 기술을 군사화하여 글로벌 시장에서 경쟁 우위를 확보할 수 있다. AI, 5G, 양자컴퓨팅, 스텔스 기술과 같은 최신 기술의 연구개발에 대한 투자를 강화한다.

둘째, 연구개발 지원 강화해야 한다. 방위산업 관련 연구소와 대학 간 협력 및 산학연 협력을 통해 혁신적인 기술 개발을 촉진한다. 또한, 정부 R&D 자금을 통해 방위산업의 연구개발을 지원하고, 민간 기업과의 협업을 확대하여 혁신적인 방위 기술을 개발한다. 국방기술 전문 연구기관을 설립하여 군사 기술의 전방위적인 연구를 진행하고, 민간 기술을 군사적 요구에 맞게 변형하거나 상용화하는 노력을 강화한다.

이를 위해 산자부 및 교과부 등 관련 정부부처에 방산 R&D 전담부서를 두거나 산하기관을 설립하여 예산 및 인력 지원하는 방안을 검토할 필요가 있겠다.

(2) 방산 무기 수출 활성화

국제 방위산업 시장에서 경쟁력을 갖추기 위해 「국제 무기 수출 규제」(ITAR, Wassenaar Arrangement 등)를 준수하면서, 방위산업 기술을 적극적으로 해외로 수출할 수 있는 국제 협정 및 파트너십 확대를 통해 법적 및 정책적 기반을 마련한다. NATO, UN 등 다자간 국제기구와의 협력을 통해 방위산업 기술을 제공하거나, 방위기술 협력을 강화하여 글로벌 시장에서의 입지를 다진다. 방위산업 국제 전시회 및 회의 참여를 통해 자국의 방위산업 기술을 해외에 알리고, 다양한 국가와의 파트너십을 확대한다.

이를 위해 방위산업 제품의 해외 진출을 촉진하기 위해 정부 차원의 수출 보증 및 지원 정책을 마련한다. 방위산업 기업에 대한 금융 지원과 세금 혜택 등을 제공하여 해외 시장으로의 진출을 유도한다. 방산 국부펀드를 조성하여 방산기술 강소기업들을 양성한다. 방위산업 제품의 해외 시장 진출을 활성화를 위해 정부는 수출 허가 절차의 간소화와 무역장벽의 제거를 위해 노력하고, 수출국과의 기술 이전 협정을 체결하여 글로벌 시장을 확대하는 노력도 필요하다.

또한, 주요 무기 수입국이나 수요가 있는 나라에는 방산 전문가를 각국 공관에 파견하여 방산수출 수요파악 및 수출 지원을 현지에서 파악하여 방산업체에 지원토록 하거나, KOTRA 등 공공기관을 활용해서 각국의 방산 수요를 파악하고 국내 방산기업들의 수출을 적극 지원하는 것도 필요한 방안이다.

(3) 산업 기반 강화 및 민간 협력

방위산업의 활성화는 단기적인 수익뿐만 아니라 산업 기반의 지속 가능한 성장을 위한 기반 구축이 필요하다. 방위산업을 위한 공급망 및 생산 인프라를 강화하고, 방위산업 기업들의 협력체계를 구축하여 국내 방위산업의 산업 기반 강화를 통해 효율적인 생산 공정과 품질관리를 보장한다.

방위산업의 경쟁력을 높이기 위해 방산 관련 중소기업들이 방위산업에 참여할 수 있는 기회를 제공하고, 이를 통해 다양한 기술 혁신과 협력 모델을 만들어 내도록 한다. 방위산업에 필수적인 소재, 부품, 장비 등 공급망의 안정성 확보를 위해 중요한 방위산업 자원의 자급자족을 목표로 한다.

민간 기업과의 협력을 통해 방위산업에서 사용하는 기술을 민간 산업에 상용화하여 민군 기술 겸용 모델을 개발하고, 이를 통해 산업 확장 및 기술 이전을 촉진한다. 민간 기업과 협력하여 AI, 드론, 사이버 보안 등 다양한 첨단기술을 군사적으로 활용할 수 있는 방안을 모색하고, 민간 부문의 혁신을 군사 시스템에 접목시킨다.

(4) 방산 인력 양성 및 교육

방위산업의 발전은 유능한 인력의 양성과 밀접하게 연결되어 있다. 따라서 방위산업에 특화된 국방 관련 전문 인력을 양성하는 것이 매우 중요하다.

국방과학기술 대학 및 연구소 설립을 활성화하여 군사기술과 관련된 전문지식 및 기술을 교육하는 기관을 설립하여 방위산업 인재를 양성한다. 각 대학교에는 군사학과, 방산 엔지니어링, 사이버 보안, 드론 관련 학문을 지원하는 학위 프로그램을 제공하고, 민간 기업과 협력하여 현장 경험을 제공한다. 훈련 및 실습 기회 확대하기 위해 현장 실습 및 인턴십 프로그램을 통해 대학 재학 및 졸업생들이 방위산업에 진출할 수 있도록 유도한다.

또한, 기존 방위산업 종사자들을 위한 기술 훈련 및 재교육 프로그램을 제공하여 인력의 기술력을 지속적으로 향상시킨다. 방위산업 관련 국제 학술 및 기술 워크숍에 참여하여 최신 기술과 글로벌 시장 동향을 파악하고, 이를 교육 프로그램에 반영하여 경쟁력을 제고한다.

이를 위해서는 정부는 국방 방산 관련 프로그램을 편성한 대학교에 대해 적극적인 예산과 인력을 지원하여 대학이 자율적 진행하도록 유도할 필요가 있겠다.

(5) 방산 정책 및 법률 제정

방위산업 활성화를 위해서는 방산정책 수립과 관련된 법률을 적절히 정비하고, 방위산업이 지속 가능하고 경쟁력 있는 환경에서 발전할 수 있도록 해야 한다.

방위산업에 대한 정책적 지원을 통해 국방예산의 효율적인 배분과 방위산업을 위한 정부의 장기적 투자를 통해 방위산업이 안정적으로 성장할 수 있는 환경을 조성한다.

이를 위해「방위산업 활성화에 관한 특별법」등 관련 법률의 제정을 통해, 방위산업의 효율성과 경쟁력을 높이는 동시에, 국가안보를 보호할 수 있는 법적 틀을 제공한다.

아울러 방위산업 프로젝트에 대한 공공-민간 파트너십을 강화하여, 민간 기업의 효율적인 기술과 자본을 공공 부문과 결합하여 혁신적인 방위 기술 개발과 효율적인 시스템 구축을 유도한다.

2. 방위산업 활성화를 위한 방산기술 보호체계 구축방안

(1) 법제도 정책

1) 법령정비 및 관련 조항 강화 필요

방산기술 보호를 위한 법률 및 규제를 강화하여, 방위산업 관련 기술이 유출될 때 대한 법적 처벌을 엄격히 할 필요가 있다. 국가안보 및 방산기술 관련 법적 프레임워크를 강화하기 위해서는 방산기술에 대한 국가의 소유권과 보호 정책을 명확히 하고, 기술 유출이나 무단 복제 등에 대한 법적 규제를 강화한다.

한편, 다자간 협약이나 상호 보호 협정 등 국제적 방산기술 보호 기구에 가입하거나 조약을 체결하여, 외국으로의 기술유출을 방지한다. 해외로의 기술 이전이나 수출 시에는 정부의 엄격한 검토 및 승인을 받도록 절차를 명확히 하여, 외부 유출 위험을 최소화한다.

또한, 방산기술을 탈취하거나 유출한 사건에 대해서는 함정수사, 내부고발자 면책, 징벌적 배상을 강화하고, 교사범이나 방조범에 대해서도 처벌을 강화하는 등 보안사고 예방을 위한 형사사법적 측면에서의 제도 완비도 필요하다.[12]

2) 방산기술 보호 제도 완비

방산기술의 보안 강화를 위해 전담기관 선정 및 전문화 방안은 국가안보와 밀접하게 연결되어 있기 때문에 매우 중요하다. 정부는 방산기술 보호의 효율성을 극대화하기 위해 방산기술을 체계적으로 관리하고 보호할 수 있는 전담기관을 선정해야 하는데 국방부 및 군 관련 기관이나 방위사업청, 국가정보원 등 기존의 조직을 활용하는 방안과 새롭게 방산기술 보호 전문기관을 두는 방안을 생각해 볼 수 있다.

기존 조직을 활용하는 경우에는 국방부 산하의 전담 부서를 설계하거나 방위사업청 내 방산기술 보호만 전문적으로 취급하는 특화된 별도의 보안부서를 둘 수도 있고, 국가정보원의 경우에는 방산기술 및 산업기술 관련 보안 담당부서에 그 임무를 전담하게 하는 방

12) 이강범, “산업기술유출 방지를 위한 형사법적 대응에 관한 연구”, 경상국립대학교 대학원 석사학위 논문, 2021, 99-108면 참조.

안과 경찰청 산하 산업기술 보호수사대에 전담부서를 두는 것도 고려해 볼 수 있다.

한편, 방산기술 보호 전문 보안 기관을 새로이 설립하여, 국가 차원의 정보보호와 기술 유출 방지 활동을 전담하는 방안을 검토할 수도 있는데 이 조직은 과기부 및 정통부 등 정부 부처를 비롯하여 방산 관련 민간 부문과 협력하여 전방위적으로 기술 보호 활동을 할 수 있다.

방산기술 보호 전담기관이 방산기술 보호를 효과적으로 수행하려면, 해당 기관의 전문성을 강화하는 것이 중요하다. 이를 위해서는 전문인력을 양성해야 하는데 방산기술 보호를 위한 보안 전문가, 정보보호 전문가 및 사이버 보안 전문가를 양성하는 프로그램을 만들어 해당 인력들이 방산기술 보호의 핵심 역할을 수행하도록 한다. 이들에 대해서는 교차 교육을 통해 방산 분야뿐만 아니라, 사이버 보안, 법률, 국제 협력 등의 다양한 분야에서 인력을 양성하여 다양한 관점에서 기술 보호를 강화할 수 있도록 한다.

또한, 방산 관련 학문을 연구하는 대학 및 연구기관과 협력하여, 최신 기술 트렌드와 보안 위협을 반영한 교육 커리큘럼을 개발한다. 전담기관의 역할 및 책임으로서는 방산기술의 보호를 위한 종합적인 모니터링을 수행하고, 기술 유출을 막을 수 있는 체계를 마련하고 방산기술과 관련된 다양한 위협 요소를 평가하고, 이에 대한 대응 방안을 마련한다.

또한, 방산기술 보호와 관련된 법적 규제를 준수하며, 필요시 법적 조치를 취하고, 다른 국가 및 국제 기관들과 협력하여 글로벌 차원에서 방산기술을 보호하여야 한다. 방산기술 보호를 위한 전담기관 선정 및 전문화 방안은 국가안보를 강화하고, 방산기술의 유출을 방지하기 위해 중요한 역할을 한다. 이를 위해 전담기관은 전문인력 양성, 보안 시스템 강화, 국제 협력 및 법제도적 지원 등 다양한 측면에서 체계적인 접근과 고민이 필요하다.

미국의 CMMC 제도 등을 벤치마킹하여 우리나라 상황에 맞게 방산기술 사이버 인증제도 완비 및 강화를 통해 체계화하는 한편 사이버 인증제도의 글로벌 기준을 선도적으로 확립하여 글로벌 방산 공급망을 확립하고 주도적인 역할을 할 필요가 있다. 이를 위해 미국, 독일, 일본 등과 같은 방산 선진국들과 국제 협약을 통해 표준화를 위해 노력해야 할 것이다.

(2) 기술적 보호 관리체계 구축

최신의 보안 시스템 및 사이버 방어 시스템을 도입하여, 방산기술의 유출을 예방하여야 하는데 AI 기반의 위협 탐지 시스템, 암호화 기술, 고급 접근 제어 시스템 등을 활용할 수 있다. 방산기술 보안 전담기관은 방산기술 정보보호 정책과 절차를 수립하고, 이를 실행할 수 있는 시스템을 마련한다. 기술 이전 및 수출에 대한 철저한 심사 과정, 국가 간 협약 및 법률에 따른 제재 체계를 구축할 수 있다. 방산기술 보호를 위한 국제적인 협력 네트워크를 구축하여, 외국과의 기술 이전 및 유출에 대한 공동 대응 방안을 마련한다.

전담기관의 역할을 법적으로 강화하여, 방산기술 보호와 관련된 법적 책임과 규제를 명확히 하여, 외부의 위협에 대한 대응능력을 강화한다. 방산기술과 관련된 위험을 실시간으로 분석하고, 그에 대한 대응 방안을 마련하는 위험 관리체계를 구축해야 한다.

이를 위해 전담기관 내에 위험 분석팀을 두고, 다양한 위협에 대해 지속적으로 모니터링 한다. 방산기술 보호 체계에 대한 주기적인 감사와 평가를 통해 시스템의 취약점을 발견하고 개선할 수 있는 방안을 마련하여야 한다. 방산기술 보호를 위한 통합적인 관리체계를 구축하여 모든 관련 정보와 데이터를 중앙에서 관리하고, 각 부문에서의 접근을 제한하며, 보안사고에 신속히 대응할 수 있도록 한다.

최신 보안 기술을 도입하여 사이버 공격 등 외부 위협에 대비할 수 있도록 방산기술 관련 정보는 암호화하고, 접근 제어를 엄격히 해야 한다. 방산기술과 관련된 위험 요소를 분석하고, 위험 평가 및 관리체계를 구축하여, 위험 요소가 발생하기 전에 예방하는 시스템을 갖추는 것이 중요하다.

(3) 인적 보안관리 정책 강화

방산기술 보호를 위한 프로그램을 개발하여 전문인력을 양성하고, 이를 통해 기술 유출 방지 및 보안을 강화할 수 있다. 방위산업 관련 전공 교육과정 및 보안 교육을 체계적으로 제공하는 것이 중요하다. 방산기술과 관련된 종사자들에 대해 보안 교육을 강화하여 기술 유출 및 해킹 등 외부 위협에 대응할 수 있는 능력을 배양하여 방산 분야 인원에 대한 보안 의식을 제고해야 한다.

방산기술 보호를 담당할 보안관리 인력을 전문적으로 배치하고, 이들의 역할을 명확히 구분하여 유출 사고가 발생하지 않도록 관리한다. 방산기술 관련 직원들에게 비밀유지 계약서 등을 작성하게 하여, 기술 유출에 대한 법적 책임을 명확히 한다.

또한, 방산기술 유출이 내부자의 소행에 의해 발생하는 빈도가 높다는 점을 감안하여 내부자 고발 시 인센티브나 면책해주는 제도를 마련하여 인적 보안관리 방안을 강화하는 것도 검토할 수 있겠다.

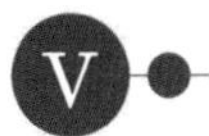

방산기술 보호를 위한 국가 정보기관의 역할

정부는 국가 전략산업으로서 방위산업 활성화를 위해서 방위산업 관련 기술과 정보를 안전하게 지키고, 국가안보 위협 요소로부터 국가안보와 국익을 보호하는 것은 매우 중요하다. 이를 위해 국가 정보기관은 국가의 정보보호와 사이버 보안뿐만 아니라 방산기술 유출 방지, 외부 위협 감지 및 대응 등의 다양한 역할을 수행함으로써 방산기술 보호의 핵심 축으로서 기능해야 한다.

첫째, 국가 정보기관은 방산기술이 외부로 유출되지 않도록 적극적인 감시와 보호 활동을 해야 한다. 국가 정보기관은 방산기술의 취약점을 파악하고 기술 모니터링 및 분석을 통해 방산기술이 유출될 가능성이 있는 경로를 분석하고, 취약점을 사전에 발견하여 보호 조치를 취해야 한다.

국가 정보기관은 방산기술과 관련된 정보 시스템에 대한 사이버 공격을 실시간으로 모니터링하고, 해킹이나 데이터 유출을 막기 위한 방어체계를 강화하여 방산기술 유출 사건이나 보안 사고가 발생했을 때 즉각적으로 사고를 조사하고 대응해야 하며, 이를 위해 신속한 조사 능력과 법적 대응 체계를 갖추어야 한다.

둘째, 국가 정보기관은 방산기술 보호와 관련된 외부 위협을 탐지하고 이를 효과적으로 대응해야 한다. 외국의 스파이 활동, 사이버 공격, 산업스파이 등 다양한 위협이 존재할 수 있기 때문에 이를 감지하고 대응하는 것이 핵심이다. 이를 위해 외국 정보기관이나 스파이 활동을 감시하고, 첩보 활동 강화와 방산 관련 정보를 수집하고 분석하는 능력을 제고해야 한다. 한편, 다른 국가의 정보기관과 협력하여 외국의 해커나 산업스파이가 방산기술을 유출하려는 국제적인 위협을 공동으로 대응할 필요도 있다.

셋째, 방산기술 보호를 위한 법적 지원 및 정책 제언 역할을 해야 한다. 국가 정보기관은 방산기술 보호를 위한 법적, 정책적 지원을 제공하고, 정부에 대한 자문을 통해 방산기술 보호 체계를 강화하는 역할을 한다. 방산기술 유출이나 침해 사건 발생 시 법적 조치를 취할 수 있도록 지원한다. 방산기술 유출시도 행위에 대해 법적 책임을 물을 수 있는 절차를 마련하고, 관련 법률을 제정하는데 자문을 제공함으로써 정부는 방산기술 보호를 위한 실효성 있는 정책을 마련할 수 있다.

넷째, 국가 정보기관은 방산기술 관련 국내 기업 및 연구기관과 협력하여 기술 보호 체계를 강화하고 민간 기업 및 연구기관에 대한 보안 인프라 구축 지원을 통해 방산기술 관련 민간 부문에서의 정보보호 수준을 높일 수 있다. 이를 위해 방산기업과 연구기관에 보안 기술, 프로세스, 교육 등을 지원하고 방산기술 보호와 관련된 정보 및 위협 사항을 기업과 연구기관에 제공함으로써 민간 방산기업들이 보안에 더욱 철저히 대응할 수 있도록 한다. 또한, 방산기술 보호와 관련된 교육과 훈련을 제공하여, 방산기술 관련 종사자들의 보안 의식을 높이고, 기술 유출이나 해킹을 예방할 수 있도록 한다.

Ⅵ 결 론

최근의 국제정세와 해외수출 주력 국가인 우리나라의 미래를 생각해 볼 때 국가경쟁력 제고를 위해서는 국가 전략적으로 추진해야 할 산업 분야를 선정하여 집중할 필요가 있다. 현재의 방위산업은 AI, 드론, 로봇 같은 첨단기술이 융합된 것으로 최첨단 기술들이 활용되고 있다. 특히 최근 G-2 국가들의 갈등, 그에 파생되는 지역적 갈등을 둘러싼 신냉전 상황에서 향후 세계 각국의 방산 수요가 증가할 것으로 예측되므로 방위산업을 전략적으로 육성하기 위해 국력을 집중한다는 것은 매우 시의적절한 것으로 생각된다.

국가 전략산업으로서 방위산업을 발전시키기 위해서는 법제적인 측면과 아울러 정부주도로 정책적인 지원, 민간분야와의 융합 등을 통해 복합적으로 추진해야 할 것이다. 또한, 중국, 북한 등 IT 관련 해킹을 주도하고 있는 국가들이나 산업스파이 등을 활용하여 첨단기술을 탈취하려는 시도가 더욱 강해지고 있는 현 상황에 비추어 사이버 기반 물리적 보안, 인적 보안 등 기술 보호를 위한 시스템이 완비되지 않는다면 방위산업을 활성화하기 매우 어려울 것이다.

미국, 독일, 일본 등 방산기술 선진국들은 방산 술 보호를 위한 각종 법제와 시스템을 갖추고 있을 뿐만 아니라 점점 더 체계적으로 강화하고 있다. 우리나라도 이러한 방위산업 활성화를 위해 방산기술 보호 노력이 매우 중요하며 이를 위해 각종 법제 마련과 보안 대책들을 시급히 강화해야 할 필요가 있다. 미국 등 방산 선진국들을 벤치마킹하여 사이버 보안 수준의 등급을 체계화하고 이를 적용할 필요가 있다.

또한, 방산기술의 효율적 보호를 위해서는 법제 마련과 함께 방산기술 보호 전담기관 선정과 전문인력 양성도 절실하다. 방산기술 보호를 위한 전담기관은 첩보 수집, 보안 점검, 교육, 사이버 능력 등 종합적인 기능을 보유하고 있고 이에 대한 기술력과 이해도 높아야 할 것이다. 이를 위해 새로 전담기관을 구성하는 방법도 있으나, 기존 국가 정보를 담당하는 보안기관 등에 그 임무와 기능을 강화하는 것도 좋은 방법이 될 수 있다.

이러한 측면에서 국가정보원이나 국방부 등에서는 산업기술과 방산기술 보호를 위한 활동을 해오고 있으므로 이들 조직에 더욱 강화된 임무 및 기능을 전담토록 하는 것도 한 방법이 될 수 있고, 필요하다면 대통령 직속 산하에 방위산업과 기술 보호에 대한 총괄 운영체를 별로도 마련하는 것도 검토가 요구된다.

증가하는 우주 위협에 대응하는 국방우주력 기술 고도화 방안

○ 정 한 범 ○

요약문

오늘날 세계 각국은 군사작전을 포함한 다양한 목적으로 우주공간을 활용하기 위해 국가적 역량을 집중하고 있다. 한반도 주변의 우주공간을 둘러싼 안보환경 역시 갈수록 경쟁적이고 위협적으로 변화하고 군사적 우주 위협 측면에서 감시 · 정찰 · 통신 목적의 군용위성 발사가 지속적으로 증가하는 추세이다.

한국의 안보분야 우주개발은 주변국의 우주자산 규모, 군사용 우주체계 개발 기술력, 조직 · 인력 · 예산 부분에서 상대적으로 미흡하며, 국방 우주전력 확충 및 기술개발에 대한 노력이 필요한 상황이다.

국방우주력의 핵심이라고 할 수 있는 위성의 운용을 효율적으로 하기 위해서 정책 · 전략 분야에서는 국방위성 지상국의 통합운영체계 구축, 국방 우주발사체 발사 허가권한 조정, 국방 우주개발사업 추진체계 재정립, 위성 사이버 보안정책 수립 등이 필요하다.

폭증하는 국방우주력 증대의 수요에 대응하기 위해서 국방우주의 전력분야에서는 국내 · 외 민간(상용)위성의 국방분야 활용전략 수립, 국가위성의 국방분야 활용전략 수립, 국방우주발사장 구축, 한미 우주상황인식 정보공유 확대 등이 중요하다.

· 핵심어(Key Word) : 우주 위협, 우주기술, 우주체계개발, 국방우주 전략

I 서 론

오늘날 세계 각국은 우주를 평화적으로 이용해야 한다는 것에 공감하면서도 군사작전을 포함한 다양한 목적으로 우주공간을 활용하기 위해 국가적 역량을 집중하고 있다. 특히, 미국, 유럽연합, 러시아, 중국, 일본, 인도 등 세계 6대 우주강국은 국가 차원에서 우주개발 체계를 구축하고 있으며, 우주개발에 대한 글로벌 거버넌스 확보를 위해 적극적으로 움직이고 있다.

한반도 주변의 우주공간을 둘러싼 안보환경 역시 갈수록 경쟁적이고 위협적으로 변화하고 있다. 군사적 우주 위협 측면에서 감시 · 정찰 · 통신 목적의 군용위성 발사가 지속적으로 증가하는 추세이며, 북한의 미사일은 유사시 일부 우주공간을 경유하여 남한뿐 아니라 원거리 지역까지 공격이 가능한 수준까지 개발된 상태이다. 그러나 한국의 안보분야에 대한 우주개발은 우주자산 규모, 군사용 우주체계 개발 기술력, 조직 · 인력 · 예산 부분에서 주변국에 비해 상대적으로 미흡하며, 국방 우주전력 확충 및 기술 개발에 대한 노력이 필요한 상황이다.

구체적으로 들여다보면, 북한의 탄도미사일 위협에 대한 조기 경보능력이 다소 미흡하며, 북한감시를 위한 독자적인 군 위성정찰 능력도 부족한 상태이다. 또한, 우주감시체계 사업이 진행되고 있지만 아직까지는 우주물체 감시를 위한 독자적인 군자산이 부족한 상황이고, 항법체계의 군사적 활용이 제한되는 우려가 있다. 우주기상변화에 따른 위성활동 장애로 임무 제한이 발생할 수 있는 상황이다.

이러한 상황에서 우리 군도 우주안보의 중요성을 인식하고, 미래 다양한 우주전력의 운용을 위해 국방우주력 증강에 노력하고 있다. 그러나 국방 차원에서 우주안보를 통합적으로 조정 · 통제할 수 있는 우주전담조직이 부재한 상황에서 이러한 노력을 효율적으로 결집하기 어려운 것이 사실이다. 그렇지만 증가하는 우주공간에서의 위협에 대처할 수 있는 국방우주 차원의 정책과 전략뿐만 아니라, 전력과 인력, 조직을 망라한 종합적인 발전 전략이 절실한 상황이다. 이것은 북한의 점증하는 미사일 위협에 대응하는 시간을 단축하기 위한 필수적 활동이다. 아울러, 국방우주력 발전 업무를 체계적으로 수립하고 일관되게 실행할 수 있는 조직과 시스템의 구축이 시급하다.

Ⅱ 증가하는 우주 위협과 주요 국가들의 대응

1. 증가하는 우주 위협의 현황

우주 위협은 우주 위험과 구별되는 개념이다. 우주 위험은 자연적인 현상에 의한 것으로, 인공 및 자연 우주물체와 위성 간의 충돌, 태양 폭풍에 의한 위성 고장 등을 의미한다. 반면에, 우주 위협은 인위적인 현상에 의한 것으로 위성통신 교란, 레이저 및 미사일에 의한 위성 파괴, 공격용 위성을 활용한 위성 충돌 등이 포함되는 개념이다. 물론, 국가 차원에서 우주 위험과 우주 위협에 모두 대비하는 것이 당연한 임무이지만, 국방 차원에서는 특히 우주 위협에 대응할 수 있는 역량을 갖출 필요가 있다.

우주 위협은 직접공격과 간접공격으로 구분할 수 있다. 직접공격은 레이저, 미사일 등의 대위성무기나 킬러위성 등의 공격용 인공위성을 활용한 공격으로 우주자산이 주어진 임무를 수행할 수 없도록 물리적으로 파괴하는 것을 의미한다. 반면, 간접공격은 물리적인 타격 없이 인공위성의 임무수행을 방해하거나, 위성 및 지상체의 링크를 방해하는 전자공격, 우주체계의 데이터나 이를 운용하는 시스템에 대한 사이버 공격 등을 포함하고 있다.

위성에 대한 직접공격은 우주의 평화적 이용이라는 국제사회의 규범에 반하는 행위이며, 우주잔해물 증가라는 부수적인 피해도 일으키기 때문에 우주 강대국들은 직접공격보다는 간접공격을 통한 우주영역 주도권 싸움에 우선적으로 집중하고 있다. 우주 강대국들은 우주자산에 대한 직접공격 행위를 비난하면서 우주의 군사화와 무기화를 지향하지 않는 것처럼 겉으로 표현하고 있지만, 전자공격이나 사이버공격 등을 통해 주변국이 우주무기로 인지하기 어려운 형태의 기술을 개발하고 있다.

실제로 우리나라는 GPS 전파교란, 통신위성에 대한 전파교란 등의 우주 위협을 받은 경험이 있는데, 최근 북한에 의한 서해 해상에서의 GPS 교란이 대표적인 사례라고 할 수 있다. 향후 인공위성으로부터 지상의 위성 수신 사용자 서비스를 다운시키는 다운링크 재밍이나 우주체계에 대한 해킹 등의 공격을 받을 수 있으므로, 이러한 공격을 받았을 때 이로부터 회피하거나 신속히 정상적 기능을 복구 또는 회복하여 임무를 수행할 수 있는 조직을 구축할 필요가 있다. 향후 국방우주 지휘 조직은 전자기공격, 사이버공격 등 현실적인 우주 위협에 대한 대응능력을 갖추는 것이 필수적이다.

〈표 1〉 우주 위협의 유형

유 형	내 용
직접 공격	· 우주자산을 직접 공격 * 지상 · 해상 공격무기, 요격미사일, 레이저 등 대위성무기, 공격용 인공위성(킬러위성) 등
간접 공격	· 인공위성의 센서 무력화를 통한 임무수행 방해 * 레이저를 이용한 인공위성의 센서 무력화, 전파교란을 이용한 인공위성의 전자장비 무력화 등
	· 위성-지상체계 연결을 방해하는 전자 공격 수행 * 동일 주파수에 큰 출력의 잡음신호를 발생시키거나, 가짜 신호를 생성하여 전자 공격
	· 우주체계의 데이터 또는 데이터 운용 시스템에 대한 사이버 공격 * 데이터 탈취 · 감시 · 변형, 지상체계 해킹 후 우주체계 통제권 장악 등

2. 주요국의 국방우주 전략

1) 미국 : 포괄적 우주전략 추진으로 우주 선진국 주도권 유지

국방우주뿐만 아니라, 전반적인 수준에서 미국은 우주분야에서 세계 최고의 우주 선진국이다. 과거 우주왕복선 프로그램을 운영한 경험과 달착륙의 역사를 가지고 있으며, 최근에는 민간 우주기업인 스페이스X를 통해서 상업우주 분야에 신기원을 열어가고 있다. 이러한 세계 최고의 기술과 자본력을 바탕으로 미국은 포괄적 우주전략을 추진하고 있다.

미국은 국방부와 국가정보국 주도로 2011년 국가안보우주전략을 발표한 이래, 항공우주국(NASA)과 국방부(DoD), 상무부(DoC)가 각 영역에서 우주활동의 개발을 담당하고 있다. 전반적인 국가 차원의 우주전략은 국가안보정책에 기반하여 추진하고 있다. 2020년 2월에는 국가안보우주전략 문서를 대체할 새로운 방어우주전략을 개발 중이라고 발표하기도 하였다. 이후 트럼프 1기 정부에서 우주사령부를 거쳐 2019년에 우주군을 창설하였다. 한미동맹 차원의 협력을 위해서 2022년에는 주한미군 우주군을 창설하기도 하였다.

미국의 우주안보정책에서 최우선 고려사항은 '우주영역에서 군사적 운용 및 자유로운 우주사용 여건'을 보장하는 것이다. 이러한 최우선 우주안보과제를 추진하기 위해서 2022년 7월에는 우주정책 및 작전을 소개하는 '우주전략 검토보고서'를 발간하기도 하였다. 아울러, 막대한 국방 우주예산 투입('25년까지 약 250억불 투자)을 통해 신기술을 개발하고 우주역량을 지속적으로 확충함으로써 세계적 차원에서 우주기술의 압도적 우위를 유지하기 위해 노력하고 있다.

2) 중국 : 중국몽 일환으로 인민해방군 주도의 우주굴기 진행

20세기만 하더라도 중국은 우주분야에서 미국과 소련의 양대 강국에 밀려 의미 있는 성과를 보여주지 못했다. 심지어, 기술과 경제력을 앞세운 일본과 인도에게도 뒤처져 있었다고 할 수 있다. 그러나 세계화에 따른 급속한 경제발전을 바탕으로 중국은 막강한 자금력과 기술력을 활용할 수 있게 되었다. 이에 따라 중국은 이제 미국의 우주패권에 도전하는 유일한 국가로서 우주력의 급격한 발전을 보여주고 있다.

중국은 중국몽의 일환으로 미국의 독점적 우주지배에 대항하여 우주굴기를 진행하고 있다. 중국 내의 거의 모든 우주개발은 인민해방군이 주도적으로 결정하고 있으며 우주역량을 세계적 패권 확보의 핵심수단으로 인식하고 있는 것으로 보인다. 따라서 우주개발의 방향은 국가 전략자산으로서 우주체계를 개발하는 것이며 우주 능력의 강화가 국가 핵심전략으로 인식되고 있다.[1] 따라서, 드러나고 있지는 않지만, 우주안보 관련 예산이 상당할 것으로 추정되며, 미국 · 일본 · 인도 등의 국가가 우주군을 창설했던 2020년에는 중국의 우주안보 분야 예산지출도 2배로 증가한 것으로 알려져 있다.

이처럼 중국은 전 지구적 차원에서 군사력 완비를 추구하며, 이를 목표로 3단계 발전방향을 이미 설정해놓고 있다. 이러한 발전방향 아래서 우주역량의 강화를 위해 노력하고 있는데, 미국의 연구기관에 따르면, 이러한 전략은 과거 미국이 해왔던 길을 답습하는 '미국 따라가기식'으로 진행 중인 것으로 평가되고 있다.[2]

2003년부터 2030년까지 진행되고 있는 우주개발 1단계와 2단계에는 정보 · 통신체계를 구축하여 상대 우주무기 체계에 대한 요격능력을 확보하는 데에 집중하고 있으며, 2031년부터 예정된 우주개발 3단계에서는 우주에서 지상 목표물을 직접 타격할 수 있는 능력을 확보하는 것을 목표로 하고 있는 것으로 분석된다.

3) 일본 : 우주 선진국으로의 역할 확대 추진

일본의 우주개발 경력과 목표도 이에 못지않다. 일본은 우주개발 역사의 선진국으로서 역할 확대를 목표로 하고 있으며, 이를 위한 능력 강화를 추진하고 있다. 무엇보다, 우주기본법을 제정하여 국가안전보장에 이바지하는 우주개발을 추진하고 있다. 일본의 안보지침인 신방위계획대강에서도 국방우주전략을 제시하고 있는데, 여기에서는 우주의 안전보장 분야에서 활용을 강조하고 있다. 한편, 일본은 2022년 우주작전군 출범을 계기로 우주안보 부문에 대한 투자를 본격적으로 확대하고 있다. 일본 내의 분위기를 감안하면

1) 2022년 1월, 「우주백서」.
2) 「CSIS 연구보고서」.

안보 분야와 비상업적 부문의 증대된 관심을 바탕으로 향후에도 우주안보 예산은 지속적으로 증가할 전망이다.

4) 러시아 : 우주강국으로 재도약 추진, 우주전력 개발 박차

전통적 우주강국인 러시아는 탈냉전 이후 침체된 경제 사정으로 우주산업이 침체를 겪었으나, 최근 우주강국으로의 재도약을 추진하고 군사적 우주 능력을 개발하기 위해서 박차를 가하고 있는 상황이다. 구소련 이래로 러시아에서는 국가가 우주산업을 독점하고 있다.

러시아는 서방의 경제제재로 인한 경제적 어려움 때문에 국가 재원의 투입에 난관이 있는 상황이다. 이러한 국가 재원의 제한을 극복하기 위해 러시아는 국가안보 차원의 우주력 기반사업을 우주개발의 최우선 과제로 달성하기 위한 전략을 추진하고 있다.

지난 2021년 11월에는 지상에 있는 요격미사일로 자국의 위성을 요격하는 등 우주무기 개발에 매진하고 있다. 이처럼 러시아는 미국의 패권적 우주전략에 종속되는 것을 거부할 수 있는 능력을 구비하기 위한 우주체계 개발에 박차를 가하고 있다.

5) 프랑스 : 평화적 우주이용 원칙 속 안보우주 개발 박차

프랑스는 우주이용에서 평화적 원칙을 추구하고 있지만, 최근 안보 목적의 우주개발에는 적극적인 편이다. 2018년 7월, 마크롱 대통령이 우주방위전략의 수립을 준비하고 있음을 발표한 후 2019년 7월 프랑스 국군부 장관이 이 전략을 발표하여 공개하였다. 프랑스의 우주방위전략에서는 우주가 전략적으로 중요한 공간임을 명시하였을 뿐만 아니라, 우주방위교리, 우주역량 등의 강화를 위한 로드맵을 제시하였다.

한편, 유럽연합(EU)은 2016년 「유럽우주전략」을 수립하였다. 여기에서는 우주가 유럽의 안보에 중요한 공간임을 명시하며, 항법 위성군 등에 대한 보안 강화의 필요성을 제시하고 있다.

6) 인도 : 안보 목적의 우주 활용방안 적극 검토

서방 국가들만큼은 아니지만, IT강국으로 인정받고 있는 인도에서도 최근 안보 목적의 우주활용이 적극적으로 검토되고 있다. 인도 정부는 2008년, 「방어우주비전 2020」을 발표한 것을 계기로 우주의 안보적 측면에 대한 인식을 드러내고 있다.

이러한 우주안보의 강조에 따라, 새로운 안보우주거버넌스의 구축을 목표로 우주무기 시스템과 기술을 개발하고 있다. 인도의 이러한 안보에 대한 인식의 변화로 국방우주 부문은 자체적인 자산과 능력을 배양하는 방향으로 진행되고 있다. 2019년 모디 총리는 중

국의 우주굴기에 대응하기 위해 우주자산 보호 목적의 '우주원칙' 초안 작성을 지시하기도 하였다. 이러한 프로그램에 따라 2019년 7월에는 'IND SpaceEX'라는 자국위성 보호를 위한 전쟁시뮬레이션을 개발하였다.

3. 한국의 국방우주전략 현황

이처럼 세계는 지금 우주력 경쟁의 시대로 나아가고 있다. 20세기의 전쟁이 육상과 해상을 거쳐 공중전의 시대였다면, 앞으로의 전쟁은 우주력을 기반으로 하는 과학기술 전쟁이 될 것이다. 20세기 재래식 군비경쟁을 거쳐 핵무기를 주축으로 하는 전략무기의 시대를 열었지만, 여전히 지구 대기권을 벗어난 전쟁을 생각해 본 적은 없었다.

그러나 대륙간탄도미사일(ICBM : Intercontinental Ballistic Missile)의 고도화와 최근 급속히 개발되고 있는 극초음속 순항미사일의 등장으로 적의 공격에 대응할 수 있는 시간이 점점 짧아지면서 정찰탐지의 능력을 강화할 수 있는 인공위성을 비롯한 국방우주의 중요성이 전례 없이 강조되고 있다.

이처럼 우주 위협이 급증하는 상황에서 한국은 과학기술 분야에 집중된 우주력을 국방 및 국가안보 등의 분야로 확장해 나가야 할 전환기적 단계에 진입했다. 우주개발의 중견국에서 선도국으로의 발돋움을 위한 기반을 마련해야 할 시기에 이른 것이다.

현재 한국의 우주정책은 「우주개발진흥법」에 근거하여 우주항공청이 주도하고 있으며, 우주개발전략의 최상위 계획문서인 『제4차 우주개발진흥기본계획(2022년 12월)』에 따라 추진되고 있다. 이 기본계획에 따라 2대 추진전략을 두고 있는데, ① 우주경제 기반 구축과 ② 첨단 우주기술 확보가 그것이다. 이를 효과적으로 추진하기 위해 2023년 과기부 산하 우주항공청이 설립되었다. 또한, 이러한 전략에 따라 5대 장기 우주개발 임무를 설정하였는데, ① 우주탐사 확대 ② 우주수송 완성 ③ 우주산업 창출 ④ 우주안보 확립 ⑤ 우주과학 확장이 그것이다.

이에 비해, 국방우주전략은 2023년에 최초 발간되어 아직 초기 단계를 추진 중이다. 국방부와 합참 차원에서는 독자적 위성개발 능력을 보유하는 것을 목표로 국방우주 분야 최상위 문서인 '국방우주전략서' 및 우주작전 수행을 위한 '합동군사우주전략서'를 발간하였다. 특히, 각 군에서 군별로 요구되는 능력을 확충하기 위하여 우주력 건설에 박차를 가하고 있는데, 국방부 · 합참은 이를 통합 · 조정하는 역할을 맡고 있다.

하지만, 안타깝게도 우주 강국들과는 다르게 국방에 필요한 국방 우주발사체의 발사 권한이나 우주개발사업 추진 주체 및 심의 권한이 과기부 산하의 우주항공청에 집중되어 국방우주력 발전을 위한 효율적 우주전략의 추진이 난망한 상황이다. 미국, 이스라엘, 프랑스 등 우주 강국은 국방부 장관 중심 혹은 국가안보 관련 부처 간의 협업과 책임 하에 국방우주력 개발이 추진되고 있으며, 법률도 이를 보장하고 있다.

현재 한반도의 안보상황에서 북한의 핵 · 미사일 위협을 고려하면, 이에 대한 억제와 대응을 위한 「한국형 3축 체계」의 구축과, 독자적 감시정찰 능력의 구비, 우리 우주자산 보호 등의 능력을 신속하게 구축할 필요가 있다.

Ⅲ 국방우주력 발전을 위한 전략

이처럼 시급한 국방우주력 구축을 위해 몇 가지 부분에 대한 노력을 집중할 필요가 있다. 이러한 노력은 크게 정책 · 전략 분야, 전력분야, 인력 · 교육 분야, 국내 · 국제협력 분야 등 4개 분야로 나눌 수 있다.

1. 정책 · 전략 분야

정책 · 전략 분야에서는 국방위성 지상국의 통합운영체계 구축, 국방 우주발사체 발사 허가권한 조정, 국방 우주개발사업 추진체계 재정립, 위성 사이버 보안정책 수립 등의 현안이 있다.

첫째, 국방우주력의 핵심이라고 할 수 있는 위성의 운용을 효율적으로 하기 위해서는 국방위성 지상국의 운영체계를 통합적으로 구축할 필요가 있다. 최근 국방분야의 운용 위성이 증가함에 따라 인력증원과 관제세계 확대 등이 필요하나, 향후 군의 병력감소, 예산소요 등을 고려한다면 지상국의 추가 신설은 매우 제한되는 것이 현실이다.

따라서, 제한된 예산과 자원으로 최적의 국방위성 운영체계를 정립할 필요가 있다. 군사위성을 추가로 발사할 때마다 추가적인 지상운영센터를 구축하는 것은 운영시설의 확보뿐만 아닌, 관제 · 수신체계의 추가 증설, 인력의 추가소요 발생 등이 불가피하다. 이러한 여건을 고려하여 효율적으로 국방위성을 통합 운영할 수 있는 통합위성운영센터를 구축하는 것이 훨씬 효과적이고 효율적일 것이다. 현재 국가우주 차원에서는 제주 국가위성운영센터를 설치, 운영 중이다.

둘째, 국방우주력의 독자적인 발전체계를 구축하기 위해서는 국방 우주발사체 발사 허가 권한을 국방부로 조정해야 한다. 현재 북한핵문제를 비롯한 안보상황과 세계적 우주개발 추세를 고려하면, 향후에도 다수 군사위성 발사에 대한 소요가 지속적으로 발생할 것이다. 하지만, 국방우주력을 위한 군사위성은 일반 과학위성이나 상업위성에 비해 군사보안 등에 대한 심도 있는 고려가 필요하게 된다. 이 때문에 우주발사체 발사를 위한 부처간 업무조정에 많은 시간과 노력이 필요하게 된다는 문제점이 있다. 따라서, 국방우주발사체 발사 허가권한을 국방부장관으로 조정하는 것이 필요하다.

무엇보다 군사 및 안보 목적의 위성은 적기 전력화 및 고도의 보안이 필수이다. 국방우주발사체의 발사계획서를 매번 과기부 산하의 우주항공청에 제출하게 되면 발사체와 위성의 제원 및 성능 등이 외부에 노출될 우려가 있다. 또한, 유사시 긴급 군사위성 발사 소요에 대비해야만 한다. 국방우주발사체의 발사를 기존 우주항공청에서 정한 절차에 따르게 된다면 위성발사에 수개월이 소요되는데, 시급한 국방우주의 안보상 필요성에 비추어 이것은 그 효과를 반감시킬 수도 있다.

실제로, 다른 법령에도 군 특수성을 고려하여 국방분야에 예외조항을 포함한 사례가 다수 있다. 예를 들면, 「국토기본법」 제8조에 "다만, 군사에 관한 계획에 대하여는 그러하지 아니하다"와 같은 조항이 있다. 미국을 비롯한 우주선진국도 국방관련 발사허가는 군에 위임하고 있다. 미국과 이스라엘 등은 군사위성 발사를 국방부장관 책임 하에 추진 중이고 프랑스는 국방부장관과 고등교육연구혁신부장관(과기부장관)이 공동으로 위성발사를 통제하고 있다. 따라서, 아래와 같은 제도적 개선이 필요하다.

- (개선소요) 「우주개발진흥법」 제11조(우주발사체의 발사허가)를 개정하여 "우주발사체를 발사하려는 자는 우주항공청장의 허가를 받아야 한다"에 "단, 국방 목적의 우주발사체를 발사하는 경우에는 국방부 장관이 대신할 수 있다"를 추가하는 것이 바람직하다.

셋째, 미래 국방우주의 발전을 선도할 국방우주 개발사업의 추진체계를 재정립할 필요가 있다. 최근 국방분야에서 위성활용 소요 증가와 제한적인 위성 수명주기 등을 고려하여, 국방우주사업 심의절차 개선을 통한 우주자산 적기 전력화가 필요하다.

현재 한국정부가 추진하고 있는 「한국형 3축체계」 감시정찰 능력 강화를 위해서는 군사위성 소요가 획기적으로 증대될 것으로 예상된다. 이들 사업을 적기에 추진하는 것이 긴요한데, 군사위성의 수명주기를 고려하면, 매 3~5년마다 추가적인 소요에 대한 결정과 사업추진이 필요하다. 그러나 현재의 절차로는 전력화 수요충족에 한계가 있다. 이에 따라 아래와 같은 제도 개선이 필요하다.

- (개선소요) 「우주개발진흥법」 제6조(국가우주위 심의사항에서 제외)를 개정하여 "국가의 안전보장 등 필요한 경우 다음 각호의 사항에 대한 심의를 생략할 수 있다"에

‘우주개발사업에 필요한 재원조달 및 투자계획에 관한 사항’을 추가할 필요가 있다.

넷째, 국방우주 분야에서 심화되고 있는 사이버 전쟁을 고려하여 위성 사이버 보안정책을 수립하여야 한다. 국방우주의 중요성에 비례하여 우주영역에서의 사이버 위협이 급증하고 있다. 국방우주자산을 보호하기 위한 ▵제도개선, ▵기술개발, ▵운용강화, ▵역량강화 등 위성사이버 보안 대책의 마련이 시급하다.

2. 전력 분야

국방우주의 전력분야에서는 국내·외 민간(상용)위성의 국방분야 활용전략 수립, 국가위성의 국방분야 활용전략 수립, 국방우주발사장 구축, 한미 우주상황인식 정보공유 확대 등의 현안이 있다.

첫째, 폭증하는 국방우주력 증대의 수요에 대응하기 위해서 군사 전용 위성만으로는 부족하다. 따라서, 국내·외 민간(상용)위성을 국방분야에 활용하는 전략을 수립할 필요가 있다. 대체로 국방위성의 확보에는 장기간이 소요되어 그 갭을 보완하기 위해서는 국내·외 민간위성을 활용하는 것이 필수적이다. 상업우주 분야의 혁신역량, 제조력, 신속한 신기술 적용 능력 등을 활용한다면, 국방우주 아키텍처의 보강과 외부위협에 대한 억제력의 강화에 도움이 될 것이다.

구체적으로 전·평시 전 우주임무 분야에서 회복탄력성을 확보하기 위한 상업우주분야 통합 매커니즘의 발전이 필요하다. 아울러, 상업우주분야의 통합에 대한 위험 완화와 위험 수용을 위해 상용업체와 협조적 업무수행이 필요하다. 국가우주안보의 회복탄력성과 억제력을 강화하기 위해서는 상업 우주분야의 혁신성과 민첩성이 필요하다.

과거 정부·군이 우주분야를 주도했으나, 현재는 상업이 다양한 분야에서 우주사업을 확장하고 주도하고 있다. 상업 솔루션 도입은 보안과 전력화 측면에서 상충관계가 나타날 수도 있으나 빠르게 성장하는 경쟁국의 우주기술 개발과 전력 증강에 대응하기 위해서는 불가피한 선택이다.

우주 선진국인 미국에서도 상업 우주역량의 적극적 활용이 이루어지고 있다. 현재 급속히 진행되고 있는 상업 우주분야의 성장을 고려하여 국방 우주력 발전에 필요한 상업 우주역량을 통합 활용하는 방안을 구체화할 필요가 있다.

둘째, 국방우주력의 수요를 감당하기 위해서는 상업위성과 마찬가지로 다른 분야의 국가위성을 국방분야에 활용하는 전략을 수립할 필요가 있다. 현 상황은 감시·정찰용 국가위성 중 일부만 국방분야에 활용되고 있다. 제한된 국가 자원의 효율적 활용이라는 측면에서도 현재 운용되고 있는 위성뿐만 아니라 향후 확보 가능한 모든 국가위성을 국방우주에 활용할 필요가 있다. 이렇게 국가위성을 추가로 활용하게 되면 위성의 재방문 주기를 획기적으로 단축시킬 수 있을 것이다.

셋째, 증가하는 국방우주발사체의 수요에 맞춰 국방우주발사장의 구축이 필요하다. 현재 국내 여건은 국방 위성 · 발사체의 안정적인 발사를 보장할 수 없는 실정이다. 국방위성의 안정적 발사를 위해서는 추가 지상 발사장 조성이 필요하다. 현재 사용 중인 나로우주센터나 조성 중인 우주항공청의 민간 발사장에서는 국방우주의 수요를 충족하는 것이 어려운 상황이다.

나로우주센터는 액체 연료 발사체를 위한 발사대로서 고체발사체를 사용할 수 없다. 새로 건설되는 민간발사장을 사용한다고 해도 국방우주발사체를 위해 활용 시 고체발사체 1기 발사 당 발사장 운용 기간이 약 3개월이 소요되게 된다. 여기에 민·군이 번갈아 활용하게 되면 시설 철거 및 재설치 등에 추가적인 기간이 필요하게 된다. 해상발사시설을 고려해 볼 수도 있지만, 해상발사는 해상기상 영향이 크고 추가 부대비용이 발생하게 된다. 매 발사마다 해상발사 시 바지선 임대 등 수십억 원 이상 추가비용이 발생하게 된다.

중 · 대형 위성의 경우에는 해외 위탁 발사를 한다고 하면 비용과 위험이 추가로 증가하게 된다. 국방우주의 특수성을 고려하면, 해외나 해상 발사 시 국가안보와 직결되는 긴급 발사가 제한되며, 보안을 고려하여 국내 국방 단독 발사장 구축이 필요하다. 해외발사는 발사계약 및 일정조율이 필요하고, 해상발사는 해상기상의 영향성이 크다. 따라서, 국방위성 및 발사체의 보안 유지 및 해외 발사 의존도 최소화를 위하여 국방 전용 지상발사장이 필요하다. 만약, 국방 발사장 구축이 지연되면 현재 국방분야에서 개발 중인 중 · 대형 위성 및 고체발사체의 해외 발사가 불가피하게 된다.

한편, 향후 민간주도 발사서비스의 활성화와 재사용발사체 개발 등의 민간의 수요를 고려할 때 미국 플로리다 사례와 같이 발사패드를 다양화하는 것도 검토해 볼만하다.

넷째, 제한된 국방우주력의 효과를 극대화하기 위해서는 한미 우주상황인식 정보공유의 확대가 필요하다. 국방위성이 증가함에 따라 국방위성의 상태를 실시간 감시할 수 있는 능력이 필수적이다. 동맹관계인 한미 간에는 공개된 위성에 대한 감시정보를 공유 중이기는 하지만, 군사적 활용도가 높은 비공개 · 적성위성 등에 대한 정보는 공유되지 못하고 있는 실정이다.

현재는 한국과 미국의 국방우주력에 질적, 양적으로 차이가 심하기 때문에 정보에 있어서 비대칭성이 생기고 있고, 이것이 정보 공유에 대한 필요성에서 양측 간에 추가적인 비대칭성을 유발하고 있다. 그러나 한국의 우주감시체계가 추가적으로 전력화되면 양국의 관측정보, 비공개·적성 위성정보 등의 공유에 대한 공감대가 확대될 것이다. 따라서 양측 간의 정보 공유를 확대하여 모두의 우주감시 역량을 강화에 시너지를 발휘할 수 있다.

3. 인력·교육 분야

국방우주의 인력 및 교육 분야에서는 국방우주 전문교육기관의 신설과 우주전문인력 제도 신설 및 교육 확대가 필수적이다.

첫째, 국방우주력의 발전을 위해서는 이를 운용할 수 있는 인력양성을 위한 국방우주 전문교육기관의 신설이 필요하다. 미국의 국가안보우주연구소(NSSI)와 같은 전문적인 국방우주교육기관을 신설하여 국방우주인력의 안정적 양성 및 전문성 강화를 추진할 필요가 있다.

이러한 국방우주 전문교육기관이 설립된다면, 온라인 공개강좌와 다양한 실습교육과정 등의 교육서비스가 폭넓게 제공될 수 있을 것이다. 우주 관련 기본교육 컨텐츠를 온라인 환경에서 제공한다면, 사용자 접근성을 용이하게 하고, 교육효과를 증진할 수 있을 것이다. 온라인 교육의 특성상, 교육 시설, 교관에 제한 없이 개인별·자율적 학습여건을 조성할 수 있고 전문교육 입교 전 기초지식 제고를 위한 사전 교육으로도 활용할 수 있을 것이다.

미국 우주군 통합우주교육기관인 NSSI(국가안보우주연구소)는 우주입문(ITS: Introduction To Space) 교육을 온라인 과정으로 운영하면서 전문과정 입소 전 사전교육에 이용하고 있다. 아울러, 고도의 전문지식이 필요하지 않은 위성운용부대의 인원들이 실습을 할 수 있는 위성운영인력 신습교육과정을 운영하는 것도 가능할 것이다.

〈표 2〉 미 국가안보우주연구소 교육과정

과정명	교육내용	교육기간/방법
ITS	<u>우주 소개 과정</u> (Introduction to Space) • **(대상)** 전군, 기관, 특정 우호국 • **(내용)** 우주 관련 과학 개념, 용어 및 우주역사	40시간 온라인 학습
SP100	<u>우주기본과정</u> (Space 100, 초급) • **(대상)** 기관, 특정 우호국, 비작전 USSF 간부 • **(내용)** 우주 관련 과학 개념, 합동 군사작전 지원	5일 입교,온라인, 이동교육
SP200	<u>우주중급과정</u> (Space 200, 중급) • **(대상)** Field 등급 장교, 美국방부, FVEY 국가 • **(내용)** 우주 체계 개발, 우주력	10일/입교 * 한국군 입교 제한 (21차 SCWG 미측 답변)

과정명	교육내용	교육기간/방법
SP300	우주고급과정 (Space 300, 고급 캡스톤 과정) • **(대상)** Field 등급 장교, 美국방부, FVEY 국가 • **(내용)** 국내외 정책 고려 전략적 사고, 이해	15일/입교 * 외국군 입교 제한 (7/8차 SCWG 미측 답변)
SEC	우주 경영자 과정 (Space Executive Course) • **(대상)** 대령급 이상 장교 등 고위 간부 • **(내용)** 우주법, 정책, 교리개요, 국가 · 군 · 민간 우주체계 등	2일 입교, 이동교육
SCPC	우주 캡스톤 발간 과정 (Space Capstone Publication Course) • **(대상)** 전군, 기관, 특정 우호국 • **(내용)** 우주군 교리 이해 기본	4시간 온라인 학습
MTOC	임무 유형별 명령 과정 (Mission Type Orders Course) • **(대상)** 美 우주군 • **(내용)** 우주계획 절차, 명령의 목적 이해	4~6시간 온라인 학습
MSOIC	해양 우주운영 통합과정 (Maritime Space Operations Integration Course) • **(대상)** 美 해양우주장교, 해군, 美 정부 • **(내용)** 우주력 통합을 통한 해양작전 지원	10일/입교

둘째, 국방우주력의 획기적 발전을 위해서는 우주전문인력 제도를 신설하여 교육의 기회를 확대하여야 한다. 국방우주력의 발전과 필요성이 증가함에 따라 미래 국방 우주전문인력의 소요가 증대되고 있다. 따라서 우주전문인력의 양성과 체계적 관리가 요구된다. 우주전문인력은 장기간의 양성과정이 요구되므로 초기부터 체계적으로 추진될 필요가 있다.

따라서, 우주전문인력의 체계적 양성 · 관리를 위해 관련 훈령과 규정을 개정하고, 우주분야 전문성 강화를 위해서 항우연, 천문연, 미국의 NASA, 프랑스의 국제우주대학 등과 같은 국내 · 외 우주기관에 교육과 연수, 파견을 확대할 필요가 있다.

4. 대외협력 분야

대외협력적 차원에서는 민 · 군 합동우주훈련, 우주기술 민군 공동개발 확대, 한미 우주위험대응 TTX 개최, 국제적 연합우주연습 참여 확대 등이 요구되고 있다.

我 정찰·통신·항법위성 교란 | 我 위성 네트워크 해킹 | 킬러위성 공격
탄도미사일 활용 我 위성 공격 | 핵·비핵EMP를 통한 我 위성 공격 | 지향성 에너지 공격

첫째, 제한된 여건 속에서 신속한 국방우주의 발전을 위해서는 국방부 또는 합참이 주도하는 민·군 합동우주훈련을 신설하여 시행하는 것이 필요하다. 현재도 민군 합동훈련을 시행하고 있기는 하지만, 이것은 우주항공청 주관으로 「재난대응 안전한국훈련」과 연계하여 우주 위험대응 훈련만을 시행하는 것이다. 합참 및 각군이 참여하고는 있지만, 우주기상 악화와 우주물체 충돌·추락 등 자연적·임의적 상황에 대한 대응훈련 위주로 진행되고 있다. 이를 개선하여 우주 위험뿐만 아니라 국가 간 우주자산의 활동과 생존성을 의도적으로 저해하는 우주 위협을 포괄하여 연습할 수 있는 군 주도의 민·군 합동 우주 상황훈련을 신설하여 시행할 필요가 있다.

둘째, 기술경쟁의 시대, 우주분야는 그 어느 분야보다 첨단 과학기술의 각축장이 되고 있다. 기술의 격차가 우주력 경쟁의 핵심적 요소이다. 따라서, 국방우주의 국제경쟁력을 키우기 위해 우주기술에 대한 민군 공동개발을 확대해야 한다. 제한된 여건 속에서 '민군협력'을 통한 우주기술 공동개발만이 국방우주기술 개발의 효율성을 극대화할 수 있을 것이다.

〈표 3〉 미국의 연합우주작전 구상 현황

◦ **(기본 성격)** 우주영역에서 잠재적 위협에 대응, 공동의 작전 수행을 위한 美 주도 우방국간 법적 구속력 없는 포괄적이고 군사적인 성격의 협의체 ◦ **(참가국)** '24.4월 현재 총 10개국(▵미국 · 영국 · 호주 · 캐나다 4개국으로 출범('14년) → 뉴질랜드('15년) → 프랑스 · 독일('20년) → 일본 · 이탈리아 · 노르웨이('23년) 가입) ◦ **(비 전)** "우주 국가안보 작전에 있어 책임 있는 행위자로서 적용 가능한 諸국제법에 따라 적대적인 우주 활동으로부터 보호 · 방어를 추구 · 준비하는 주도적인 파트너" ◦ **(임 무)** 우주에서의 ▵행동의 자유 지속, ▵자원의 효율적 활용, ▵임무 보장성과 회복력 강화, ▵분쟁 방지를 위한 협력 · 조율 · 상호 운용성 증진

셋째, 한미동맹에 기반한 한반도 안보환경을 고려하여 연합우주작전 실행력 제고를 위한 한미 우주 위험대응 도상연습(TTX: Table Top Exercise)을 개최할 필요가 있다. 북한은 이미 정찰위성을 발사하여 GPS 재밍 등 한국에 위협이 되는 우주전력을 현실화하고 있다.

가까운 미래에는 이러한 위협이 훨씬 더 커질 가능성이 높다. 따라서, 이러한 미래의 가능성에 대비하여 한미동맹 차원의 대응방안 모색이 필요하다. 이러한 수단으로 한미 우주 위험대응 도상연습을 추진하는 것이 필요하다. 한미동맹 간 이러한 협력을 통해 북한의 우주능력을 평가 · 전망하고, 우주 위협 억제 · 대응을 위한 연합우주작전 능력과 태세 보완소요를 도출하여야 한다.

넷째, 급속히 발전하는 우주력에 뒤처지지 않기 위해서 우주선진국들이 주관하는 국제적 연합우주연습에 참여하는 것을 확대할 필요가 있다. 현대도 우리 군은 연합우주작전 수행능력 향상을 위해 미국 우주사령부 주관의 우주상황인식 조치 연습인 「글로벌센티넬」에 참여하여 많은 성과를 얻고 있다.

이 외에도 미국이 주관하는 또 다른 연습인 슈리버워게임이나 연합우주작전 구상(CSpO Initiative) 등에 추가적인 참여도 고려해 볼 수 있을 것으로 사료된다.

Ⅳ 결 론

우주영역이 미래의 핵심 전장이라는 데에는 모두가 공감하지만, 아직까지 국방우주력 건설의 중요성에 대한 인식은 다소 부족한 상황이다. 뛰고 나는 것을 넘어서 우주로 뛰쳐나간 주변국들에 뒤지지 않기 위해서는 기존의 안이한 틀에서 벗어나 임박한 우주 위협에 대처할 수 있는 가장 효과적인 방법을 찾아야 한다. 한국의 안보분야에 대한 우주개발 현황은 주변국의 우주자산 규모, 군사용 우주체계 개발 기술력, 조직 · 인력 · 예산 부분에서 상대적으로 미흡하며, 국방 우주전력 확충 및 기술개발에 대한 노력이 추가적으로 필요한 상황이다.

주변국들의 우주력 향상에 대응한 국방우주력 구축을 위해 국가적인 차원에서 노력을 집중할 필요가 있다. 크게 정책 · 전략 분야, 전력분야, 인력 · 교육 분야, 국내 · 국제적 대외협력 분야 등 4개 분야로 나눌 수 있다. 국방우주력 개발을 위한 군사위성의 운용을 효율적으로 하기 위해서 정책 · 전략 분야에서는 국방위성 지상국의 통합운영체계 구축, 국방 우주발사체 발사 허가권한 조정, 국방 우주개발사업 추진체계 재정립, 위성 사이버 보안정책 수립 등이 필요하다. 국방우주의 전력분야에서는 국내 · 외 민간(상용)위성의 국방분야 활용전략 수립, 국가위성의 국방분야 활용전략 수립, 국방우주발사장 구축, 한미 우주상황인식 정보공유 확대 등이 필요하고, 이를 운용할 수 있는 국방우주의 인력 및 교육분야에서는 전문교육기관의 신설과 우주전문인력 제도 신설 및 교육 확대가 필수적이다. 아울러, 대외협력적 차원에서는 민」군 합동우주훈련, 우주기술 민군 공동개발 확대, 한미 우주 위험대응 TTX 개최, 국제적 연합우주연습 참여 확대 등이 필요한 상황이다.

현대전에서 국방로봇의 역할과 기능이 방위산업에 주는 함의

장 상 국

요약문

국방로봇과 드론은 현대전에서 전투수행 방식의 혁신을 가져오는 게임체인저이며 우크라이나 전쟁, 나고르노-카라바흐 전쟁, 미국의 대테러 작전 등에서 무인전력의 중요성이 강조되었다.

한국도 LIG넥스원의 군집드론, 한화의 무인차량, KAI의 차세대 드론 등을 개발하면서 글로벌 방산시장에서 경쟁력을 강화하고 있다. 그러나 전자전 및 해킹 위협, 배터리 문제, 국제 규제 및 윤리적 문제, 국내 기술력 부족 등 여러 제한사항을 갖고 있다.

또한, 방위산업의 인프라 측면에서는 핵심 부품의 높은 해외 의존도, 전자전 대응 기술 부족, 방산 기업의 R&D 투자 한계, 실전 테스트 인프라 부족 등의 문제를 해결해야 하고, 제도적 관점에서도 군의 보수적인 무기 도입 절차, 국제 수출 규제, AI 기반 무기의 윤리적 문제 등이 제한 요소로 작용한다.

결론적으로, 한국은 국방로봇 및 드론의 발전을 위해 기술 국산화, 전자전 대응력 강화, 방산 스타트업 지원, 신속 전력화 체계 구축 등의 노력이 필요하며, 이를 뒷받침할 법 · 제도 정비 및 국제 협력 강화가 필수적이다.

· 핵심어(Key Word) : 국방로봇, 드론, 방위산업, 방산시장, 게임체인저

I 서 론

현대전에서 무인체계가 전장의 판도를 변화시키는 핵심 요소로 부각되고 있다. 특히, 국방로봇과 드론은 정찰·감시, 타격, 군수지원 등 다양한 역할을 수행하며, 우크라이나 전쟁, 나고르노-카라바흐 전쟁, 미군의 대테러 작전 등에서 그 중요성이 입증되었다. 이러한 변화 속에서 한국도 무인전력 강화를 위한 방위산업 육성에 집중하고 있으나, 기술적·제도적·운용적 한계로 인해 글로벌 경쟁력 확보에 어려움을 겪고 있다.

따라서, 국방로봇 및 드론이 현대전에서 수행하는 역할과 한계를 분석하고, 한국 방위산업의 인프라 및 제도적 관점에서 해결해야 할 과제를 도출하는 것을 목적으로 한다. 이를 통해 한국이 차세대 무인전력 강국으로 도약하기 위한 발전 방향을 제시하고자 한다.

이를 위해 사례연구(case study) 방법을 활용하여 국방로봇 및 드론이 현대전에 미친 영향을 분석하고, 한국 방위산업의 현황과 문제점을 파악하며, 한국의 방산기업의 국방로봇 및 드론 개발 현황과 관련 정책을 검토하여 국내 방위산업의 기회와 한계를 분석한다.

첫째, 국방로봇과 드론은 현대전에서 게임체인저 역할을 수행하고 있으며, 특히 군집 드론, 자폭 드론, 무인전투차량(UGV), AI 기반 자율무기체계의 발전이 전장 환경을 빠르게 변화시키고 있다. 둘째, 한국의 방위산업은 무인화 기술 개발에 집중하고 있으나, 핵심 부품(반도체, 정밀 센서, AI 시스템)의 해외 의존도, 전자전 대응력 부족, R&D 투자 한계, 실전 테스트 인프라 부족 등의 문제를 안고 있다. 셋째, 군의 보수적인 무기 도입 절차, 국제 수출 규제, AI 기반 무기의 윤리적 문제 등 제도적 제한이 무인전력 발전을 저해하는 요인으로 작용하고 있다.

본 연구는 한국이 국방로봇 및 드론을 활용한 무인전력을 강화하기 위해 핵심 기술 국산화, 전자전 대응력 강화, 방산 스타트업 및 민간기업 지원 확대, 신속한 무기 도입 체계 구축 등의 노력이 필요하고, 제도적 측면에서는 무기 도입 절차 개선, 방산 수출 규제 완화, AI 기반 무기의 윤리적 가이드라인 마련이 필수적이다. 향후 연구 방향은 한국형 군집 드론 및 AI 기반 전투체계 개발 전략, 전자전 및 사이버 보안 강화 방안 등을 구체화하고, 한국 방위산업이 글로벌 경쟁력을 갖출 수 있도록 하는 방안을 모색할 필요가 있다.

Ⅱ 현대전에서 국방로봇의 활용 사례

1. 우크라이나-러시아 전쟁에서 드론의 역할 및 분석

우크라이나-러시아 전쟁은 현대전에서 드론이 핵심 전력으로 자리 잡았음을 보여주는 대표적인 사례이다. 이번 전쟁에서 드론은 정찰·감시, 타격, 자폭 등의 다양한 임무를 수행하며 전장의 판도를 바꾸는 게임체인저 역할을 수행했다. 특히, 군용 드론뿐만 아니라 상용 드론도 적극적으로 활용되면서 드론 전쟁의 새로운 패러다임을 제시하였다.

우크라이나 전쟁에서 드론은 다음과 같은 임무를 수행하였다. 첫째, 정찰 및 감시 활동으로 우크라이나군은 Bayraktar TB-2와 Matrice-300, Mavic-3 등 다양한 드론을 활용하여 러시아군의 전차 이동 경로를 정찰하고, 목표 정보를 실시간으로 공유하였으며, 러시아군도 Orlan-10과 Orion-E 드론을 활용하여 포병 타격의 정확도 향상과 우크라이나군 방어선을 파악하는 임무를 수행하였다. 둘째, 정밀 타격 및 폭격 유도를 위해 Bayraktar TB-2는 공대지 미사일을 장착하여 러시아군의 전차 및 방공망을 공격하는 데 활용되었으며, 드론이 제공한 실시간 표적 정보는 포병 및 미사일 공격의 정밀도를 향상하는 데 중요한 역할을 하였다. 셋째, 자폭 공격은 러시아군이 이란제 Shahed-136 자폭 드론을 활용하여 우크라이나 주요 시설을 타격하였고, 우크라이나군은 소형 드론에 수류탄이나 고폭탄을 장착하여 러시아군을 공격하는 전술을 활용하였다. 또한, 우크라이나군은 민간 상용 드론(Mavic-3, Matrice-300 등)을 적극적으로 활용하여 적의 위치를 파악하고, 민간 드론 부대(Aerorozvidka)를 조직하여 정찰 및 타격 목표를 선정하고 포격을 지원하는 데 활용하였다

이처럼 드론의 성과는, 초기 전쟁 국면에서 우크라이나군의 방어력을 강화했다. Bayraktar TB-2를 활용하여 수도를 향해 진군하는 전차 부대 행렬을 공격하여 일주일 이상 정체를 발생시켜 러시아군이 수도 포위 작전에 실패하도록 하는 성과를 얻었지만, 속도와 기동성이 떨어지는 단점으로 러시아군 대공 미사일에 의해 격추되기 시작하였으며, 러시아군은 약 90대의 Bayraktar TB-2를 격추했다고 발표했다.

또한, Matrice 300, Mavic 3 등 상용 드론을 활용해 적의 위치를 파악하고 자국의 포병 지휘·통제 서버에 전송하여 표적 정보를 제공하였고, 고폭탄을 탑재한 공격도 수행하였다. 또한, 정규군 이외 드론 산업종사자나 동호인 출신 민간 드론 부대인 Aerorozvidka(아에로로즈비드카)에서 러시아군의 행렬을 드론으로 실시간 촬영하여 우크라이나군에 전달, 포격을 유도하는 등 민간 드론 운용자가 군의 임무수행을 지원하였다.

자폭 드론을 활용한 비용 대비 효과적인 전력 운용이 가능했다. 러시아군은 Orlan-10

정찰 드론으로 포격 정확도를 높이고, Orion-E 드론으로 우크라이나군 지휘소와 다연장 미사일을 정찰·파괴하는 영상을 공개했다. 2022년 하반기 이후 러시아는 이란제 Shahed-136 드론으로 공격을 수행했고, 우크라이나도 상용 드론과 미국제 Switchblade-600을 이용해 세바스토폴 공군기지와 항구를 공격한 것으로 추정된다. 러시아는 우크라이나가 러시아 국경 내 공군기지를 자폭 드론으로 공격했다고 주장했다. 우크라이나 군은 GIS Arta라는 포병 지휘통제 프로그램으로 포병과 드론을 연계해 제한된 자원으로도 러시아군과 효과적으로 교전할 수 있었다.

우크라이나 전쟁에서 드론은 현대전의 필수 전력으로 자리 잡았다. 군용 드론뿐만 아니라 상용 드론도 전투에 활용되면서 드론 전쟁의 패러다임이 변화하고 있다. 특히, 비용 대비 효과가 높은 저비용 드론이 적재적소에 활용되면서 기존의 전력 운용 방식에 변화를 초래하였다.

다음은 우크라이나 전쟁에서 활용된 드론의 종류이다.

〈표 1〉 군용 드론

드론 종류	국가	주요 역할
Bayraktar TB-2	터키	정찰 및 공대지 공격
Orlan-10	러시아	감시 및 정찰, 포병 유도
Orion-E	러시아	중고도 정찰 및 타격
Shahed-136	이란(러시아 사용)	자폭 공격
Switchblade-600	미국(우크라이나 지원)	자폭 공격

〈표 2〉 상용 드론

드론 종류	국가	주요 역할
Matrice-300	DJI(중국)	정찰 및 감시, 포병 유도
Mavic-3	DJI(중국)	정찰 및 소형 폭탄 투하

1. 지상로봇의 용도 및 활용 사례

무인 지상 차량(Unmanned Ground Vehicle, 이하 UGV)은 지면에 접촉해 인간이 탑승하지 않아도 기능함으로써 작업을 수행할 수 있는 차량이다. UGV는 첨단센서와 카메라, 인공지능을 탑재하고 있어 자율적으로 장애물을 회피하면서 목적지까지 최적 경로를 판단하여 이동하거나 또한 원격 조작을 통해 위험한 환경에서도 높은 안전성을 유지하면서 임무를 수행할 수 있다는 것이 특징이다.

군사용 UGV는 전투지역에서 정찰과 물자 수송 외에도 위험지역 현장에서 병사와 구조대원이 위험한 지역에 직접 진입할 필요가 없어서 병력 위험 감소와 함께 신속하고 안전한 대응이 가능하다. UGV는 최신 기술과 인공지능의 결합으로 오프그리드(Off Grid) 군사작전에서도 견딜 수 있도록 설계돼 초원, 눈, 사막, 진흙투성이의 도로 등의 다양한 지형 환경에서 전투 지원, 첩보, 감시, 정찰 활동, 부상자 수송 등 다양한 용도로 사용이 가능하여 현 시점에서 방산시장의 성장을 촉진하고 있다.

세계 주요국은 군용 지상무인차량을 적극적으로 개발 중이다. 미 육군은 분대용 다목적 지원차량(SMET), 로봇 전투차량(RCV-L,M,H)과 수송차량을 위한 Leader-Follower 체계를 시험 중이다. 다목적형인 SMET(Squad Multi-Purpose Equipment Transport)은 2018년부터 제10 산악사단에서 시험 중이며 일반수송용, 보병 전투용, 대전차용, 공병용 등으로 계열화 예정이며, 전투용인 RCV(Robot Combat Vehicle)-L(10톤 이하)은 이미 시험평가를 완료하였고, RCV-M(20톤 이하)과 RCV-H(30톤 이하)은 시험평가 중이다.

이스라엘 육군은 국경 감시로봇인 Guardium 등 다수의 지상무인차량을 운용 중이며, 최근 AI 기반의 자율무인차량 'ROOK'을 공개하였다. 엘빗 시스템스(Elbit Systems)가 개발한 룩은 6x6 구동 방식의 소형 경차 크기의 무인지상차량으로 인공지능 자율주행 시스템과 센서 덕분에 병사가 수동으로 조작하지 않더라도 스스로 정차와 이동을 하면서 임무를 수행할 수 있다.

독일은 Rheinmetall 회사에서 '미션 마스터(Mission Master)' 로봇(UGV)에 정찰 기능을 추가한 버전을 발표했다. 새로운 정찰용 UGV는 3.5m 높이의 접이식 마스트(돛대)에 일련의 센서들(적외선 센서, 감시 레이더, 360도 카메라)을 장착하고 있으며, 원격조종 7.62mm 포와 레이저 거리측정기, 목표물 지시기를 장착하여 고위험 정찰 임무를 수행하며, 군인들을 위험에 빠뜨리지 않고 실시간 공동 작전이 가능하도록 제작되었다.

러시아는 전투용 로봇인 '우란-9'을 개발했다. '우란-9'은 기관총, 30mm포, 탱크 공격용 미사일 등을 탑재했으며 불길도 돌파할 수 있도록 방화 기능을 갖추고 있으며, 사람이 원격 조정하여 원격 정찰용, 대테러 작전용, 방화 지원 플랫폼으로 활용 가능하다. 또한 정찰용 로봇인 Nerekhta 등 다수의 지상무인차량을 시험 중이며, 특히 자율형 무인전차 Marker를 시험 운용하고 있다.

최근 우크라이나-러시아 전쟁에서 UGV의 활약에 전 세계가 주목하고 있으며, 양군 모두 UGV를 적극 활용한 '로봇 전쟁' 시대를 열고 있다. 최근 무인 지상 전투 로봇 '류트(Lyut) 2.0'을 배치해 보병을 지원하고 적의 위치를 탐색하는 임무를 수행한다. 기관총이 장착된 작은 탱크 모양으로, 최전선에서 보병과 정찰병에게 화력 지원을 해주는 것으로 알려졌다. 4개의 바퀴로 이동하는데 최대 주행거리는 20㎞이고, 사흘간 자율주행하며 작전을 수행할 수 있다. 작은 포탄과 총알을 막아낼 수 있는 4등급 방호 장갑 기능도 적용했다.

우크라이나군 제12 특수전단(아조우 여단)은 이 로봇이 적의 위치를 식별하거나 아군에게 집중된 사격을 분산시키는 미끼 역할도 수행한다고 설명했다. 또한, 우크라이나는 다양한 무인 차량을 개발하며 로봇 군대를 구축 중이며, '퓨리' 실전 배치는 무인지상로봇을 군사 작전의 일부로 편입시키려는 우크라이나군의 포괄적 계획의 일부로 판단된다.

또한, 우크라이나군은 러시아 기지 정찰과 지뢰 탐지 등 전선의 병사들이 담당한 위험천만한 임무를 대신 수행할 수 있는 로봇 개 '배드 원'(BAD one)을 활용하였다. 영국이 개발한 배드 원은 뜨거운 열을 느끼는 센서가 달려 있어 땅 밑에 숨겨진 지뢰를 미리 찾아내어 사전에 위험을 제거할 수 있었다.

이처럼 우크라이나가 무인지상로봇을 비롯한 다양한 드론을 개발해 대대적으로 전장에 투입하는 것은 활용도가 예상을 뛰어넘을 정도로 효과적이기 때문이다. 전쟁이 3년 가까이 이어지면서 극심한 병력난에 허덕여온 우크라이나로서는 다양한 드론들이 최전선의 전력을 강화하는 데 도움이 된 것으로 판단했으며, 특히 최근 투입된 무인지상로봇은 지원병이 아닌 전투병의 역할까지 담당한 사례로 지상군 전투 지원용 무인지상로봇 '퓨리'를 최전선에 배치해 전투용으로 운용 중이라고 밝힌 바 있다.

Ⅲ 국방로봇 분야 산업 분석 및 발전방안

1. 국방 드론 분야 산업 분석

전 세계 군사용 드론 시장은 급격한 성장세를 보이고 있으며, 군사작전의 핵심 요소로 자리 잡고 있다. 포천 비즈니스 인사이트에 따르면, 군사용 드론 시장 규모는 2023년 144억 달러에서 2030년 356억 달러로 성장하고, 연평균 성장률(CAGR) 7.1%를 기록할 것으로 예측된다. 이는 드론이 감시 및 정찰뿐만 아니라 전투, 전자전 및 군수지원까지 다양한 역할을 수행하면서 군사 전략의 중심축으로 자리 잡고 있음을 시사한다.

미국은 군사용 드론 기술 개발을 선도하며, 고성능 무인항공기(UAV)를 운용하고 있다. 대표적인 기종으로 MQ-9 리퍼와 RQ-4 글로벌 호크가 있으며, AI 기반 자율비행 기술을 도입하여 정찰 및 타격 임무의 자동화를 추진하고 있다. 중국은 CH 및 GJ 시리즈와 같은 군용 드론을 개발하여 글로벌 시장의영향력 확대와 최근에는 스텔스 기능을 갖춘 무인전투기의 개발에도 박차를 가하고 있다.

러시아는 이란제 샤헤드-136 자폭 드론을 활용하여 전장에서의 전술적 우위를 확보하려 하고 있으며, 자국 내 군사 드론 생산 능력 확장을 통해 드론 전력 강화를 추진 중이다.

우크라이나는 FPV(First Person View) 드론을 전투에서 대량으로 활용하며, 저비용·고효율 전술을 도입하고 있다. 이에 따라 전쟁 전 10여 개에 불과했던 군사 드론 생산 업체는 2023년 11월 기준 200개 이상으로 급증하며 20배로 성장했다.

이스라엘의 경우에는 Hermes 900 및 Harop과 같은 군사 드론을 지속하여 개발하고 있으며, 글로벌 드론 수출 시장에서도 선도적인 역할을 수행하고 있다.

국내에서도 국방과학연구소(ADD) 및 방산기업을 중심으로 군사용 드론의 연구 및 개발이 활발히 진행되고 있으며, 자율비행 기술을 기반으로 한 무인 정찰 및 전투 드론의 도입이 확대되고 있다.

육군에서는 자폭 드론을 도입할 계획으로, 한국형 로밍탄(Loitering Munition)을 개발하여 표적을 자동 추적하고 타격할 수 있는 능력을 갖출 예정이며, 특히 드론봇 전투체계를 구축하여 AI 기반 자율 드론을 전력화하고 있다. 이는 정찰·감시, 전투, 보급 임무 등을 수행하는 무인 시스템으로, 다양한 군사 작전에 활용될 예정이다.

2. 국방 지상로봇 분야 산업 분석

국제로봇연맹(IFR)의 "World Robotics 2024" 보고서에 따르면 우리나라 제조용 로봇산업은 2023년 기준 판매시장 규모에서 세계 4위, 로봇 밀도에서 세계 1위라는 시장 측면에서 우위를 확보하고 있다. 그러나 제조용 로봇산업의 가치사슬 단계별 경쟁력에서는 독일, 일본 등 주요 선도국과 여전히 격차가 존재하며, 중국은 중앙정부와 지방자치단체의 강력한 육성 정책을 기반으로 빠르게 성장하여 이제는 한국과 대등한 수준에 도달한 것으로 평가되고 있다.

특히, 정부는 "제4차 지능형 로봇 기본계획(2024~2028)"을 수립하여 ① 로봇 3대 핵심경쟁력 강화, ② K-Robot 시장의 글로벌 진출 확대, ③ 로봇산업 친화적 인프라 기반 구축 등 3대 주요 추진전략을 중심으로 2030년까지 민관합동으로 총 3조 원 이상을 투자하고, 첨단로봇 100만 대 보급 목표 달성을 통해 새로운 비즈니스 모델 창출과 생산성 향상을 도모할 계획이다.

또한, 2019년에는 전 세계 군용 로봇 시장 규모는 138억 7천만 달러로 평가되었으며, 2020~2027년 예측 기간 동안 CAGR 10.15%로 성장하여 2020년 130억 3천만 달러에서 2027년 256억 6천만 달러로 성장할 것으로 예상되고, 유럽은 2019년 33.74%의 점유율로 세계 시장을 장악하였다.[1)]

---

1) https://www.fortunebusinessinsights.com/ko/military-robots-market-104663

국방 로봇 중에서 지상로봇 시장은 미국, 독일, 이스라엘 등이 선도국으로서의 위상을 차지한 이유는 이들 국가 모두 현재 세계에서 발생하고 있는 여러 분쟁지역에 참여하여 국방 로봇의 중요성을 실감하고 있기 때문이다. 향후 10년(2014~23)간 국방 지상로봇(UGV) 시장 전망은 2020년까지 완만한 성장세를 보이다가 2020년 이후부터 다소 높은 성장률을 보일 것으로 전망하였다.

우리나라 국방 로봇 분야는 2000년대 초반 주로 민군 기술협력 사업으로 견마로봇, 다족형 로봇 등의 개발을 수행하였으나 전투실험을 통한 사용자 요구의 충족 여부에 대한 사전 검증이 부재하여 외면당했다. 하지만 최근 전쟁사례를 기반으로 군과 방산업체에서 무인 차량을 독자 개발 중이며, 미 국방부가 주관하는 FCT(Foreign Comparative Test)에 '아리온 스멧'이 적합으로 판정된 사례도 있다. 지상로봇도 재래식 무기처럼 방산 수출의 한 분야를 담당할 수 있도록 민·관·군 삼위일체 체제가 가장 핵심적인 요소이다.

3. 국방로봇 산업 발전 방향

드론의 활용도는 점점 높아지고 있으며 시장도 빠르게 확대될 것으로 예상된다. 방산관련 전문 컨설팅 업체인 틸 그룹(Teal Group)의 2016년 시장 조사에 의하면 UAS는 향후 10년간 전 세계 항공 산업에서 가장 역동적인 성장을 할 분야이며, 지속적으로 안정적인 성장을 보일 것이다.

첫째, 군용 무인기 시장에 대한 적극적인 산업 육성이 요구된다. 국제 무인기 시장은 향후 10년간 상승세가 예상되는 신산업 분야이다. 하지만 우리나라 드론의 민간 수요는 주로 공공분야로 수요가 크지 않으며 산업 활성화의 기대 효과도 미미할 것이다. 국토 면적도 작고 인구가 수도권에 밀집되어 드론을 날릴 수 있는 적합한 환경이 조성되어 있지 않으며, 레저용 부문은 이미 중국이 우위를 점했기 때문에 글로벌 드론 시장의 선두 주자가 되는 것은 쉽지 않다.

세계 무인기 시장에서 민간 시장의 연평균 성장률은 군용 시장에 비해 높지만, 군용 시장이 세계 무인기 시장에서 차지하는 비중은 민간 시장보다 압도적으로 크다. 미국도 상업용 드론 시장을 확대하기 위해 규제를 완화하지만, 드론 개발은 국방(DoD) 사업에 초점을 두고 있다.

이스라엘도 군용 드론 위주로 개발하고 있고, 1985년부터 전 세계 드론 수출의 60.7%를 차지하는 군용 드론 수출 강국이 되었다. 지리적 여건으로 인해 이스라엘은 강한 국방력을 보유하고 있으며 방위산업 강국으로 전체 생산액 중 방위산업의 비중이 크다. 작은 나라에

(검색일: 2024.2.8.).

서 강한 군사적 능력을 보유하기 위해 이스라엘은 과학기술에 크게 의존하고 있다. 연구개발에 주력하고 있어 GDP 대비 연구개발비 비중은 우리나라와 함께 매년 1-2위를 다투고 있다. 정교한 국방 관련 기술개발에 집중하여 렌즈, 센서, 무인기를 비롯한 첨단기술에 경쟁력이 있다. 이러한 국방 기술은 민간에 이전되어 이스라엘을 벤처 강국으로 만들었다.

우리나라도 뒤늦게 공공부문에 초점을 둔 드론 산업을 추진하는 것보다는 이미 추진하고 있는 군용 드론 개발에 더 집중하여 자연스럽게 민간 부문으로 기술이전이 될 수 있도록 유도하는 것이 바람직하다. 우리나라의 지리적 특성과 사회적 여건을 고려했을 때 군용 드론의 활용도나 수요는 크다. 북한 무인기가 잇따라 발견됨에 따라 이에 상응하는 군사적 드론 기술이 필요하며, 북한의 도발에 대비하기 위해서는 감시 및 정찰용 무인헬기, 무인전투기를 포함한 무인항공기의 지속적인 연구개발과 지원이 필요하다.

미국, 유럽, 중국이 드론의 상업화에 경주하고 있다고 해서 우리나라도 같은 길을 가야 하는 것은 아니다. 세계적인 드론 시장의 흐름을 파악하여 각국의 사례를 참고하되 무조건 선진국의 사례를 모방하는 것은 피해야 한다. 충분한 드론 시장 연구와 제도적 장치 없이 성급하게 산업 활성화를 추진한다면 예상하지 못한 문제들이 발생할 수 있다. 드론이 4차 산업혁명의 주역으로 생각될 정도로 중요한 신산업인 만큼 신중하게 우리나라의 실정에 맞는 드론 개발에 집중하는 것이 현명한 방안이다.

둘째, 4차 산업혁명 시대에 맞는 첨단 과학기술이 접목된 군사용 드론 개발이 요구된다. 현재 우크라이나-러시아 전쟁에서는 군사용 드론 외 가격이 매우 저렴한 민간용 드론을 전투에 사용하여 재밍으로 임무에 실패한 경우가 발생하였다. 2022년에 러시아군은 우크라이나의 드론을 막기 위해 Palantin-K라는 전자전 재밍 장비를 사용하여 우크라이나의 드론들이 제대로 작동하지 못하도록 하였고, 우크라이나군은 전자전을 통해 러시아의 자폭 드론이 우크라이나 표적에 도달하지 못하도록 방어했을 뿐만 아니라, 일부 드론은 다시 러시아와 벨라루스 영토로 돌아가는 피해를 유발하였다. 이러한 첨단 과학기술과 인공지능이 결합된 첨단 드론의 개발이 글로벌 시장의 경쟁력을 보장한다.

셋째, 인공지능 기반 자율 이동기술, 제어기술, 항재밍기술, 배터리 기술 개발이 요구된다. 국내 군사용 지상 로봇 산업은 야외 환경이나 가혹한 여건에서 작동하고 험준한 지형에서 장시간 자유롭게 이동하는 기술에 관한 연구가 뒷받침되어야 하나 아직은 미흡한 실정이다. 군사용 로봇은 주로 전장에서 정보 수집, 정찰 업무, 수색 및 타격 등에 투입되는데 아직은 그 활용도가 크지 않으며 시설 감시 경계용 견마 로봇, 감시 경계 및 매복 작전용 초견 로봇, 부상자 긴급 수송 및 위험물 제거용 구난로봇 등을 개발하였으나 아직 실용화 단계에는 이르지 못하고 있다. 외국의 사례처럼 인공지능 기술을 적극적으로 활용하여 자율 주행, 인공지능, 군집운용 등 4차 산업혁명 기술의 국방 분야 도입을 가속화하고, 방산 기업들이 Ghost Robotics와 같은 군사형 로봇 회사에 설립하여 군사용 로봇의 발전 및 무기화가 지속될 것에 대한 대비가 필요하다.

넷째, 국방로봇의 윤리적 문제에 대한 사회적 합의가 요구된다. 국방로봇은 전쟁 상황에서 민간인 피해 최소화, 국제 인도주의법 준수, 로봇이 수집한 정보의 보안과 개인정보를 보호하도록 제작되며, 인공지능의 발전으로 로봇의 자율성이 확대되더라도 로봇의 결정에 대한 책임 소재가 명확해야 할 것이다.

Ⅳ 결 론

우크라이나-러시아 전쟁은 현대전에서 드론과 지상로봇이 얼마나 중요한 역할을 하는지 보여주는 대표적인 사례 중 하나이다. 이 전쟁에서 드론은 정찰·감시, 타격, 자폭 등 다양한 임무를 수행하며 전장의 판도를 바꾸는 게임체인저 역할을 수행하였고, 특히 군용 드론뿐만 아니라 상용 드론도 적극적으로 활용하여 드론 전쟁의 새로운 형태를 제시하였다.

지상로봇 분야에서도 우크라이나는 다양한 무인 차량을 개발하며 로봇 군대를 구축 중이며, '퓨리' 실전 배치와 로봇 개 '배드 원'(BAD one)을 활용하여 전선의 병사들이 담당한 위험천만한 임무를 대신 수행할 수 있도록 전환하여 인명피해를 최소화했다.

국방로봇 산업 발전 방향은 다음과 같이 요약할 수 있습니다. 첫째, 4차 산업혁명 시대에 맞는 첨단 과학기술이 접목된 군사용 드론 개발이 요구된다. 현재 우크라이나-러시아 전쟁에서는 저가의 민간용 드론을 전투에 사용 시 재밍으로 임무에 실패한 경우가 발생하였고, 러시아군은 우크라이나의 드론을 막기 위해 Palantin-K라는 전자전 재밍 장비를 사용하여 우크라이나의 드론들이 제대로 작동하지 못하도록 하였듯이 이에 대한 기술적 대응능력 등이 요구된다.

둘째, 인공지능 기반 자율 이동기술, 제어기술, 배터리 기술 개발이 요구된다. 군사용 지상 로봇 산업은 야외 환경이나 가혹한 여건에서 작동하고 험준한 지형에서 장시간 자유롭게 이동하는 기술에 관한 연구가 뒷받침되어야 혹독한 전장에서 활용이 가능하므로 이에 대한 다양한 첨단 과학기술이 개발되어야 하므로 이에 대한 컨트롤타워, R&D 예산 증액과 산학연 합동으로 연구할 수 있는 환경이 조성되어야 한다.

셋째, 국방로봇은 전쟁에서 민간인 피해 최소화, 국제 인도주의법 준수, 로봇이 수집한 정보의 보안과 개인정보 보호 등 윤리적 문제에 대한 사회적 합의가 요구된다. 인공지능의 발전으로 로봇의 자율성이 확대되더라도 로봇의 결정에 대한 책임 소재가 명확해야 할 것입니다.

향후 AI 기반의 드론과 지상로봇 체계가 구축될 수 있는 인프라 구축과 이를 담당할 수 있는 인적자원 개발, 군에서 담당할 수 있는 조직 편성, 그리고 드론 및 로봇 활용에 대한 거부감이 없도록 사전 교육 등 많은 선결 요건이 해결된다면 K-로봇 선도국으로 진입이 가능하다.

미래지향적 국방R&D 소요기획과 수행체제 개선방향 고찰

○ 최 성 빈 ○

요약문

미래 전장을 주도하는 것은 첨단 무기와 기술이기 때문에 미국을 비롯한 세계 각국은 첨단 무기체계 개발의 기반이 되는 국방과학기술을 신속히 군용화 하는데 국가역량을 집중하고 있다.

현재 우리 국방과학기술 수준이 미국 대비 82%로 세계 8위이나, 선진 국방과학기술 국가가 되기 위한 국방R&D체제의 소요기획과 수행체제에 대한 개선방향을 제시하고자 한다. 국방R&D는 국방기술보다 무기체계를 우선적으로 추진하고, 무기체계R&D는 성능개량을 포함한 복합체계, 나아가 4차 산업기술이 포함된 통합체계에 집중하도록 예산을 편성해야 할 것이다.

국방R&D는 국가안보와 직결되기 때문에 수행체제는 국가과학기술연구회와 유사하게 국방과학기술연구회(가칭) 설립하고, 효율적 국방R&D 업무 수행을 위해서 정부와 업체가 상호 협업하는 방식으로 전환하며, 투자방식도 100% 정부투자를 원칙으로 한 개발 · 생산 전담체제를 구축하도록 해야 한다.

· 핵심어(Key Word) : 국방연구개발, 국방R&D, 소요기획, 국방기술

I 서 론

미래 전쟁의 승패가 첨단 국방과학기술 수준에 의해 좌우된다는 것은 걸프 전쟁, 이라크 전쟁 그리고 최근 러시아·우크라이나 전쟁을 통해 입증되었다. 세계 각국은 국방과학기술 혁신을 국방뿐만 아니라 국가안보의 핵심과제로 인식하고 첨단 국방과학기술을 신속히 개발하고 무기화하는데 국가 역량을 집중하고 있다.

첨단 국방과학기술을 발전시키기 위해서는 미래전쟁에 활용될 무기체계를 대상으로 이에 필요한 기술을 개발·생산하여 군이 운용하며 보완하는 것이 유일한 해법이다.

우리나라는 해방 이후 군이 사용하는 무기와 장비는 미국이 제공하는 군원장비에 전적으로 의존했다. 1970년 1월 박정희 대통령은 자주적으로 국방력을 배양하기 위해 무기개발과 생산의 시급함을 인식하고 방위산업 육성을 지시함에 따라 8월에 국방과학연구소(ADD)를 창설하고 소총, 박격포, 탄약류 등 미군이 사용하는 기본병기를 대상으로 모방개발을 착수하여 국산화에 성공하였다.

모방 개발에 성공한 이후 자주포, 전차, 장갑차, 훈련기, 잠수함, 유도무기 등과 같은 정밀무기를 개발 생산하여 군의 현대화를 지원했으며, 현재에는 전투기, 유도무기, 무인체계 등 첨단무기를 독자 개발하는 수준까지 도달해 있다. 현재 국산화된 무기체계는 국내 공급뿐만 아니라 우방국에 수출까지 하고 있다.

최근에는 기존 무기 성능개량과 신규무기 연구개발 시에 인공지능(AI), 무인기(UAV) 등 4차 산업혁명 기술을 최대한 활용하는 수준까지 도달해 있다. 현재 개발을 추진하고 있는 장사정포요격체계(LAMD), 초소형위성체계, 한국형 위성항법시스템(KPS) 등 국내 개발 무기체계는 4차 산업혁명 기술이 최대한 접목될 것으로 전망된다.

국방기술진흥연구소의 '2024 국가별 국방과학기술 수준조사서'에 따르면 한국은 세계 8위로 조사되었으며 이는 미국 대비 82% 수준으로 평가되었다. K-9 자주포, K-2 전차 등 수출이 활발한 화포분야는 세계적 수준에 도달해 있으나, 대규모 투자가 필요한 우주항공, 감시정찰 분야는 상대적으로 열세인 것으로 조사되었다.

이처럼 50여 년간 우리 국방연구개발(이하, 국방R&D)는 군이 필요한 대부분 무기체계를 개발 및 생산한 상태이나, 지난 20여 년간 정부는 방산비리 척결을 위한 지나친 감사로 인해 업무 추진 효율성보다는 투명성을 강화하는 법 규정이 다수 제정되었다. 이로 인해 행정업무 절차 증가, 책임지는 의사결정 및 업무처리 회피, 감사대비 위주의 관리업무 수행, 지나친 경쟁에 의한 적정 개발비용 보상 미흡 등의 문제점이 지적되고 있다. 따라서 목표지향적이고 성과 중심으로 국방R&D을 수행하기 위해서 업무절차 및 운영체계에 대한 종합적인 개선이 요구되고 있다.

Ⅱ 국방R&D 상황 진단 및 주요 이슈

1. 국내 국방과학기술 수준 평가

국방R&D는 무기체계 개발에 필요한 첨단기술을 식별하여 체계와 기술을 개발하는 것이다. 국방기술 수준을 전문적으로 조사하는 국방기술진흥연구소의 2024년 우리 국방과학기술수준은 〈표 1〉과 같이 12개 조사대상국 중 일본과 공동 8위로 분석되었다. 이는 2018년 9위(80), 2021년 9위(79)에서 2024년 8위(82)로 1단계 상승한 것이다.

〈표 1〉 국가별 국방과학기술 수준 조사결과

무기체계	2018년		2021년		2024년		비고*
	기술수준	순위	기술수준	순위	기술수준	순위	
미국	100	1	100	1	100	1	최고선진국
프랑스	90	2	89	2	89	2	선진권
러시아	90	2	89	2	89	2	
독일	89	4	87	4	88	4	
영국	89	4	87	4	87	5	
중국	85	6	85	6	86	6	
이스라엘	84	7	83	7	84	7	
일본	84	7	81	8	82	8	
한국	80	9	79	9	82	8	
이탈리아	80	9	78	10	79	10	중진권
인도	73	11	71	11	73	11	
스페인	70	12	68	12	70	12	

* 기술수준(%) : **100**(최고선진국, 신개념 기술선도), **90~99**(최고선진권, 기술선도 및 완전자립), **80~89**(선진권, 추격형 기술개발 및 기술자립도 높음), **70~79**(중진권, 추격형 기술개발 및 기술자립도 낮음), **60~69**(하위권, 기술자립도 낮음, 주로 기술협력 및 기술도입)

(자료원: 국가별 국방과학기술 수준조사서(요약분), 국방기술진흥연구소, 2024)

무기체계 분야별 국방과학기술 수준은 〈그림 1〉에서 보듯이 기동, 화력은 84~85% 수준으로 세계 7위이나, 감시정찰, 우주는 71~80% 수준으로 세계 10위로 상대적 열세로 평가되고 있다.

현재 국방R&D 능력을 평가하면, 기동·화력 분야에서는 장갑차, 전차, 화포 등 50여 년간 지속적으로 축적된 국내 기술기반을 바탕으로 현재 대부분 국내 독자개발 및 생산이 가능하고 체계개발에 대한 원천기술까지 수출이 가능한 수준으로 발전하였다

항공 분야는 1970년대부터 전투기 및 헬기의 기술도입생산을 시작으로 기본 및 고등 훈련기, 한국형 기동헬기 등을 개발한 이후 다양한 첨단기술이 유입된 한국형 전투기(KF-21) 개발을 추진하고 있다.

함정 분야는 1970년대부터 전투함정 대부분 국내 자체건조로 획득을 추진하였고, 함정의 전투성능을 좌우하는 핵심체계인 전투체계 분야도 국내 독자개발을 통해 개발능력을 확충하고 있다.

또한, 유도·방공 분야도 지대지, 지대공, 함대함 등 첨단 정밀유도무기를 대부분 국내 개발을 통해 생산이 가능한 수준에 있다. 한편, 기존무기 성능개량과 신규무기 연구개발 시에 인공지능(AI), 무인기(UAV) 등 제4차 산업혁명 기술을 최대한 활용하는 수준까지 도달해 있다.

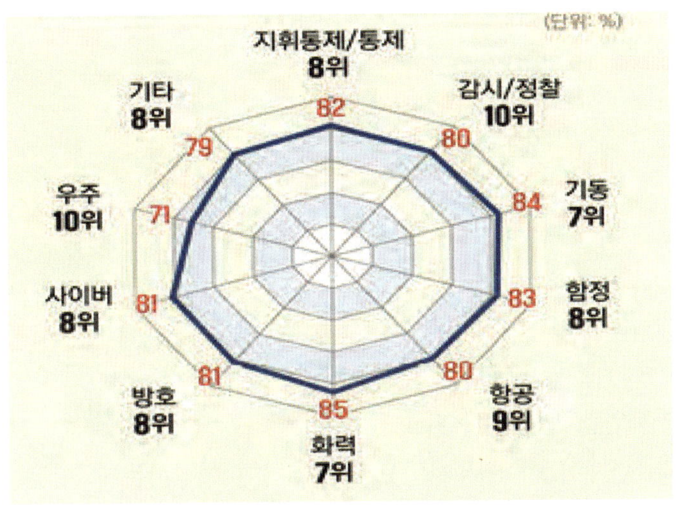

〈그림 1〉 무기체계 분야별 국방과학기술 수준

우리 국방과학기술 수준을 한 단계 도약시키기 위해서는 국내R&D 사업을 지속적으로 수행할 수 있는 소요가 있어야 하고, 적정한 개발예산이 투입되어 개발기관과 업체가 안정적으로 개발에 전념할 수 있도록 정책과 제도가 개선되어야 한다. 또한, 다수 무기체계 간에 첨단기술이 접목되어 미래전장에 활용되는 새로운 복합체계 소요도 창출되도록 노력해야 한다.

2. 국방R&D 예산 배분 실태

국방R&D는 국방비에 포함되는 사업과 국방부(방사청)과의 협업형태인 다부처 사업으로 구분되나, 여기서는 국방비에 포함되어 방위사업청이 수행하는 R&D 사업을 중심으로 분석한다.

국방R&D 예산은 〈그림 2〉와 같이 방위력개선비에 무기체계R&D, 국방기술R&D 그리고 출연연구기관의 운영비가 편성되며, 전력운영비에 전력지원체계R&D와 국방정보화R&D를 편성하고 있다[1].

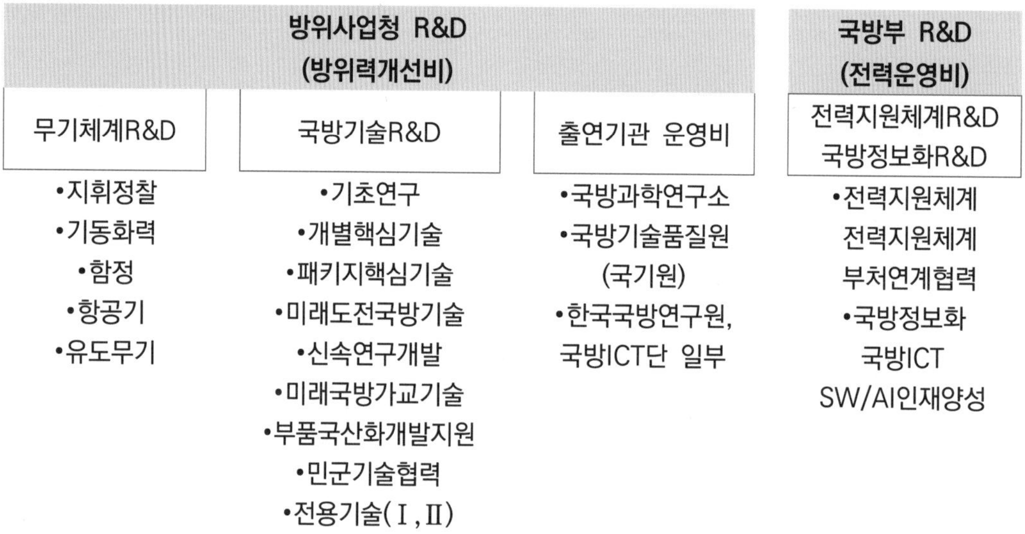

방위사업청 R&D (방위력개선비)			국방부 R&D (전력운영비)
무기체계R&D	국방기술R&D	출연기관 운영비	전력지원체계R&D 국방정보화R&D
•지휘정찰 •기동화력 •함정 •항공기 •유도무기	•기초연구 •개별핵심기술 •패키지핵심기술 •미래도전국방기술 •신속연구개발 •미래국방가교기술 •부품국산화개발지원 •민군기술협력 •전용기술(Ⅰ,Ⅱ)	•국방과학연구소 •국방기술품질원 (국기원) •한국국방연구원, 국방ICT단 일부	•전력지원체계 전력지원체계 부처연계협력 •국방정보화 국방ICT SW/AI인재양성

〈그림 2〉 국방 R&D 예산구조

방위력개선비의 획득사업은 5개 무기체계 분야별로 연구개발, 성능개량, 양산, 구매, 대정부구매(FMS)로 구분하여 예산을 편성하고 있으며, 무기체계R&D는 5개 분야별 연구개발과 성능개량 사업을 합한 것이다.

국방기술R&D는 현재 10개 세부사업으로 구분하여 편성하는데, 이는 민간개발 능력을 활용하기 위한 개방정책과 관련 기관의 요구사항을 수용하는 차원에서 다양한 형태의 사업을 추진하고 있다. 다수의 다양한 과제 추진은 과제별 중복성이 야기되고, 성과측정도 곤란한 실정이다. 또한, 대규모 개발예산이 투입되는 추세에서 글로벌 수준의 첨단 핵심기술을 개발하기 위해서는 선택과 집중 전략이 절실히 요구되고 있다.

우리 국방R&D 예산은 〈표 2〉와 같이 2024년 기준 4조 7,153천억 원으로 이중 무기

---

1) 2024년 기준 국방부의 전력지원체계 및 국방정보화 R&D예산은 각각 60억, 166억 원으로 국방R&D예산의 0.5%로 미미한 상태임

체계R&D에 1조 4,239천억 원(30.2%), 국방기술R&D에 2조 3,742억 원(50.4%), 출연기관 운영비에 9,172억 원(19.4%)을 편성하고 있다[2].

〈표 2〉 국방예산, 방위력개선비, 연구개발비 예산

(단위: 억 원)

구 분	2020	2021	2022	2023	2024
국방예산	50조 1,527	52조 8,000	54조 6,112	57조 143	59조 4,244
방위력개선비	16조 6,804	17조 738	16조 6,917	16조 9,169	17조 6,532
국방 R&D	3조 9,191	4조 3,314	4조 8,310	4조 9,774	4조 7153
무기체계 R&D	2조 2,165	2조 1,870	1조 8,918	1조 3,961	1조 4,239
국방기술 R&D	1조 92	1조 3,878	2조 1,361	2조 7,177	2조 3742
출연기관 운영비	6,934	7,566	8,031	8,636	9,172

(자료원: 각 년도별 국방과학기술혁신 시행계획, 국가과학기술자문회의/방사청)

국방예산과 방위력개선예산이 5~6%의 증가율을 보이고 있으나, 국방R&D 예산은 15% 수준의 증가율을 보이고 있다. 방위력개선비에서 국방기술R&D만이 급격히 증가한 것은 2022년부터 미래도전국방기술과 신속연구개발 사업이 신규로 추가되었고, 2023년부터 핵심기술이 개별핵심기술과 패키지핵심기술로 분리되어 증액되었기 때문이다. 또한, 신규로 착수할 무기체계의 경우 대규모 투자가 요구되어 우선 관련된 기술을 개발한 후 체계개발을 추진하고자 하는 경향도 있기 때문이다.

2023년 기준 방사청이 추진한 국방기술R&D는 1조 4,964억 원에 778개 과제를 수행(과제당 19.2억 원)함으로 R&D사업에 대한 관리실태, 성과평가 등에 대한 종합적인 검증이 필요한 실정이다. 특히, 무기체계 소요에 기반한 핵심기술개발사업은 활용성을 평가할 수 있으나, 미래도전국방기술과 신속연구개발사업은 다양한 기관과 업체가 제안한 것을 기반으로 추진했기 때문에 미래 무기체계에 어떻게 활용되는지에 대한 활용성 평가가 곤란한 실정이다.

우리의 국방R&D는 〈그림 3〉에서 보듯이 미국, 중국, 러시아 다음으로 많은 투자규모를 기반으로 고체추진발사체, L-SAM, KF-21 등 다양한 체계개발이 활발하게 진행되고 있다.

2) 2024년 국방기술R&D 예산(단위: 억 원)

기초연구	개별 핵심기술	패키지 핵심기술	민군기술 협력	미래도전 국방기술	부품국산화 개발지원	신속연구 개발	전용기술
416	2,974	6,518	691	2,326	1,237	583	8,983

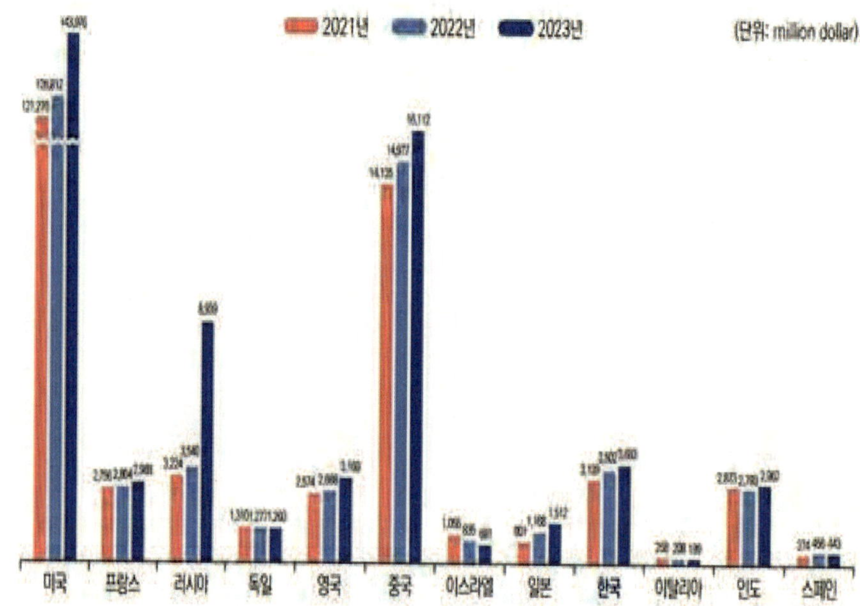

(자료원: 국가별 국방과학기술 수준조사서(요약분), 국기연, 2024)

〈그림 3〉 국가별 국방연구개발 투자규모(2021-2023)

프랑스, 러시아, 영국 등 선진국 수준으로 발전하기 위해서는 중국과 같이 선진국 이상의 투자가 필요하나, 현실적으로 추가적인 투자는 어렵기 때문에 국방기술보다는 무기체계 중심의 국방R&D 투자에 선택과 집중을 위한 노력이 필요한 실정이다.

현재 국방R&D는 무기체계R&D보다 국방기술R&D에 치중하는 경향을 보이고 있다. 무기체계R&D는 개발 및 운용 시험평가에서 전력화 여부가 결정되기 때문에 성과평가가 명확하나, 국방기술R&D는 무기체계에 어떻게 활용되는지에 대한 성과 검증이 어려운 실정이다.

따라서 대규모 예산이 투입되는 국방기술R&D에 대한 객관적이고 종합적인 성과평가를 통해 활용성이 확대되도록 개선해야 할 것이다.

3. 국방R&D 업무수행 관리체계 평가

국방R&D는 무기체계R&D와 국방기술R&D로 구분하여 〈표 3〉과 같이 사업수행을 위한 관련된 법과 규정을 제정하고 지속적으로 개정을 추진하고 있다.

〈표 3〉 국방 R&D 관련 법규정

법령	• 방위사업법 (법률/시행령/시행규칙) • 국방과학기술혁신 촉진법 (법률/시행령/시행규칙) • 방위산업기술보호법 (법률/시행령/시행규칙) • 방산원가 대상물자의 원가계산에 관한 규칙 (시행령) • 방위산업에 관한 계약사무처리 규칙 (시행령)
훈령 규정	• 국방전력발전업무훈령 (국방부) • 방위사업관리규정 (방사청) • 방위산업보안업무훈령(국방부), 방위산업기술보호지침(방사청)
지침	• 무기체계 시제업무방침, 시작품 업무방침 • 국방기술 연구개발 업무처리지침/평가업무지침, 핵심기술업무처리규정 • 과학적사업관리 수행지침, 제안서 평가방침 • 신속시범사업 업무관리규정, 미래도전기술 연구개발 업무처리지침 • 무기체계 시험평가업무규정, 상호운용성관리지침 • 무기체계 부푸국산화 관리규정, 부품국산화지원사업 운영지침/업무규정

현재 국방R&D 사업을 수행하기 위해 준수해야 할 법 · 규정 및 지침뿐만 아니라 해당 개발사업별 업무수행을 위한 매뉴얼까지 포함할 경우 개발기관과 업체는 법 · 규정 준수를 위한 다양한 행정업무가 대폭 증가하고 있다.

무기체계R&D 수행을 위한 절차는 〈표 4〉에서 보듯이 소요군과 합참이 소요제기와 소요결정 이후 선행연구를 통한 사업추기본전략이 수립되고, 중기계획과 예산편성을 수행하고 있다. 반면에 핵심기술, 신속연구개발, 미래도전국방기술 등은 방사청이 소요기획을 통한 개발과제를 선정하고, 중기계획/예산편성이후 사업을 추진하고 있다.

〈표 4〉 국방R&D 업무수행 절차

무기체계 (개발절차)	군소요제기/결정→선행연구→사업추진기본전략→중기계획→예산편성 (탐색개발→운용성확인→체계개발→시험평가→규격화/목록화→양산)
국방기술	(기초연구, 응용연구, 시험개발)사업 대상 국방기술기획서 작성→중기계획/예산편성→사업수행계획→주관기관 선정→협약→성과평가
신속시범	중기계획/예산편성→대상사업 공모→수요신청/검토→대상사업선정→수행기관신청→협약/수행
미래도전 국방기술	중기계획/예산편성→사업추진전략 수립→과제 기획/공모→사업계획/과제확정→연구개발주관선정→협약 및 수행

핵심기술의 경우 중장기 군 소요에 기반하여 적용될 대상 무기체계가 있으나, 미래도전

국방기술과 신속연구개발은 관련 기관 및 산학연에서 제안한 과제를 기반으로 국방부가 선정한 10대 전략기술에 활용성을 검토하는 수준에서 대상 과제가 선정되고 있다.

국방R&D 수행 관련 법령 및 규정 등은 의사결정 과정에서 책무성, 예측 가능성, 공정성을 담보할 수 있으나, 과도할 경우 관료적 형식주의(Red Tape)에 따라 개발업무를 효율적으로 추진하기보다는 법규정 준수에 치우쳐 개발 기간과 비용을 상승시키는 결과를 초래한다.

따라서 국방R&D 관련 법규정과 절차는 첨단의 무기체계를 개발하는데 집중할 수 있도록 관행적으로 수행하는 업무절차를 대폭적으로 축소해야 할 뿐만 아니라 유용성이 입증되지 않은 법·규정 등을 폐지하는 방안도 적극 검토해야 한다.

국방R&D 관련 조직은 〈표 5〉와 같이 방사청이 중심이 되어 국방과학연구소, 국방기술품질원 등 출연기관, 산학연 및 방산업체, 그리고 국방부, 합참, 군 등이 참여하고 있다.

〈표 5〉 국방R&D 관련 기관별 임무 및 기능

관련 기관	임무 및 기능
국방부	국방과학기술 정책/계획, 중기계획 수립, 시험평가 계획승인/판정
군/합참	무기체계 소요제기/결정, 운용시험평가
방위사업청	예산편성, 사업승인, 조정/통제, 시험평가결과 판정
국방과학연구소 국방신속획득기술연구원	무기체계개발, 핵심기술개발/미래도전기술개발, 시험평가
국방기술품질원 국방기술진흥연구소	기술기획, 과제관리, 성과평가, 기술조사, 품질관리
한국국방연구원	무기체계 소요검증, 주요사업 사업타당성분석, 비용분석
방산업체 (산·학·연)	무기체계 개발/시제, 핵심기술개발 (기초, 운용연구, 핵심기술 개발)
감사/수사기관	국방부/방사청 감사실, 감사원, 검찰, 국정원, 방첩사/조사본부 등

국방R&D에 직접 참여하는 기관은 국방과학연구소(부설 :국방신속획득기술연구원, 민군협력진흥원, 22년 3, 216명)가 무기체계 및 국방기술을 개발과 사업관리 업무를 수행하고, 국방기술품질원(부설 : 국방기술진흥연구소, 22년 809명)이 국방기술을 기획하고 사업관리를 수행하며, 방위사업청 사업부서에서 조정·통제 및 사업관리를 수행하고 있다. 또한, 국내 방산업체와 정부 출연연구소를 포함한 산·학·연이 관련 개발사업에 참여하고 있다.

현재 방위사업관리규정상 무기체계R&D 사업은 〈그림 4〉와 같이 개발비 투자주체와 수행주체에 따라 다양한 형태의 추진방법을 구분하고 있으며, 국내 기술 보유 여부에 따라 국제공동연구개발도 추진하고 있다.

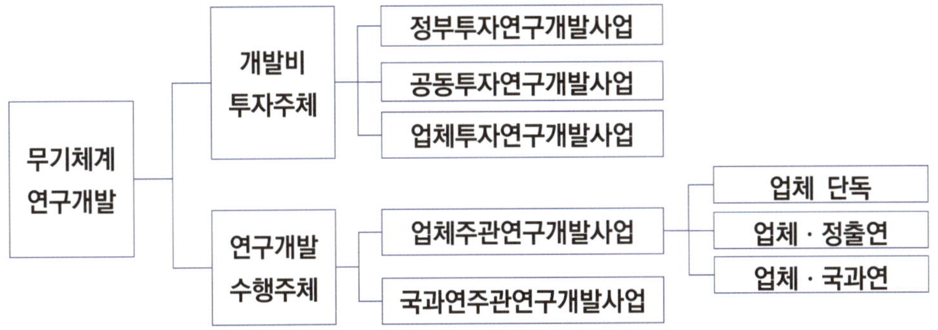

〈그림 4〉 무기체계 연구개발 투자 및 수행 주체별 사업 분류

업체주관 연구개발의 경우 개발 위험을 분담하기 위하여 업체투자를 유도하고 있으나, 개발 완료 후 금융이자까지 포함한 모든 비용을 정부가 양산단계에서 보상하고 있다. 정부는 장기적으로 업체투자비를 관리해야 하는 행정업무 부담이 있고, 업체는 자금조달능력을 가져야 하는 부담만 가지게 된다. 정부도 업체도 부담만 있는 투자주체에 따른 분류는 필요성과 유용성을 검토하여 해야 할 것이다. 또한, 수행주체에 의한 개발방식도 무기체계 개발특성과 개발기관별 특성을 고려하여 국방과학연구소(ADD)와 관련 업체가 협업하는 형태로 전환하는 것도 고려되어야 할 것이다.

〈그림 5〉와 같이 국방기술 연구개발 업무처리지침에 따라 핵심기술은 국방기술진흥연구소(국기연)가, 미리도전기술은 국방과학연구소(ADD)가 기술조사, 중기계획/예산, 기술기획을 수립하고 과제관리 및 평가를 담당하고 있다. 핵심기술은 산학연이, 미래도전기술은 국과연이 개발을 하고 있다.

	기술조사	중기/예산	기술기획	과제관리	개발수행	성과평가	결과활용
핵심기술	국기연	국기연	국기연	국기연	산학연	국기연	국기연
미래도전	ADD	ADD	국기연	ADD	ADD 산학연	국기연	ADD 국기연

〈그림 5〉 핵심 및 미래도전 기술개발사업별 기술기획, 관리, 평가 기능조직

국방R&D는 방위사업청이 종합적으로 조정 · 통제하고 있으며, 국방과학연구소는 국과연 주도 무기체계와 미래도전기술의 개발과 사업관리를 담당하고, 국방기술진흥연구소는 기초 연구, 핵심기술의 과제 기획과 관리를 담당하고, 국방신속획득기술연구원은 신속연구개발의 조사분석과 과제관리를 담당하고 있다. 산학연은 국방과학연구소, 국방기술진흥연구소, 국방신속획득기술연구원에 과제를 제안하고, 과제에 응모하여 개발에 참여하고 있다.

또한 일부 기능과 임무가 출연기관 간 분산 및 중복되고 있음을 고려할 때 국방기술 R&D의 10개 세부사업에 대한 축소 또는 통폐합과 함께 출연연구소에 대한 기능과 임무에 대한 조정도 검토되어야 한다.

4. 국방 R&D 주요 이슈

세계 국방 선진국은 첨단과학기술 확보를 위한 적극적인 투자와 노력을 하고 있다. 특히, 사이버·전자전, 인공지능, 유 · 무인 복합, 우주 등 첨단분야의 기술 확보를 위해 다각적으로 노력하고 있다. 우리나라 역시 혁신적인 정책 추진과 과감한 연구개발 투자가 필요한 실정이다. 우선 현존하는 위협에 대비하고 미래 전장을 선도할 무기체계와 국방기술을 글로벌 수준으로 향상시키기 위한 주요 이슈는 다음과 같다.

첫째, 글로벌 경쟁력을 가진 기존 무기체계는 4차산업기술이 접목한 성능개량을 통해 발전시키는 한편, 무기체계 간 연계 및 통합되는 새로운 무기체계 개발소요를 창출할 수 있는 체제로 개선해야 한다. 국방기술R&D도 중요하나 미래 전장에 필요한 무기체계 R&D에 중점을 둔 소요기획체계를 재정립해야 한다. 특히 국방기술R&D 사업과 과제는 종합적 성과평가를 통한 과감한 개편이 요구된다.

둘째로 미래전쟁을 대비한 첨단 무기체계를 집중적으로 개발하기 위해서는 무기체계 소요기획뿐만 아니라 국방기술 소요기획을 재편하고 적정 개발예산을 투입할 수 있는 예산확보 전략이 필요하다.

셋째로 효율적 국방R&D 추진을 위한 업무절차 및 조직간 중복성 및 비효율성을 개선하여 연구개발에 집중할 수 있는 법 규정 및 조직 개편이 요구된다. 개발업무 간소화뿐만 아니라 글로벌 개발능력을 지속적으로 유지 · 발전시킬 수 있는 체제를 새롭게 도입해야 한다. 특히 국가안보 차원에서 국가역량을 최대한 활용하는 국방R&D 위상을 정립해야 한다.

넷째로 최근 전쟁(우크라이나-러시아 전쟁, 이스라엘-하마스 전쟁)을 전문적으로 분석하여 글로벌 수준의 첨단 무기체계를 신속하게 활용할 수 있는 국방R&D 환경과 여건을 조성해야 한다.

Ⅲ 미래지향적 국방R&D 개선과 재정립 방향

1. 통합체계 중심의 소요기획 수행

국방R&D는 전쟁 발발 시 사용할 무기체계를 대상으로 국내에서 연구개발하여 전력화하는 일련의 활동을 의미한다. 즉, 소요군이 5~10년 후 필요로 하는 무기 및 장비를 선정(소요기획)하면, 이를 전력화하기 위하여 국내 개발과 생산을 수행(전력획득)하는 것이다[3].

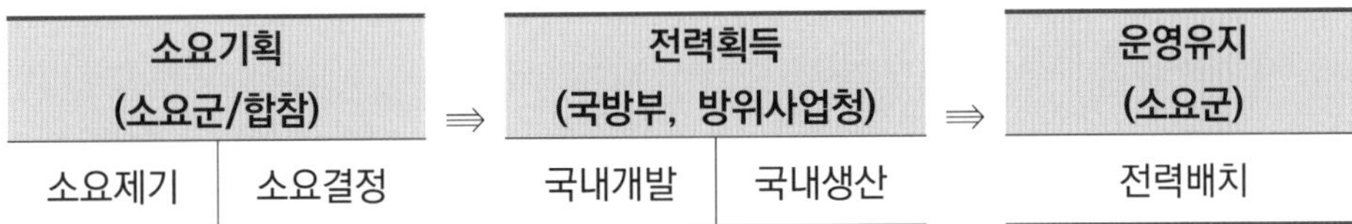

국방R&D는 무기체계를 구성하는 체계(System), 구성품(Subsystem 또는 Component), 부품(Part)의 제조에 필요한 기술(Hardware와 Software)를 대상으로 한다. 또한, 무기체계 간 연계 및 연결을 통한 새로운 복합체계(SoS: System of Systems), 나아가 AI, 드론, 양자기술 등 4차 산업기술이 유입된 통합체계(Integrated SoS)로 대상이 확대되고 있다.

무기체계(Sys)	⇛	복합체계(SoS)	⇛	통합체계(ISoS)
체계, 구성품, 부품 Hardware, Software		무기체계+무기체계 Hardware, Software		복합체계+복합체계 4차산업기술

미래 무기체계는 활용되는 전장영역에 따라 기본적으로 육군, 해군, 공군별 무기체계에 우주(Space), 사이버보안(Cybersecurity)로 영역이 확대되고 있다. 미래 국방R&D는 미래 전쟁에 필요한 전장 영역별 무기체계, 복합체계, 통합체계를 대상으로 국내에서 개발하고 생산하는 활동이기 때문에 국내 안보환경에 따른 미래전쟁을 예측하고, 이에 필요한 대상기술(Hardware, Software)을 기획하여 효율적 개발 및 생산을 통해 전력을 획득해야 한다. 또한, 획득된 전력은 지속적으로 운영할 수 있는 순환체제를 갖추도록 해야 한다.

이를 위해서 소요군은 무기체계를 기반으로 한 복합체계를 중심으로 소요제기를 하고

3) 통상 소요기획 5~10년, 개발 및 생산 5~10년이 걸리기 때문에 전력배치까지 10~20년 이상 소요됨. 결국 기술적으로 진부화된 장비를 전력화하게 되고, 곧바로 성능개량 요구가 발생되는 관행을 답습함.

합참은 군이 제기한 복합체계를 기반으로 한 통합체계를 중심으로 소요를 결정하도록 해야 한다.4)

소요군은 현재 전력분석평가 업무를 담당하는 조직을 대상으로 전장임무별 무기체계와 복합체계 개념에 따른 소요를 분석하여 제기하는 임무로 개편해야 한다. 또한, 현재 추진하고 있는 유·무인 복합체계 소요기획을 기반으로 미래 전장에 적합한 개발능력을 확충하도록 해야 한다.

합참은 소요군에서 제기한 무기체계와 복합체계를 전문조직(국방과학연구소, 한국국방연구원 등)을 활용하여 전문적으로 점검하고 통합개념팀(ICT)을 재편하여 통합체계 소요결정을 지원 및 관리하도록 해야 한다.

따라서 모든 무기체계R&D와 국방기술R&D는 복합체계(SoS)나 통합체계(ISOS)에 적용성과 활용성을 기반으로 국방R&D 소요가 기획되어야 하고, 단계적이고 점진적으로 발전할 수 있는 로드맵을 수립하는 체제로 전환되어야 한다.

특히 합참에서 소요가 결정된 복합체계나 통합체계는 획득단계에서 국내연구개발로 추진함을 원칙으로 하여 불필요한 획득방법(개발/구매) 결정업무를 생략하도록 하여 전력화기간을 단축하도록 해야 한다.

한편 국제적 위상을 갖는 무기체계와 국방기술 핵심역량을 전략적으로 발전시키기 위한 소요가 기획되어야 한다. 미사일, 항공우주, 전장정보체계 등 국가안보상 전략적 무기체계는 국내에 핵심역량을 발전시켜야 한다. 예를 들면, 장거리 순항/탄도 미사일, 감시정찰체계, 전투체계 등은 국가전략사업으로 지정하고 핵심역량(시설, 인력)을 유지하기 위해 소요를 지속적으로 기획하도록 임무를 부여해야 한다.

2. 통합체계 중심으로 재원 투자 전환

국방R&D는 첨단과학기술군을 구현하는 것이기 때문에 현재처럼 단위 무기체계나 국방기술 R&D를 지양하고 복합체계와 통합체계에 필요한 체계 및 기술에 투자를 집중하도록 해야 한다.

무기체계R&D 추진 시 군도 개발자도 개발 경험이 부족한 상태에서 군이 최초 작성한 무기성능을 충족시키는 체계개발을 수행하는 과정에서 군은 다수의 요구사항을 추가하게 되고, 더욱이 타 무기체계와의 연동 및 상호운용성 등을 추가로 요구하게 된다. 개발자는

4) 현재 합참이 추진하고 있는 통합소요기획은 작전효과, 시급성, 총 수명주기비용, 획득개발 위험성 등을 고려한 무기체계 간 상대적 우선순위를 설정하는 것으로 미래 전장을 대비하기에는 한계가 있음.

추가 예산을 요구하나 정부(사업부서)는 개발비 증액 노력보다는 확정된 예산 내에서 수행하길 요구하는 실정이다.

무기체계R&D는 우선적으로 단순히 Hardware 위주의 무기체계에서 연동성 및 상호운용성을 고려한 개발비를 편성하도록 하고, 다음으로 신규 무기체계 개발 시 다수의 기존 무기체계가 연동되는 복합체계 개발을 고려하여 이에 필요한 개발비 편성을 유도해야 한다. 특히 미래 전장을 주도할 통합체계 개발은 국가전략사업으로 지정하여 정부 차원에서 적극적인 지원을 유도하고 이에 필요한 예산도 국책사업 수준에서 편성하도록 해야 한다.

현재 국방기술R&D는 10대 국방전략기술[5)]을 발전시키기 위하여 분야별로 개발 과제를 선정하고 있다. 국방과학기술혁신 기본계획에 의하면 2023년 기준 300여 개 과제가 국방전략기술에 투자했으며, 이중 핵심기술 26%, 미래도전국방기술 99%, 민군기술협력 92%의 예산이 투입되고 있다. 이는 그동안 핵심기술이 중장기 무기체계 소요에 기반을 두고 있었으나, 핵심기술 이외의 국방기술R&D는 무기체계 활용에 대한 성과 부진을 극복하기 위한 수단으로 국방전략기술을 활용하고 있다고 볼 수 있다.

따라서 국방R&D 재 원배분은 미래 전장을 주도할 과학기술 강군 건설에 필요한 무기체계, 복합체계, 통합체계에 기반한 국방기술 위주로 편성하고, 10대 국방전략기술 관련 과제에서 개발목표와 성과결과가 미흡한 단위 과제는 최대한 축소하도록 예산편성 지침을 마련해야 한다.

특히 국방기술R&D의 10개 세부사업은 형식적이고 관행적인 성과 점검에서 전문적 성과평가를 기반으로 한 실질적 개선을 추진해야 한다. 미래지향적으로 복합과 통합체계에 필요한 기술을 식별하여 관련 예산을 우선적으로 편성하도록 해야 한다.

3. 국방R&D 개발 및 관리 수행조직 재구조화 검토

국방기술 관련 출연기관도 조사분석, 과제관리, 개발, 계약/협약 등 중복된 임무와 기능을 재정비해야 한다. 현재 출연기관 운영비가 연간 1조원 규모이나 일부 기관은 임무 중복성뿐만 아니라 비전문성, 무책임, 불필요한 행정 등을 지적받고 있다.

국방과학연구소의 경우에 체계개발보다는 핵심기술에 치중하고 있고, 핵심기술도 무기체계에 활용성이 저조한 것으로 평가됨에 따라 미래전장에 어떻게 활용될지 불확실한 미래도전국방기술에 집중하고 있다. 또한 무기체계와 국방기술의 신속한 대응 미흡으로 최근 별도로 신속연구개발 사업관리를 전담하는 국방신속획득기술연구원을 부설기관으로

5) 국방전략기술: ①인공지능, ②유무인복합, ③양자, ④우주, ⑤에너지, ⑥첨단소재, ⑦사이버/네트워크, ⑧센서/전자기전, ⑨추진, ⑩WMD대응.

신설한 상태이다.

국방기술품질원은 군수품 품질보증 임무 이외에 기술기획, 과제관리, 방산관리 등을 전담하는 국방기술진흥연구소를 부설로 설치하였다. 신설조직은 비전문성과 경험 부족으로 산학연 관련 인력에 전적으로 의존하여 과제선정, 성과평가 등을 수행하고 있다.

따라서 국방R&D 조직의 전문성을 강화하고 미래전장에 필요한 무기체계와 국방기술을 향상시키기 위해 출연기관별 기능과 임무를 재정비하여 개발업무중심 조직으로 재구성해야 한다.

국방R&D 출연기관의 재구성 방향은 현재 개발 및 관리조직을 전문분야별 독립연구소 체제로 개편하는 것이다. 즉 개발 및 관리 업무를 분야별 전문성 강화에 초점을 두어 독자적 연구 수행조직으로 발전시키고 연구소 간 경쟁을 통해 연구역량을 향상시키도록 한다. 또한, 주기적으로 철저한 성과평가를 통해 연구기능의 재구조화를 추진하도록 해야 한다.

조직구성은 〈그림 6〉과 같이 국방부와 방위사업청이 공동 출연하여 관리하는 국방과학기술연구회(가칭)를 신설하고, 연구회 산하에 현재 국방R&D 관련 모든 출연기관을 포함시키고, 신규로 추가할 수 있도록 해야 한다. 최근 국방R&D로 수행한 과제에 대한 전문적 성과평가와 연구조직에 대한 평가를 전담하는 조직도 신규로 추가해야 할 것이다.

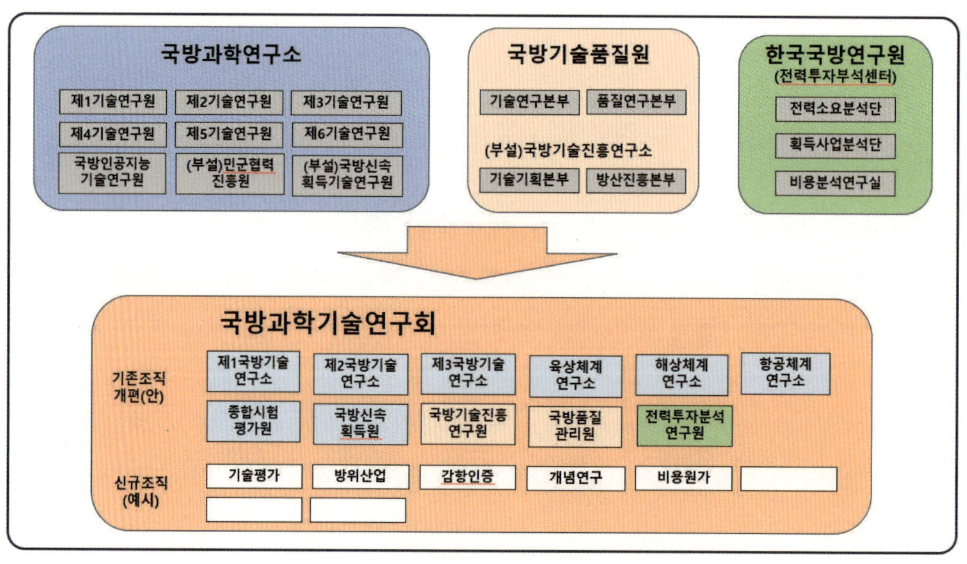

〈그림 6〉 국방과학기술연구회 구성(안)

국방과학기술연구회 운영은 현재 국가과학기술연구회와 유사하게 조직과 임무를 설정하되, 현재 각 출연기관이 보유한 지원기능을 통합하여 운영하도록 해야 할 것이다. 연구회 소속 각 연구소는 국방R&D에 전념할 수 있도록 독립적 운영이 보장되고 행정업무를 최대한 축소시켜야 할 것이다.

4. 국방R&D 개발 수행 및 투자 주체에 대한 개선방향

현재 정부주도와 업체주도 연구개발로 구분하는 주도방식은 관련 기관 간 상호 불신, 불필요한 경쟁, 그리고 행정업무만 가중시키고 있다. 특히 무기체계R&D 수행 시 탐색개발과 체계개발 단계별로 주관기관을 선정하는 절차는 업체 간 불필요한 경쟁으로 사업만 지연시키고 있다. 무기체계R&D사업은 국과연, 방산업체 등 관련 기관이 공동으로 연구개발에 참여하는 협업방식으로 전환해야 한다.

따라서 국방R&D사업은 국과연 주관 또는 업체 주관하는 방식에서 벗어나, 첨단무기 연구개발에 적합하도록 협업방식의 공동개발형태로 추진해야 한다. 〈그림 7〉과 같이 국방R&D 협업방식은 ① 국과연 중심 업체 협업, ② 업체 중심 국과연 협업 중 해당사업에 적합한 협업방식을 선택하도록 한다.

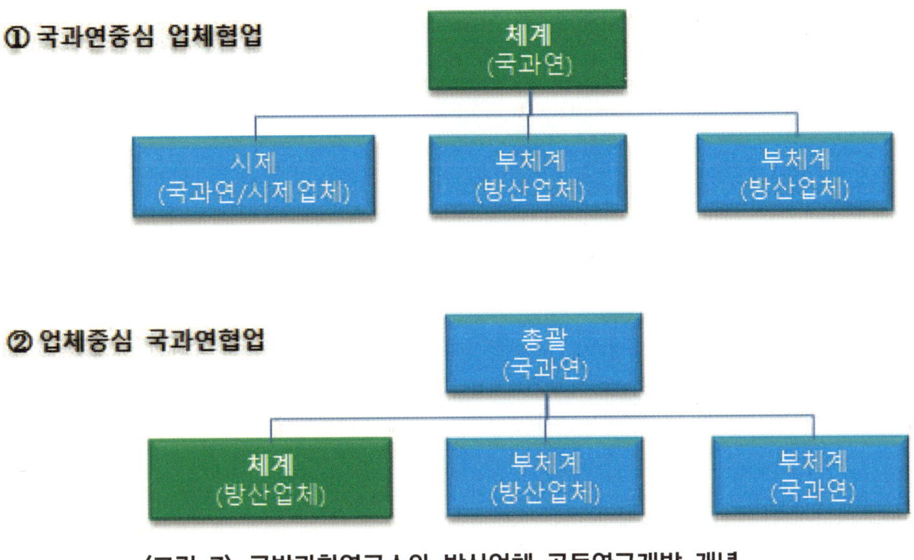

〈그림 7〉 국방과학연구소와 방산업체 공동연구개발 개념

국과연중심 업체 협업은 기존의 국과연주도 방식을 기본으로 과거와 같이 시제작이 아닌 시제개발로 환원시켜야 한다.[6]

업체중심 국과연 협업은 국과연이 총괄하여 정부/군과 협조, 개발예산 관리, 기술지원, 시험평가(국과연 시설 활용, 군 시험장 협조) 등 대외 협력업무를 총괄적으로 수행하도록 한다. 특히, 국방R&D의 핵심업무인 시험평가는 업체 단독으로 추진하기에는 근본적으로 한계가 있기 때문에 정부 주도 또는 적극적 지원이 필수적이다.

한편 무기체계R&D 투자 주체에 따른 정부투자, 업체투자, 공동투자 방식을 무기체계 R&D 예산은 100% 정부투자를 원칙으로 개선해야 한다. 정부도 업체도 부담만 가중시키는 제도는 조속히 개선되어야 한다.

또한 무기체계R&D 사업은 생산과 정비 활동이 통합한 전담수행체제로 개편해야 한다. 한국산 우선획득제도 정착을 위해 {개발-생산-성능개량-정비유지} 활동이 통합된 전담수행체제를 확립해야 한다. 탐색개발과 체계개발 사업 추진 시 각각 저가 경쟁을 지양하도록 체계개발사업으로 통합 추진하고, 개발 이후 양산과 성능개발 그리고 후속사업(2차)을 통합 추진하여 적극적 성능개량을 유인하도록 해야 한다. 나아가 복합체계와 통합체계 개발 생산능력을 확보하도록 해야 한다.

전담체제로 통합 추진시 국산무기의 수출경쟁력 있는 세계적 장비로 발전 가능하며, 소요기획과정에서 국과연과 방산업체가 적극 참여하여 국산장비 개발수준을 결정하도록 한다. 또한, 공급자(업체)를 배제한 소요기획은 개발 및 생산 관련 비용증가와 일정지연을 초래하기 때문에 수요자(군)와 공급자(업체)간 협의과정을 통한 최적의 개발/생산 체제 확립하도록 한다.

국방R&D 사업의 계약체계도 과거 통제 중심의 방산 원가 및 계약체제를 적정 가격을 보상하도록 해야 한다. 정부와 기관은 그동안 적정한 개발비용과 생산비용을 산정하지 못하기 때문에 소요부터 계약까지 업체가 제시한 비용을 기본으로 삭감 위주로 행정중심 관리업무를 하고 있다. 계약시점에서 조차 정부의 적정비용 산출을 못하고, 계획과 예산편성 과정에서 검토된 비용을 기본으로 계약가격을 산정함으로 실제 발생될 비용이 반영되지 못하고 있다. 더욱이 경쟁계약을 체결한 이후 발생한 비용을 제출하게 함으로 근본적 계약체계가 불신을 받고 있다.

국방R&D와 방위산업을 내실 있게 발전시키기 위해서는 원가 및 계약에 대한 기존 틀을 벗어나 적정비용과 불필요한 계약행정을 단순화시켜야 할 것이다.

---

6) 감사원 감사조치로 시제개발시 국과연은 시제설계를, 업체는 시제작으로 변경됨. 시제작계약 추진시 과거와 유사한 시제개발을 수행하고 있는 실정

Ⅳ 결 론

국방R&D는 국방과학기술 발전의 동력이며, 미래전장을 좌우할 첨단 무기체계 개발에 기본이 되는 활동이다. 미국 및 중국 등 선진 각국은 첨단 무기개발을 위한 새로운 국방기술 개발전략을 수립하고 첨단기술 확보를 위한 대규모 투자를 하고 있다.

우리의 국방과학기술 수준이 미국대비 82%로 세계 8위이나, 발전시켜야 할 개선과제를 도출하기 위하여 현 상황을 진단하여 미래지향적인 국방R&D 개선 방향을 제시하였다.

첫째로 단순 무기체계에서 성능개량을 포함한 무기체계 간 연동을 강화하기 위하여 복합체계와 미래 전장을 주도할 통합체계 중심으로 소요기획업무를 개선해야 한다. 합참은 통합소요 검토 시 통합체계를 중심으로 미래 전장 대비 소요를 결정하고, 소요군은 단순 무기체계에서 성능개량, 연동 및 연계를 고려한 복합무기체계를 중심으로 소요를 제기해야 한다.

둘째로 국방R&D는 국방기술R&D 보다 우선적으로 무기체계R&D를 고려하고 무기체계R&D는 성능개량을 포함한 복합체계, 나아가 4차 산업기술이 포함한 통합체계 위주로 예산이 편성되도록 해야 한다. 특히 국방기술R&D 예산은 세부분야별, 과제별 객관적이고 전문적인 성과평가를 기반으로 예산이 편성되도록 해야 한다.

셋째로 효율적으로 국방R&D를 수행하기 위해서는 관련 출연기관의 임무 및 기능의 중복성과 관료적 형식주의를 고려하여 기존 출연연구조직을 기반으로 국가과학기술연구회에 유사한 국방과학기술연구회(가칭) 설립을 제안하였다. 이를 통해 미래 전장을 주도할 국방R&D에 전념할 수 있는 개발 환경과 여건을 조성해야 한다.

마지막으로 국방R&D 업무 수행 시 제한사항이였던 주도방식 대신 협업방식, 투자방식은 100% 정부투자, 개발생산 전담체계 구축 등 업무 간소화를 강력히 추진해야 한다.

무기체계 사전품질보증 제도 문제점 분석 및 개선방안 도출

○ 구 정 택 ○

요약문

정부조달계약의 일종인 무기체계 연구개발계약에 있어 방산업체가 방산물자의 생산계획 물량 중 당해 연도 물량을 당해 연도 조달계약 전에 생산하고자 하는 경우 방위사업청의 승인을 얻고 이에 따라 생산된 물자에 대해 방위사업청이 품질보증을 하는 '사전생산승인을 통해 생산된 방산물자에 관한 품질보증 제도'를 살펴보고자 한다.
본 제도에 있어서 법적으로 긴밀히 연관되어 있는 계약의 성립 여부와 관련 손해배상 책임 여부를 중심으로 접근하였으며, 개선방안을 도출하여 제언사항을 포함했다.
위 제도에 관한 정확한 민사법적 법리 설시를 통하여 같은 제도를 법적으로 정확하게 이해할 수 있고, 같은 제도가 실무적으로 민사법에 부합하게 운용될 수 있으며, 이를 통하여 같은 제도가 방위산업의 지속적 발전과 국제 경쟁력 강화에 기여할 수 있기를 바란다.

· 핵심어(Key Word) : 사전생산승인, 방산물자, 품질보증, 계약 성립, 손해배상

Ⅰ 서 론

2006년 1월 방위사업청이 신설[1]되어 방위력개선사업[2]과 군수품조달업무[3] 등을 전담하게 되었고, 동시에 방위사업법(법률 제7845호, 2006. 1. 2.)이 제정되어 그 업무수행을 위한 법률적 근거가 새롭게 마련되었다.

방위사업법은 방위사업청이 수행하는 무기체계 연구개발 및 구매 등에 관한 기본법으로서 무기체계 획득에 관한 절차, 그에 따른 방위사업청 및 각 군의 역할 등 절차적인 내용을 규정하고 있으며, 그 절차가 진행되는 과정에서 이루어지는 각각의 계약행위에 있어서는 기본적으로 '국가를 당사자로 하는 계약에 관한 법률(이하 '국가계약법'이라고 한다)'을 따르게 되어 있다. 한편, 방위사업법 제46조에서는 계약의 종류·내용·방법, 그 밖에 필요한 사항에 관해서는 국가계약법령의 특례를 정하도록 하고 있다.[4]

그리고 방위력개선사업에서는 신규 무기체계 개발 등의 연구개발과 무기체계 구매 사업이 주를 이룬다고 하겠는데, 방위력개선사업을 위한 계약에 있어서 방산업체가 방위사업청과 정부조달계약을 체결하기 전에 방위사업청의 사전생산승인을 얻어 생산한 물자의 품질확인을 방위사업청에 요청하고 방위사업청이 이를 승인하는 제도가 있다.

이 경우에는 일정한 품목에 관한 일정 물량의 생산이라는 법률효과를 발생시키는 방산업체와 방위사업청 사이의 합의로서 계약이 성립되었다고 볼 수 있는지 여부와 만약 사전생산승인된 물량과 달리 변동(감소)된 물량 등으로 본 계약이 체결된 경우 변동(감소)된 물량 등에 관한 손해에 관해서 방산업체가 배상을 받을 수 있는지 여부가 문제될 수 있다.

이하에서는 우선 위 문제에 관한 검토에 앞서 무기체계 연구개발계약의 의의, 성질, 적용법규 등 무기체계 연구개발계약 일반에 관해서 보고, 그 후 위 문제에 관하여 검토하도록 하며, 이와 관련된 판례 사안을 살펴보도록 하겠다.

---

1) 기존 국방부조달본부, 국방과학연구소, 국방품질관리소, 육·해·공군 등에 흩어져 있던 방위사업 관련 업무를 통합하여 방위사업 추진의 투명성과 효율성을 제고하기 위한 목적으로 병무청과 유사하게 국방부 외청으로 개청됨.

2) 군사력을 개선하기 위한 무기체계의 신규개발 등을 포함한 연구개발 및 구매와 이에 수반되는 시설의 설치 등을 행하는 사업(방위사업법 제3조 제1호).

3) 다만 2020년 7월부터 방위사업청의 방위사업 전문성 강화를 위해 군 급식류 및 피복류 등 일반 군수품 조달업무가 조달청으로 이관함.

4) 같은 법 제46조, 같은 법 시행령 제61조 제1항에서는 방산물자와 무기체계 운용에 필수적인 수리 부속품 등의 조달 및 국방연구개발사업을 수행하게 하는 경우에는 국가계약법에서 정하고 있는 계약의 종류와는 달리 정할 수 있는데 1. 일반확정계약, 2. 물가조정단가계약, 3. 원가절감보상계약, 4. 원가절감유인계약, 5. 한도액계약, 6. 중도확정계약, 7. 삭제, 8. 특정비목불확정계약, 9. 일반개산계약, 10. 성과기반계약, 11. 장기옵션계약, 12. 한도액성과계약으로 구분하고, 그 구체적인 내용에 관해서는 국방부령인 '방위사업에 관한 계약사무처리규칙'에서 정하고 있음.

위 제도에 관한 정확한 민사법적 법리 설시를 통하여 같은 제도를 법적으로 정확하게 이해할 수 있고, 같은 제도가 실무적으로 민사법에 부합하게 운용될 수 있으며, 이를 통하여 같은 제도가 방위산업의 지속적 발전과 국제 경쟁력 강화에 기여할 수 있기를 바란다.

Ⅱ 본 론

1. 무기체계 연구개발계약

가. 의의

무기체계는 유도무기 · 항공기 · 함정 등 전장에서 전투력을 발휘하기 위한 무기와 이를 운영하는데 필요한 장비 · 부품 · 시설 · 소프트웨어 등 제반요소를 통합한 것으로서, 1. 통신망 등 지휘통제 · 통신 무기체계, 2. 레이다 등 감시 · 정찰무기체계, 3. 전차 · 장갑차 등 기동무기체계, 4. 전투함 등 함정무기체계, 5. 전투기 등 항공무기체계, 6. 자주포 등 화력무기체계, 7. 대공유도무기 등 방호무기체계, 8. 사이버전장관리체계 등 사이버무기체계, 9. 위성 등 우주무기체계, 10. 모의분석 · 모의훈련 소프트웨어, 전투력 지원을 위한 필수 장비 등 그 밖의 무기체계로 구분된다(방위사업법 제3조 제3호, 같은 법 시행령 제2조).

앞서 살펴보았듯이 방위사업청의 방위력개선사업은 무기체계 연구개발사업과 무기체계 구매사업으로 크게 구분되고, 무기체계 연구개발은 원칙적으로 탐색개발단계, 체계개발단계, 양산단계로 구분하여 추진되는데(방위사업관리규정 제25조 제1항, 제56조 제1, 3, 4, 5항)[5], 방산업체가 위와 같은 연구개발의 단계별 계약목적물을 납품하고 방위사업청이 그 대가를 지불하는 계약이 무기체계 연구개발계약이라 할 수 있겠다.

그리고 이하에서는 논의의 편의 상 연구개발계약 중 체계개발이 완료된 무기체계의 제조 · 구매계약인 양산계약을 전제로 하겠다.

나. 특징

1) 수요와 공급의 독과점

무기체계의 경우에는 수요자는 군으로서 단일하고 고유 임무수행을 위해 군에서 요구하는 특수 성능을 충족하여야 한다. 그리고 통상적으로 공급자는 방산업체로 지정된 소수의 업체만이 있는 것이 현실이다.

5) 방위력개선사업의 단계별 주요 수행내역은 '첨부 1'과 같다.

2) 계약기간의 장기화와 사후 정산

무기체계의 획득은 통상 장기간에 걸쳐 이루어지는 것이 특징이며, 원가산정 자료의 미비로 사전에 적정한 계약금액을 확정하기 어려운 현실로 사후에 비용을 정산하는 '개산계약'의 형태가 대부분이다.

3) 통합적인 사업관리

무기체계의 획득은 항공기·함정·유도무기 등 무기체계 자체와 이를 운용하는데 필요한 장비, 부품 등을 연구개발 또는 구매하고 나아가 부지매입, 시설공사 등 전력화 지원요소의 획득까지를 포함하기 때문에, 이를 효율적으로 추진하기 위해서는 통합하여 관리하는 것이 필요하여, 방위사업법 제12조 제1항[6]에서는 통합사업관리제도를 통하여 방위사업을 추진하고 있다.

4) 보안준수

무기체계는 군사기밀과 관련된 사항이 많아 반드시 보안유지가 필요하다.

다. 법적성질

무기체계 연구개발계약에 있어서, 수요자는 국가로 단일하므로 국가를 당사자로 하는 계약인 정부조달계약의 한 종류라고 할 수 있고, 정부조달계약의 특성에 관해서는 조달계약에 관한 법규명령이 없이 주로 행정규칙에 의존하는 독일과는 달리 우리는 행정조달계약을 규율하는 법규가 마련되어 있고, 정부조달계약에 관한 사법적 통제를 보다 적절하게 유지하기 위해 행정소송에 의한 통제가 더 바람직하다는 점에서 정부조달 계약을 공법적 계약으로 파악하려는 견해가 있다.[7]

다만, 행정 수요의 충족을 위해 물품과 용역을 조달하는 활동은 행정의 보조적인 활동에 불과한 것으로 권력성이 없고, 정부조달계약에 적용되는 기본법으로서 국가계약법 제5조에서는 '계약은 서로 대등한 입장에서 당사자의 합의에 따라 체결되어야 한다.'라고 규정하고 있어, 정부조달계약은 국가가 사경제주체로서 행하는 사법상의 법률행위라고 할

---

6) 제12조(통합사업관리제)
   ① 방위사업청장은 방위력개선사업의 효율적인 수행을 위하여 필요한 경우 단위사업별로 그 단위사업을 관리하는 자로 하여금 계획수립·예산편성·기종결정·협상·계약관리·품질보증관리 및 기술관리 등 각 기능별 전문인력을 통합구성하여 그 단위사업의 모든 과정을 관리하는 통합사업관리제를 시행하도록 하여야 한다.

7) 박정훈, "행정조달계약에 대한 사법적 구제", 제1회 군수조달 관계법 세미나 논문집, 20면 이하 참조함.

수 있고 정부조달계약에 관한 다툼은 민사소송의 대상이 된다.[8)]

라. 적용법규

방위사업법 제4조는 "방위사업에 관하여 다른 법률에 특별한 규정이 있는 경우를 제외하고는 이 법이 정하는 바에 의한다.", 국가계약법 제3조에서는 "국가를 당사자로 하는 계약에 관하여는 다른 법률에 특별한 규정이 있는 경우를 제외하고는 이 법이 정하는 바에 의한다."고 각 규정하여 방위사업법이 방위사업에 관한 기본법임을 명시하고 있으므로, 무기체계 연구개발계약에 있어서는 국가계약법의 특별법적 성격을 가지고 있는 방위사업법 등이 국가계약법에 우선하여 적용되고 그 밖의 사항에 관해서는 국가계약법이 적용된다.

이때 앞서 보았듯이 방위사업법은 무기체계 연구개발 및 구매에 관한 절차적인 내용을 규정하고 있으며, 그 절차가 진행되는 과정에서 이루어지는 각각의 계약행위에 있어서는 기본적으로 국가계약법을 따르게 되어 있다.

무기체계 연구개발계약과 관련하여 방위사업법은 '제3장 방위력개선사업'이라는 제목 아래 수행원칙, 국방중기계획 및 예산, 소요의 결정 및 수정, 방위력개선사업의 수행, 분석·평가에 관하여 규정하고, 국가계약법은 국민의 세금인 예산으로 집행되고[9)] 공익에 사용되는 재화나 용역의 공급을 위한다는 공법적 성격을 반영하여 효율성과 공정성 및 투명성 등을 담보하기 위한 각종 절차 및 업무처리 기준을 규정하고 있는데[10)], 계약의 원칙

---

8) 이와 관련하여 대법원 1983. 12. 27. 선고 81누366 판결은 "예산회계법에 따라 체결되는 계약은 사법상의 계약이라고 할 것이고 동법 제70조의5의 입찰보증금은 낙찰자의 계약체결의무이행의 확보를 목적으로 하여 그 불이행시에 이를 국고에 귀속시켜 국가의 손해를 전보하는 사법상의 손해배상 예정으로서의 성질을 갖는 것이라고 할 것이므로 입찰보증금의 국고귀속조치는 국가가 사법상의 재산권의 주체로서 행위 하는 것이지 공권력을 행사하는 것이거나 공권력작용과 일체성을 가진 것이 아니라 할 것이므로 이에 관한 분쟁은 행정소송이 아닌 민사소송의 대상이 될 수밖에 없다고 할 것이다."고 판시하고 있다.

9) 이와 관련하여 기획재정부 유권해석(회계제도과-722, 2007. 4. 23)은 '국가계약법은 같은 법 제2조에 따라 국가가 대한민국 국민을 계약상대자로 하여 예산 지출의 원인이 되는 계약(수입이 되는 계약 포함)을 체결하는 경우에 적용되는 것임. 따라서 민간사업시행자가 민간자본으로 시행하는 민간투자사업은 사회기반시설에 관한 민간투자법에 따라 처리될 사항임.'이라고 함.

10) 이와 관련하여 대법원 2001. 12. 11. 선고 2001다33604 판결은 '국가계약법 상 입찰 및 낙찰에 관한 규정은 국가가 사인과의 사이의 계약관계를 공정하고 합리적·효율적으로 처리할 수 있도록 관계 공무원이 지켜야 할 계약사무처리에 관한 필요한 사항을 규정한 것으로, 국가의 내부규정에 불과하고, 계약담당공무원이 입찰절차에서 국가계약법 및 그 시행령이나 그 세부심사기준에 어긋나게 적격심사를 하였다 하더라도 그 사유만으로 당연히 낙찰자 결정이나 그에 기한 계약이 무효가 되는 것은 아니고, 이를 위배한 하자가 입찰절차의 공공성과 공정성이 현저히 침해될 정도로 중대할 뿐 아니라 상대방도 이러한 사정을 알았거나 알 수 있었을 경우 또는 누가 보더라도 낙찰자의 결정 및 계약체결이 선량한 풍속 기타 사회질서에 반하는 행위에 의하여 이루어진 것임이 분명한 경우 등 이를 무효로 하지 않으면 그 절차에 관하여 규정한 국가계약법의 취지를 몰각하는 결과가 되는 특별한 사정이 있는 경우에 한하여 무효가 된다.'고 판시하고 있다.

·방법, 입찰 및 낙찰, 계약의 성립, 대가의 지급, 계약금액의 조정, 지체상금, 부정당업자의 입찰참가자격제한 등 입찰절차와 계약에 관한 기본적인 사항을 그 내용으로 한다.

그리고 대통령령으로 '방위사업법 시행령', '국가계약법 시행령', 국방부령으로 '방위사업법 시행규칙', '방산원가대상물자의 원가계산에 관한 규칙', '방위산업에 관한 계약사무처리규칙', '방위산업에 관한 착수금 및 중도금 지급규칙', 기획재정부령으로 '국가계약법 시행규칙'이 제정되어 있으며, 나아가 계약담당공무원이 업무처리를 하는 데에 기준이 되는 행정규칙으로 방위사업청·국방부가 만든 훈령·예규·고시 등이 있고, 기획재정부가 만든 계약예규[11]·고시 등이 있는데 그 중 대표적인 내용은 이하와 같다.

방위사업청훈령으로는 '방위사업관리규정', '군수품조달관리규정', '방산원가대상물자의 원가계산에 관한 시행세칙', '방위산업에 관한 계약사무처리 시행세칙', '방위산업에 관한 착수금 및 중도금 지급세칙', '방위산업물자 및 방위산업체 지정 규정' 등이 있고, 국방부 훈령으로는 '국방전력발전업무훈령', '계약업무처리훈령' 등이 있으며, 기획재정부의 계약예규로는 ① 정부입찰·계약집행기준, ② 예정가격 작성기준, ③ 입찰참가자격사전심사요령, ④ 적격심사기준, ⑤ 공사계약 종합심사낙찰제 심사기준, ⑥ 일괄입찰 등에 의한 낙찰자 결정기준, ⑦ 협상에 의한 계약체결기준, ⑧ 공동계약운용요령, ⑨ 공사계약일반조건, ⑩ 공사입찰유의서, ⑪ 용역계약일반조건, ⑫ 용역입찰유의서, ⑬ 물품구매(제조)계약일반조건, ⑭ 물품구매(제조)입찰유의서, ⑮ 종합계약집행요령, ⑯ 최저가낙찰제의 입찰금액 적정성 심사기준(폐지), ⑰ 경쟁적 대화에 의한 계약체결기준, ⑱ 용역계약 종합심사낙찰제 심사기준이 있고,[12] 기획재정부의 고시로는 '국가계약법 등의 기획재정부 장관이 정하는 고시금액', '국가계약법 시행령 제72조 제3항 제2호에 따른 공동계약 대상사업' 등이 있다. 이 중에 계약예규인 각 계약일반조건은 통상 정부조달계약 시 계약문서로서 구속력을 갖게 된다.[13]

그리고 앞서 살펴본 바와 같이 무기체계 연구개발계약은 정부조달계약로서 국가가 사경제주체로서 행하는 사법상의 법률행위라고 할 수 있으므로 방위사업법령 및 국가계약법령에서 별도로 정하지 않은 사항뿐만 아니라 같은 법령을 해석하는 데 있어서는 민법·상법 및 같은 법상의 일반적 법 원칙(신의성실의 원칙 등)이 적용되게 될 것이다.

11) 2011. 5. 13. '회계예규'에서 '계약예규'로 명칭이 변경되었다.

12) 자세한 내용은 '계약예규 전문(2025. 1. 24. 일부개정), 기획재정부'를 참조함.

13) 공사, 용역, 물품구매 계약에 있어서 공통적이고 일반적인 사항을 담고 있는 것으로서 이는 정부조달계약에 있어서 방위사업청 뿐만 아니라 타 정부기관에게도 기본 내용으로 적용되게 된다. 그리고 각 계약특수조건에는, 각 계약일반조건에 없는 그 계약 상황에 특수한 내용이 계약상대자와의 합의에 따라 반영되게 된다. 이 또한 각 계약일반조건과 같이 통상 계약문서로서 취급된다.\

2. 사전생산승인을 통해 생산된 방산물자에 관한 품질보증 제도

가. 의의

방위사업법 제37조 제2항 제3호 및 같은 법 시행령 제50조 제2, 3, 5항, 같은 법 시행규칙 제33조, 방위사업품질관리규정 제22 내지 29조에 따르면[14], 방산업체가 방위사업청장이 매년 해당 방산업체에 통보하는 방산물자의 생산계획물량 중 당해연도 물량을 당해연도 조달계약 전에 생산하고자 하는 경우에는 방위사업청장의 승인을 얻어야 하고 이에 따라 생산된 물자에 관한 품질확인을 방위사업청장에게 요청할 수 있고 방위사업청장은 특별한 사유가 없는 한 이에 응하여야 한다고 하여 방위사업청장의 승인을 통한 방산업체의 계약 전 생산 및 방위사업청의 품질보증활동을 허용하고 있다(이하 '사전품보제도'라 한다).[15] 이는 방산물자의 납기지연 방지와 방산업체의 육성 지원을 위한 특례규정이다.

그리고 방위사업청훈령인 '방위사업 품질관리 규정' 제22 내지 29조는 방산업체는 방산물자의 연간 생산계획물량에 대한 확인과 생산납품공정계획을 수립하여 납기준수를 위해 계약 전 생산이 요구되는 품목에 대하여 방위사업청에 계약 전 생산을 요청하고(이때 방산업체는 ① 계약 전 승인요청서[16], ② 생산납품공정계획표, ③ 세부품목내역, ④ 서약서 등의 서류를 구비하여 방위사업청에 제출한다), 방위사업청은 방산업체의 요청물량에 대하여 업체 제출서류, 방위사업청(사업 및 계약부서) 및 각 군의 검토 등을 통해 승인 업무를 수행한다고 규정하고, 그 처리 절차는 아래와 같다.

14) 이상의 관련 법령들은 '첨부 2' 참조함.
15) 방위사업법 제46조 제1항 후단, 같은 법 시행령 제61조 제3항 제1호에 따르면 방산업체와 방산물자 연구개발계약을 체결하는 경우에는 수의계약에 의할 수 있다고 규정하고 있다.
16) 방산업체 제출의 계약 전 승인요청서 서식은 '첨부 3' 참조함.

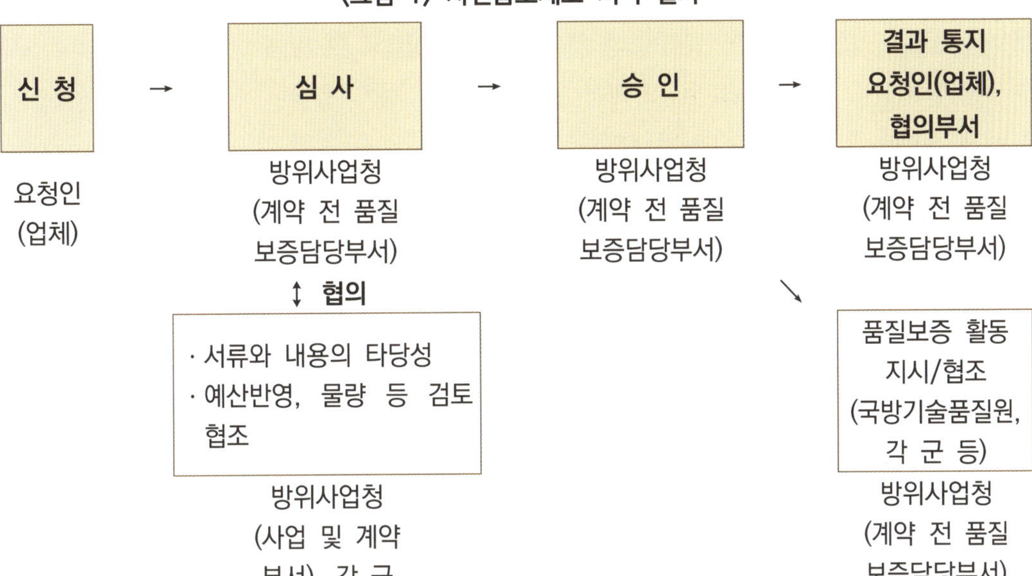

〈그림 1〉 사전품보제도 처리 절차

나. 문제점

한편 예산의 변경, 담당 부서의 계획 물량 판단 오류 등의 사유로 정부조달계약 체결 시 품목이나 물량이 변동되는 경우에 사전 생산 승인 및 이에 따른 품질보증 승인을 얻은 방산업체로서는 자신의 이익을 부당하게 제한하는 것으로서 이에 관해서는 손해배상책임을 국가 측에 물을 수 있는지, 사전생산에 따른 모든 책임과 불이익은 업체가 부담하는지가 문제될 수 있다.

우선 계약상 채무불이행에 따른 손해배상책임을 물을 수 있는지에 관해서 살펴보기 위해서는 먼저 정부조달계약 이전에 사전 계약이 체결되었다고 볼 수 있는지 여부와 사전 계약이 체결되었다고 볼 수 없다면 그 외에 가능한 이론구성에 관해서 살펴보고 방산업체의 손해배상청구가 가능한 지에 관해서 살펴보도록 하겠다.

다. 계약 성립 여부

1) 계약의 성립

계약은 원칙적으로 일정한 법률효과의 발생을 목적으로 하는 당사자들의 의사표시의 합치, 즉 당사자들의 합의에 의하여 성립하며, 보통 청약과 승낙으로 성립한다. 청약은 일정한 내용의 계약을 성립시킬 것을 목적으로 하는 일방적·확정적 의사표시로서 원칙적으로 특정한 방식을 요하지 않고, 승낙은 청약의 상대방이 청약에 응해 계약을 성립시킬 목적으로 청약자에 대하여 행하는 의사표시로서 원칙적으로 그 방법은 자유이다.

그리고 민법은 청약과 승낙에 의한 계약의 성립뿐만 아니라 교차청약(제533조), 의사실현(제532조)에 의한 계약의 성립에 관해서 규정하고 있다. 그 밖에 당사자들 사이의 의사표시에 관계없이 사실적 행위에 의해서도 계약이 유효하게 성립할 수 있다는 이론으로서 사실적 계약관계론이 있다.[17]

2) 검토

그렇다면 '사전품보제도'를 정부조달계약 전 사전 계약의 성립으로 볼 수 있는지에 관해서 살펴보면, 일정한 품목에 관한 일정 물량의 생산이라는 법률효과를 발생시키는 방산업체와 방위사업청 사이의 합의로서 계약이 성립되었다고 볼 수도 있으나, 국가계약법 제11조 제1, 2항에 따르면 '계약담당공무원은 계약을 체결하고자 할 때에는 계약의 목적, 계약금액, 이행기간, 계약보증금, 위험부담, 지체상금 등 필요한 사항을 명백히 기재한 계약서를 작성하여야 하고, 계약서를 작성하는 경우에는 담당공무원과 계약상대자가 계약서에 기명·날인 또는 서명함으로써 계약이 확정된다.'고 규정하여, 국가가 당사자가 되는 정부조달계약에 있어서는 구두계약은 성립될 수 없고, 반드시 서면계약으로 체결하여야 하며, 그 계약서에는 계약의 중요 사항이라고 할 수 있는 계약의 목적·계약금액·이행기간 등에 관해서 명백히 정하도록 한다.

이에 따라, 정부조달계약의 한 형태인 무기체계 연구개발계약 또한 반드시 계약의 중요사항들이 기재된 서면으로 체결되어야 하므로 무기체계 연구개발계약은 원칙적으로 위와 같은 형태의 계약서로 작성되어야 하는 요식행위라고 하겠다. 그리고 이와 같이 계약서를 작성하는 내용의 국가계약법 상 절차조항은 강행규정이라는 것이 우리 판례의 태도이다.[18]

따라서 무기체계 연구개발계약은 정부조달계약의 한 형태로 반드시 계약의 중요 사항들이 기재된 서면으로 체결되어야 하므로 사전품보제도에 있어서 관련 정부조달계약이 성립되기 전 사전 계약이 성립되었다고 볼 수 없다고 판단된다. 따라서 계약 체결을 전제로 한 계약상 채무불이행을 이유로 방산업체가 국가를 상대로 손해배상청구를 구할 수는 없다고 판단된다.

그리고 사전품보제도를 일종의 예약으로 볼 수 있는지 여부도 문제될 수가 있다. 이는 장차 계약을 체결할 것을 약속하여 본 계약을 체결할 의무를 부담하는 계약을 예약이라고 하는데, 예약이 성립되는 경우 당사자들은 본 계약을 체결할 의무를 부담하기 때문에 당사자 일방의 청약에 대하여 상대방이 승낙할 채무를 이행하지 않을 때에는 민법 제389조

17) 박준서(편집대표), 「주석 민법(제3판)」, 한국사법행정학회(1999-2000), pp.180-185 참조.
18) 대법원 2009. 12. 24. 선고 2009다51288 판결; 대법원 2005. 5. 27. 선고 2004다30811, 30828 판결 등 참조함.

제2항에 의하여 현실적 이행을 강제하거나, 민법 제390조의 채무불이행책임을 채무자에게 물을 수 있기 때문이다.

그러면 본 계약이 요식행위인 경우 예약도 방식을 갖추어야 하는지의 여부에 관해서는 통상 요식행위가 당사자로 하여금 계약의 체결을 신중하게 하려는 이유에 있어서 소정의 방식을 따르지 않는 때에는 당사자를 구속하지 않는다는 취지라면, 예약도 본 계약과 동일한 방식을 갖추어야 한다고 하나, 요식행위가 단순히 법률행위의 존재를 증명하기 위한 경우에는 그 방식을 따르지 않아도 효력이 있다고 한다.[19]

따라서 예약의 성립 여부에 관해서 검토해 보면, 본 계약인 정부조달계약에서 요식성은 국민의 예산을 기초로 하는 국가를 당사자로 하는 계약에 있어서 양 당사자의 계약 체결을 신중히 하기 위함이므로 예약이 성립이 되려면 서면으로 계약의 목적 · 계약금액 · 이행기간 등 계약의 중요사항을 적시하여야 되는데 사전품보제도의 경우에는 계약의 중요사항을 적시하지 않아 예약도 성립할 수 없다고 생각한다.

그리고 판례 또한 국가가 사경제주체로서 사인과 사법상 계약을 체결함에 있어서는 관계 법령에 따른 계약서를 따로 작성하는 등 그 요건과 절차를 이행하여야 하고, 그러한 요건과 절차를 거치지 아니한 예약은 그 효력이 없다고 판시하고 있다.[20]

라. 손해배상책임 여부

사전품보제도에서 방산업체와 국가 사이에 사전 계약이 체결되었다고 보지 않는 경우 방산업체가 국가에게 손해배상책임을 물을 수 있는지에 관해서 이하에서 살펴보기로 하겠다.

1) 계약체결상의 과실책임

계약 체결을 위한 준비과정이나 계약의 성립과정에서 당사자 일방이 유책적으로 상대방의 손해를 야기한 경우 이를 배상하여야 할 책임을 계약체결상의 과실책임이라고 하는데, 계약이 성립하기 전 단계에서도 모종의 신뢰관계가 존재할 때 이러한 신뢰는 법적 의미가 있는 경우로서 보호가치가 있으며 이 의무위반으로 인한 피해자의 구제는 불법행위책임보다는 계약책임으로 구성하는 것이 법 이론상 보다 적절하다는 것으로 계약책임에 대해서도 불법행위책임에 대해서도 일반조항을 두고 있지 않던 독일민법에서 피해자 구제의 공백을 메우기 위해 활발히 논의된 이론이다.[21]

---

19) 박준서(편집대표), 앞의 책(주 17), pp.391-398; 곽윤직(편집대표), 「민법주해(XIV)」, 박영사(1999), pp.113-119 참조함.
20) 대법원 1993. 11. 9. 선고 93다18990 판결.

이와 관련해서 우리나라 민법 제535조[22]에서는 계약의 원시적 불능으로 계약이 무효인 경우에 관하여만 이 책임을 인정하지만, 학설은 더 나아가 손해의 공평한 분담에 기여하고 피해자의 보호에 이바지함을 근거로 민법의 규정 외에도 계약 체결 전의 과실책임을 독일과 같이 인정하자는 견해, 우리 민법은 독일 민법과 달리 불법행위에 관한 일반적이고 포괄적인 규정을 두고 있으므로 이러한 이론을 인정할 실익이 없다는 견해, 계약책임도 불법행위 책임도 아닌 제3의 독자적 책임유형으로 보는 견해가 있으나, 책임의 성질을 계약책임, 불법행위책임 또는 제3의 독자적 책임 어느 것으로 보나 일방 당사자에게 손해가 있으면 손해배상을 청구할 수 있고[23], 상대방이 그 계약이 유효를 믿었기 때문에 받은 손해를 배상하여야 한다.[24]

2) 검토

모든 당사자들은 '계약을 체결하지 않을 자유'를 갖는다. 그러나 어느 단계를 넘어가면 계약 당사자들은 계약이 체결될 것이라고 믿을 수 있고 이러한 정당한 신뢰는 신의성실의 원칙 상 보호 받아야 한다. 그런데 정당한 이유 없이 계약이 체결되지 않은 경우 지금까지 지출한 비용의 배상은 청구할 수 있어야 한다. 이러한 측면에서 '계약을 체결하지 않을 자유'와 '정당한 신뢰 보호'의 경계는 어디에 있는가가 문제된다.

계약을 체결하지 않을 자유가 있기 때문에 단순히 계약이 체결되지 않았다는 이유만으로 손해배상책임을 인정할 수는 없을 것이다. 그러나 상대방에게 계약이 체결될 것이라는 '정당한 신뢰'를 발생시켰을 때에는 계약체결을 '정당한 이유 없이 자유롭게 파기'하는 것이 허용되어서는 안 될 것이다. 다만 계약을 체결하지 않음으로 인한 손해배상책임의 영

21) 참고로 유럽계약법원칙(PECL: Principles of European Contract Law) 제2:301조 제2항에서는 "신의성실과 공정거래에 반하여 교섭하거나 교섭을 중단한 당사자는 상대방이 입은 손해에 대하여 책임을 진다"고 규정하고 있다(김재형 역(올란도, 휴빌 편), 「유럽계약법 원칙」, 박영사(2013), p.285).

22) 제535조(계약체결상의 과실)

① 목적이 불능한 계약을 체결할 때에 그 불능을 알았거나 알 수 있었을 자는 상대방이 그 계약의 유효를 믿었음으로 인하여 받은 손해를 배상하여야 한다. 그러나 그 배상액은 계약이 유효함으로 인하여 생길 이익액을 넘지 못한다.

② 전항의 규정은 상대방이 그 불능을 알았거나 알 수 있었을 경우에는 적용하지 아니한다.

23) 조형물을 설치하기 위하여 수인의 작가에게 시안 제작을 의뢰한 후 그 중 1인의 시안을 당선작으로 선정하여 그 사실을 통지하였으나 3년이 경과하여 조형물 설치의 취소를 통보한 사례에서 관해서, 판례(대법원 2003. 4. 11. 선고 2001다53059 판결)는 "어느 일방이 교섭단계에서 계약이 확실하게 체결되리라는 정당한 기대 내지 신뢰를 부여하여 상대방이 그 신뢰에 따라 행동하였음에도 상당한 이유 없이 계약의 체결을 거부하여 손해를 입혔다면, 이는 신의성실의 원칙에 비추어 볼 때 계약자유의 한계를 넘는 위법한 행위로서 불법행위를 구성한다."고 하여 불법행위 책임으로 보는 것으로 판단된다.

24) 박준서(편집대표), 앞의 책(주 17), pp.217-245 참조함.

역을 너무 확대하게 되면 간접적으로 계약당사자들에게 계약을 체결하도록 유도하는 체약 강제의 효과를 가져올 수 있을 것이므로, 계약 불성립으로 인한 손해배상책임을 인정하는 요건을 엄격하게 설정하여야 할 것이다.

일응의 요건으로서는 대법원 및 독일의 판례 및 다수설에 따르면 첫째, 파기자가 상대방에게 계약이 확실하게 체결되리라는 정당한 기대 내지 신뢰를 부여하였을 것, 둘째, 상대방이 그 신뢰에 따라 행동하였을 것, 셋째, 파기자가 상당한 이유 없이 계약의 체결을 거부하였을 것 등이라 할 수 있겠다. 다만 언제 '정당한 신뢰'가 발생하고 무엇이 '정당한 이유 없이 자유롭게 파기'하는 것인지는 추상적이고 상황 관련적이기 때문에 유형화를 통한 일정한 기준의 정립이 필요할 것이다.[25)]

'사전품보제도'에서 방산업체가 방위사업청으로부터 사전 생산 승인을 받은 경우에는 승인된 물량만큼 계약이 확실하게 체결되리라는 정당한 신뢰가 부여된 것으로 볼 수 있고, 방산업체가 승인된 물량만큼 방위사업청에 품질보증요청을 한 경우 그 신뢰에 따라 행동을 한 것이라 볼 수 있을 것이다. 그리고 '정당한 이유 없이' 승인한 물량보다 적은 물량으로 변동한 경우에는 줄어든 물량만큼 계약이 체결된 것이 아니기 때문에 계약체결상 과실책임이 성립될 것이므로, 갑작스런 예산 변경으로 인한 경우가 아니라 담당 부서의 물량 계산 착오 등 담당부서의 과실로 볼 수 있는 경우는 '정당한 이유 없이' 계약체결을 거부하는 것으로 볼 수 있을 것이다.

다만 방산업체가 사전품보제도를 위해 제출하는 서약서 및 방위사업청의 승인 문서에는 '계약 전 생산에 따른 모든 책임과 불이익은 업체가 부담하며 계약 전 생산 및 원자재·부품 확보 승인을 근거로 품목이나 물량 또는 예산의 조정요구를 할 수 없음'이라는 취지의 내용이 관련 규정 상 필수적으로 들어가도록 되어 있다('방위사업 품질관리 규정' 제24조 제1항 제5호, 제3항 제4호, 제26조[26)27)] 참조). 따라서 계약체결 시 변동(감소)된

25) 이병준, 「계약성립론」, 세창출판사(2008), pp.211-242 참조함.

26) 제24조(계약 전 생산 및 원자재·부품 확보 승인 요청 절차)

① 계약 전 생산 및 원자재·부품 확보 승인을 위한 전제조건은 다음과 같다.

5. <u>계약 전 생산에 따른 모든 책임과 불이익은 업체가 부담하며 계약 전 생산 및 원자재·부품 확보 승인을 근거로 품목이나 물량 또는 예산의 조정요구를 할 수 없음</u>

③ 방산업체는 해당 연도 생산계획량에 대하여 생산납품공정계획을 수립하고 납기준수를 위해 계약 전 생산을 하고자 하는 품목에 대하여 다음 각 호의 서류를 구비하여 방산수출입지원체계(D4B : www.d4b.go.kr) 또는 직접 방위산업진흥국장에게 계약 전 생산 및 원자재·부품 확보 승인을 요청한다.

4. <u>서약서(별지 제8호)</u>

제26조(계약 전 생산 및 원자재·부품 확보 승인)

방위산업진흥국장은 관련기관의 검토내용을 종합하여 계약 전 생산 및 원자재·부품 확보 승인이 타당하다고 판단되면 <u>별지 제10호의 서식</u>에 따라 신청업체, 사업본부(통합사업관리팀, 계약부서), 품질보증기관(국방기술품질원, 각 군 등)에 승인 결과를 통보한다.

물량을 계약대상으로 하는 경우 방산업체는 기존에 생산한 제품이 감소된 물량만큼 폐기되어야 할지라도 국가에 손해배상 책임을 청구할 수 없다고 할 수 있다.

그러나 국가계법약령 상 정부조달계약은 상호 대등한 입장에서 당사자의 합의에 따라 체결되어야 하고, 당사자는 계약의 내용을 신의성실의 원칙에 따라 이를 이행하여야 하며, 계약담당공무원은 계약을 체결함에 있어서 국가계약법령 및 관련법령에 규정된 계약상대자의 계약상의 이익을 부당하게 제한하는 특약 또는 계약조건을 정해서는 아니 됩니다(국가계약법 제5조 제1, 3항).

그리고 계약문서의 일종인 물품구매(제조)계약 일반조건(기획재정부 계약예규) 제3조 제3항에서도 '물품구매계약 특수조건에 국가계약법령, 물품구매(제조)와 관련된 법령 및 이 조건에 의한 계약상대자의 계약상 이익을 제한하는 내용이 있는 경우 특수조건의 같은 내용은 효력이 인정되지 아니한다.'고 규정하여 계약상대자의 계약상 이익을 보장하고 있다.

따라서, 이러한 계약에 관한 국가계약법령을 계약 체결 전인 사전품보제도에 유추 적용할 때 국가 측의 '정당한 이유 없는' 물량변경으로 인한 계약체결에 있어서, 변동(감소)된 물량에 관해서는, 군의 요구 성능 충족이 필요한 무기체계 연구개발계약의 특성상 국가가 독점적인 수요자의 지위를 남용하여 계약 상대자의 이익을 부당하게 제한하는 경우로 볼 수 있어, 서약서 및 승인 문서의 내용은 효력이 없을 수 있으므로(이는 계약체결상 과실책임을 계약책임으로 보는 경우의 이론구성이 될 수 있을 것이며, 불법행위책임으로 보는 경우에서는 위 서약서 및 승인 문서의 내용에 관해서는 불법행위책임을 면제하는 것으로서 민법 제103조 선량한 풍속 기타 사회질서 위반에 따라 그 효력이 없을 수 있을 것이다), 계약상대자는 특별한 사정이 없는 한 손해배상을 청구할 수 있다고 본다.[28]

3. 관련 판례[29]

사전품보제도 관련 갈등과 분쟁은 있지만, 관련 소송으로까지 진행되는 경우는 계약상대방의 추후 계약 체결 고려 등 여러 가지 이유로 거의 없는 실정이나, 필자가 직접 수행한 관련 판례 사안이 있어 이를 살펴보도록 한다. 이를 통하여 앞서 검토한 사전품보제도와 관련하여 법적인 이해를 돕기 바란다.

---

27) 방산업체 제출의 서약서 및 방위사업청 승인 문서 각 서식은 '첨부 4' 참조함.

28) 서울중앙지방법원 2009. 2. 3. 선고 2008가합103545 판결 참조함.

29) 제1심 판결은 서울중앙지방법원 2020. 8. 28. 선고 2017가합562238 판결, 제2심 판결은 서울고등법원 2021. 12. 16. 선고 2020나2033542 판결, 상고심은 심리불속행기각으로(대법원 2022. 4. 28. 선고 2022다207479 판결) 제2심 판결은 2022. 5. 2. 확정되었다.

가. 기초사실

1) 원고와 피고의 수리온 초도양산사업 계약의 체결

항공기 등에 대한 설계 · 제조 등 항공 및 우주 관련 군수 사업을 수행하는 방산업체인 원고는 2010. 12. 31. 국가(방위사업청)인 피고와 사이에 한국형 기동헬기인 수리온의 초도[30]양산을 위한 계약(이하 '이 사건 초도양산사업 계약'이라고 한다)을 체결하였다.

2) 원고와 피고의 후속군수지원 업무 논의

원고가 수리온을 제조하여 피고에게 납품한 이후라고 할지라도, 수리온의 가동률을 향상 · 유지하기 위한 목적으로 수리온에 대한 기술지원 업무, 정비지원 업무 등 수리온의 운용 등에 관한 후속적인 지원업무(이하 '후속군수지원 업무'라고 한다)가 지속적으로 필요하였고, 원고와 피고는 이 사건 초도양산사업 계약 체결 전후로 수리온 초도양산 사업의 범위에서 수행하는 업무가 아닌 범위에서 후속군수지원 업무를 수리온 후속양산 사업에 반영하는 논의를 하였다.

3) 수리온 초도양산에 따른 수리온 1호기 납품

원고는 이 사건 초도양산사업 계약에 따라 수리온 1호기를 생산하여 2012. 12. 18. 피고에게 수리온 1호기를 납품하였다.

4) 원고의 방산물자 계약 전 품질확인요청 및 피고의 품질보증활동 승인

원고는 위와 같이 수리온 1호기를 납품한 이후인 2012. 12. 20. 피고에게 수리온 후속양산사업 계약이 체결되기 전에 투입되는 2013년도 후속군수지원 업무에 관하여 계약 전 품질보증활동을 승인하여 줄 것을 건의하였고, 피고는 2013. 1. 4. 원고의 방산물자 계약 전 품질보증활동 요청을 승인하였다.

5) 수리온 후속양산사업 계약과 후속군수지원 계약의 분리 추진 결정

원고와 피고는 2013. 10. 11. 수리온 후속양산을 위한 현안에 관한 토의를 하는 과정에서 후속양산사업 계약 추진 일정을 고려하여, 후속군수지원에 관한 계약을 후속양산사업 계약과 분리하여 추진하기로 결정하였다.

30) 방위사업관리규정 제56조 제5항에서 무기체계 연구개발에서 체계개발 완료된 무기체계를 양산하는 양산단계에 관해서 최초양산과 후속양산으로 구분하여 수행할 수 있다고 규정하고 있는데, 초도양산이라 함은 같은 항의 최초양산을 의미한다.

6) 원고와 피고의 후속양산사업 계약의 체결

원고와 피고는 위와 같이 수리온 후속양산사업 계약과 후속군수지원 계약을 분리하여 추진하기로 함에 따라 2013. 12. 19. 수리온 후속양산사업에 관한 계약을 체결하였다.

7) 원고와 피고의 후속군수지원 업무에 관한 용역계약의 체결

원고와 피고는 2014. 4. 15.경 '수리온 양산 후속군수지원 사업관리실무위원회'를 개최하여 후속군수지원의 정의와 업무 범위, 업무 절차 등에 관한 논의를 하고, 2014. 7. 4. 수리온 양산 후속군수지원에 관한 용역계약(이하 '이 사건 후속군수지원에 관한 용역계약'이라고 한다)을 체결하였으며, 이 사건 후속군수지원에 관한 용역계약은 원고가 2014년도 및 2015년도에 수행한 후속군수지원 업무를 적용대상으로 하였고, 원고가 수리온 초도양산에 따라 2013년도에 수행한 후속군수지원 업무는 적용대상에서 제외되었다.

8) 원고의 2013년도 후속군수지원 업무 수행 및 정산요청

원고는 2013. 12.경 피고에게 2013년도 수리온 초도양산에 따른 후속군수지원 업무를 수행한 결과물로서 수리온 후속군수지원 보고서를 작성하여 제출하였고, 그 후 원고는 2015. 12. 31. 피고에게 '2014년도 이후에 이루어진 후속군수지원 업무는 이 사건 후속군수지원에 관한 용역계약에 따라 정산이 될 예정이나, 2013년도에 수행한 후속군수지원 업무에 관하여는 별도의 용역계약이 체결되지 않아 정산이 이루어지지 않았다'는 취지로 주장하면서 원고가 2013년도에 수행한 후속 군수지원 업무에 관한 용역대금 명목으로 합계 11,590,790,537원을 지급하여 줄 것을 청구하였다.

나. 손해배상책임의 발생

위와 같은 원고의 2013년도 후속군수지원 업무에 관한 용역대금 상당의 손해배상청구에 관하여, 제1, 2심은 우선 '어느 일방이 교섭단계에서 계약이 확실하게 체결되리라는 정당한 기대 내지 신뢰를 부여하여 상대방이 그 신뢰에 따라 행동하였음에도 상당한 이유 없이 계약의 체결을 거부하여 손해를 입혔다면 이는 신의성실의 원칙에 비추어 볼 때 계약자유 원칙의 한계를 넘는 위법한 행위로서 불법행위를 구성한다(대법원 2003. 4. 11. 선고 2001다53059 판결, 대법원 2004. 5. 28. 선고 2002다32301 판결, 대법원 2013. 6. 13. 선고 2010다65757 판결 등 참조).'는 관련 법리를 판시하였다.

그리고 피고의 손해배상책임 발생에 관하여, 제1, 2심은 '원고는 수리온 1호기를 납품한 직후인 2012. 12. 20.경 납품한 수리온에 관한 후속군수지원 업무의 필요성이 발생함

에 따라 피고에게 후속군수지원 분야에 관하여 계약 전 품질보증활동을 승인하여 줄 것을 요청하였는데, 위 품질보증활동 승인요청에 관한 문서에는 후속군수지원 업무의 범위가 구체적으로 기재되어 있었고, 피고는 원고의 품질보증활동 요청을 승인하기까지 하였다는 등의 사정을 종합하면, 피고는 원고에게 '후속군수지원 업무에 관하여 후속양산사업 계약을 체결하면서 그 용역대금의 정산에 관한 내용을 반영하거나 별도로 후속군수지원 업무에 관한 용역계약을 체결하여 용역대금을 지급할 것'이라는 정당한 기대 내지 신뢰를 부여하고, 원고로 하여금 2013년도 후속군수지원 업무에 관한 용역을 제공하게 하였음에도 피고는 원고가 수행한 2013년도 후속군수지원 업무에 관한 정산을 거부하고 있는바, 이는 계약 교섭의 부당 파기 또는 계약 체결의 부당 거부에 준하는 것으로서 신의성실의 원칙에 비추어 볼 때 계약자유원칙의 한계를 넘는 위법한 행위에 해당하여 불법행위를 구성한다고 봄이 상당하다.'고 판시하였다.

또한 원고는 2012. 12. 20. 피고에게 품질보증활동 승인을 요청할 당시 품질보증활동 승인을 근거로 보상요구를 하지 않겠다는 취지의 서약서를 제출하였으므로, 원고는 피고에게 손해배상을 요구할 수 있는 등의 권리를 포기한 것이라는 피고의 항변에 관해서, 제 1, 2심은 '① 계약 전 품질보증활동은 방산물자 중 당해 연도의 조달계약 예정품목에 대하여 원자재 · 부품을 확보할 목적으로 이용되는 제도이고, 후속군수지원 업무와는 무관한 제도인 점, ② 그럼에도 원고는 수리온 1호기를 납품한 이후 후속군수 지원 업무를 수행할 필요성이 발생하였음에도 위 업무를 수행할 근거가 없자 업무 수행의 근거를 남기기 위하여 위 제도를 이용한 것으로 보이는 점, ③ 그 과정에서 원고는 위 계약 전 품질보증활동 관련 규정상의 별지 양식의 서약서를 그대로 활용한 것인 점, ④ 원고가 제출한 서약서의 기재 자체에 의하더라도, "계약 전 품질보증활동으로 요청한 품목에 대하여 방위사업청에서 집행계획, 집행승인 또는 계약 체결 시 물량 또는 예산을 변경하거나 사업을 취소하여 손실이 발생되더라도 그 손실에 대한 책임은 원고에게 있다"고 기재되어 있을 뿐, 원고가 수행한 후속군수지원 업무에 관한 비용을 청구하지 않는다거나 그 비용에 상응하는 불법행위 손해배상청구권을 포기하겠다는 취지의 기재는 없는 점 등을 종합하여 보면, 원고가 제출한 각서에 의하여 원고가 피고의 불법행위를 이유로 한 손해배상청구권을 포기하였다고 인정하기에 부족하다.'고 판시하였다.

다만, 해당 판례에서 서약서 등에 관해서, 해당 내용은 실질적으로 불법행위책임을 면제하는 취지로서 민법 제103조 선량한 풍속 기타 사회질서 위반에 따라 그 효력이 없다고 판시할 수도 있지 않았는지 논란의 여지가 있을 수 있겠다.

다. 손해배상책임의 범위

위와 같이 피고의 손해배상책임이 발생하였다고 인정하면서 그 범위에 관하여, 제1, 2심은 '계약교섭의 부당한 중도파기가 불법행위를 구성하는 경우, 상대방에게 배상책임을 지는 것은 계약체결을 신뢰한 상대방이 입게 된 상당인과관계 있는 손해이고, 한편 계약교섭 단계에서는 아직 계약이 성립된 것이 아니므로 당사자 중 일방이 계약의 이행 행위를 준비하거나 이를 착수하는 것은 이례적이라고 할 것이므로 설령 이행에 착수하였다고 하더라도 이는 자기의 위험 판단과 책임에 의한 것이라고 평가할 수 있지만 만일 이행의 착수가 상대방의 적극적인 요구에 따른 것이고, 바로 위와 같은 이행에 들인 비용의 지급에 관하여 이미 계약교섭이 진행되고 있었다는 등의 특별한 사정이 있는 경우에는 당사자 중 일방이 계약의 성립을 기대하고 이행을 위하여 지출한 비용 상당의 손해가 상당인과관계 있는 손해에 해당한다(대법원 2004. 5. 28. 선고 2002다 32301 판결 참조).'는 관련 법리를 판시하였다.

그리고 피고의 손해배상책임 범위에 관하여, 제1, 2심은 '원고가 피고에게 이 사건 후속군수지원 계획을 제출하면서 세부적인 후속군수지원 업무의 범위를 나열하기는 하였으나 원고와 피고는 2014. 4. 15. 이 사건 후속군수지원에 관한 용역계약을 체결하면서 비로소 후속군수지원 업무의 정의와 범위를 확정하였는바, 위 2014. 4. 15. 이전에는 원고와 피고 사이에서 후속군수지원 업무의 정의와 범위에 관한 다툼이 계속 있었던 것으로 봄이 상당하므로, 원고가 계약 체결을 통하여 정산받을 것이라고 신뢰한 후속군수지원 업무의 범위를 판단함에 있어서는 원고가 피고에게 제출한 이 사건 후속군수지원 계획에 기재된 내용과 위 계획에 관한 원고와 피고 사이의 회의 결과를 기준으로 하되, 이 사건 후속군수지원 계획에 기재된 업무라고 하더라도, 초도양산사업 본래의 특성상 이 사건 초도양산사업 계약에서 정한 원고의 업무 범위에 포함되거나 포함될 여지가 있는 업무라면, 계약 교섭과정에서 후속군수지원 업무에서 배제될 가능성도 존재하므로, 그 부분 업무에 투입된 비용은 계약체결을 신뢰한 상대방이 입게 된 상당인과관계 있는 손해라고 보기는 어렵다.'는 일응의 판단 기준을 판시하였다.

한편 손해배상책임 범위의 판단 기준과 관련하여, 제1심은 '원고가 수행한 업무가 이 사건 후속군수지원 계획에 기재된 업무에 해당하는 사실이 인정되므로, 원고가 수행한 이 사건 업무가 이 사건 초도양산사업 계약에 포함되는 업무가 아닌 한 원고로서는 이 사건 업무를 수행할 당시 후속군수지원계약의 체결을 통하여 그에 관한 비용을 정산 받을 것으로 신뢰하였다고 봄이 상당하다는 이유로 이 사건 업무 중 다툼이 있는 일부 업무에 대하여 그 업무가 이 사건 초도양산사업 계약에 포함되는 업무에 해당하는지 여부만을 살펴본다.'고 판시하였으나, 피고의 이 사건 후속군수지원 계획은 단지 원고의 계획일 뿐이고, 이 사건 업무를 후속군수지원계약 교섭의 중도파기에 따른 상당인과관계 있는 손해로 보려면 원고의 입증이 있어야 한다는 피고의 주장에 따라, 제2심은 '불법행위로 인한 손해배상책임을 지우려면, 그 위법한 행위와 피해자가 입은 손해 사이에 상당인과관계가 있어야 하고(대법원 2017. 12. 28. 선고 2015다19896 판결 등 참조), 불법행위와 손해의 발생 사이의 인과관계의 존재에 관한 입증책임은 원칙적으로 피해자인 원고에게 있다(대법원 1991. 12. 10. 선고 91다33193 판결 등 참조).

원고는 소장의 별지 순번 1 내지 781 기재 업무가 모두 후속군수지원 업무에 속함을 이유로 위 각 업무에 소요된 비용 상당의 손해배상을 청구하고 있으므로, 원고와 피고의 주장을 반영하여 업무의 성격에 따라 구분하여 소장의 별지 순번 1 내지 781 기재 업무 전부에 관하여 살피기로 한다.'고 판시하여, 원고가 주장하는 업무가 후속군수지원 업무에 속함을 이유로 각 업무에 소요된 비용 상당의 손해배상책임을 피고에게 지우려면 원고가 상당인과관계의 존재에 관한 입증책임을 진다는 취지로 변경하였다.[31)]

Ⅲ 결 론

방위사업에 있어 무기체계 연구개발계약에 관한 의의, 성질 등 일반론적인 내용을 살펴보고, '사전품보제도'에서 문제될 수 있는 부분에 관해 민사법적 관점에서 구체적으로 살펴 보았다.

무기체계 연구개발계약이라는 것은 사법상 계약으로서 민사법 및 그 일반원칙이 적용되며, '사전품보제도'에 대해서는 국가계약법령 상 정부조달계약의 요식성 때문에 사전계약이 체결되었다고 볼 수 없고, 또한 예약도 성립되었다고 볼 수 없다. 그러나 국가가 '정당한 이유 없이' 승인한 물량보다 적은 물량으로 변동한 경우 엄격한 요건 하에서 방산업체는 국가에게 계약체결상 과실책임을 근거로 하여 국가에게 특별한 사정이 없는 한 손해배상을 청구할 수 있을 것이다.

31) 제2심은 위와 같은 판단기준에 따라 소장의 별지 순번 1 내지 781 기재 업무의 개별 항목에 관해서 피고의 손해배상책임 여부를 판단하였고, 제1심과 달리 '이 사건 1차 후속양산 관련 업무', '별지 순번 459, 460, 466, 467, 502, 659, 669, 671, 680, 684, 690, 693, 694 기재 업무'에 관해서, 원고가 제출한 증거만으로는 위 각 업무가 후속군수지원 업무에 해당한다고 인정하기 부족하여 이유 없다고 판시하였다.

위 제도에 관한 정확한 민사법적 법리 설시를 통하여 같은 제도를 법적으로 정확하게 이해할 수 있고, 같은 제도가 실무적으로 민사법에 부합하게 운용될 수 있으며, 이를 통하여 같은 제도가 방위산업의 지속적 발전과 국제 경쟁력 강화에 기여할 수 있기를 바란다.

한편 무기체계 연구개발계약에 있어서 발주기관인 국가의 우월적 지위, 계약상대방의 추후 계약 체결 고려, 계약일반조건 상 협의에 의한 분쟁 해결 원칙 등의 사유로 법적인 분쟁이 쉽게 현출되지 않아 무기체계 연구개발계약에 관한 법리의 발전은 더딘 실정이다.

이러한 상황에서 앞의 논의에는 여러 가지 미흡한 점이 있으나 무기체계 연구개발계약에 있어서 문제될 수 있는 사전품보제도에 관하여 민사법적 접근을 하여 그 법리를 설시하였다는 점에 그 의의를 두겠다. 이러한 논의의 시작이, 앞으로 무기체계 연구개발계약 등 방위사업계약 전반에 있어서 그 법적 성격에 부합하고 계약당사자 간의 합리적이고 공평한 계약제도 정립을 위한 법학적 논의의 출발점이 되어 이 분야에 대한 실무와 연계된 활발한 법학적 논의 등을 거쳐서 국내 방위사업 계약제도가 보다 민사법 일반원칙에 부합하는 국제적인 계약제도로 거듭나기를 바라마지 않는다.

K-방산 브리프
K-Defense Brief

밀리테크4.0 시대를 대비한 최첨단 방위산업 무기개발 전망

◦ 김 의 철 ◦

요약문

21세기 군사 기술 발전이 가속화되면서, 미래 전장은 AI, 무인화, 사이버전 등 첨단 기술 중심으로 재편되고 있다. 이에 따라 대한민국도 지능형 무기, 무인 전투 시스템, 초연결 네트워크 등의 개발을 추진해야 하며, 민간 기술과의 협력을 확대해 국방 경쟁력을 강화해야 한다.

또한, 신속한 무기 개발을 위해 신속획득제도와 진화적 획득제도를 도입하여 실전 대응력을 높이고, 방산 보안을 위해 국방 클라우드 시스템 구축이 필요하다. 본 보고서는 미래 첨단 무기 개발 방향을 분석하고, 무기 체계 발전, 신속 획득 시스템, 민군 협력, 보안 강화를 위한 전략을 제안한다.

대한민국이 글로벌 방산 강국으로 도약하기 위해서는 기술력 강화, 신속한 무기 획득, 민군 협력, 보안 강화가 필수적이며, 이를 통해 지속적인 성장과 국제 경쟁력을 확보할 수 있을 것이다.

핵심어(Key Word) : 미래전장, 무인전투 시스템, 신속획득제도, 민군협력, 국방보안

I 서 론

21세기 들어 국제 정세는 급격히 변화하고 있으며, 군사 기술의 발전 속도도 그 어느 때보다 빨라지고 있다. 전통적인 전쟁 방식은 점점 더 첨단 기술 중심으로 변화하고 있으며, 미래 전장에서는 인공지능(AI), 무인화, 사이버전, 우주전 등 혁신적인 무기 체계가 전투의 핵심 요소가 될 것으로 예상된다. 이에 따라, 각국은 신기술을 접목한 첨단 무기 개발에 박차를 가하고 있으며, 이를 통해 국방력 강화와 군사적 우위를 점하려는 경쟁이 심화되고 있다.

특히, 미국, 중국, 러시아와 같은 군사 강국들은 첨단 무기 개발에 대한 연구 및 투자 규모를 지속적으로 확대하고 있으며, 이 과정에서 AI 기반 전투 시스템, 군집 드론, 무인 전투차량, 초연결 네트워크 등의 기술이 핵심적으로 다루어지고 있다. 이러한 변화는 전장의 개념을 근본적으로 뒤흔들고 있으며, 빠르고 정확한 의사결정, 무인 체계와 유인 체계의 협업, 실시간 네트워크 작전 수행이 가능하도록 발전하고 있다.

이러한 흐름 속에서 대한민국 역시 국방력을 강화하고 미래 전장 환경에 대비하기 위한 전략적 접근이 필수적이다. 대한민국의 방위산업은 최근 'K-방산 르네상스'라 불릴 정도로 성장세를 보이고 있으며, 국내 무기 체계의 성능 향상과 수출 경쟁력 강화가 이루어지고 있다. 그러나 현재의 성과에 만족하지 않고 미래 전장 환경에 적합한 첨단 무기 개발을 지속적으로 추진해야 하며, 이를 위해 신속하고 효율적인 연구개발(R&D)과 획득 시스템을 마련해야 한다.

대한민국은 지정학적으로 북한과의 군사적 대치 상황에 놓여 있으며, 주변국들과의 관계 속에서도 지속적인 안보 위협에 직면하고 있다. 특히, 북한은 핵무기와 탄도미사일 개발을 지속하고 있으며, 이에 대응하기 위한 방어 체계 및 선제 대응 능력을 갖춘 첨단 무기 개발이 필수적이다. 또한, 중국과 일본을 포함한 동아시아 국가들의 군사력 증강 움직임도 지속되고 있어, 한국의 국방력 강화는 단순한 선택이 아닌 필수적 과제가 되고 있다.

이에 따라 대한민국은 ▲ AI 기반 지능형 무기 체계 ▲ 무인 전투 시스템 ▲ 초연결 네트워크 기반 전장 운영 ▲ 우주 및 해양 감시 체계 ▲ 초정밀 타격 무기 등의 개발을 적극적으로 추진해야 한다. 이를 통해 대한민국이 단순한 방어적 군사력을 넘어서, 미래 전장에서 주도적인 역할을 수행할 수 있는 능력을 갖추어야 한다.

또한, 국내 방위산업의 경쟁력을 강화하기 위해서는 민간 기술과의 협력이 필수적이다.

미국과 유럽에서는 이미 방위산업과 민간 기술이 긴밀하게 협력하며 혁신을 가속화하고 있으며, 대한민국 역시 이와 같은 협력 모델을 적극적으로 도입해야 한다. 민간 기업과 연구기관이 보유한 인공지능, 빅데이터, 자율주행, 양자 컴퓨팅 등의 기술을 국방 분야에 접목할 경우, 국방 무기 체계의 혁신적인 발전이 가능할 것이다.

미래 첨단 무기 개발과 운용을 위해서는 기술 개발뿐만 아니라, 신속하고 효율적인 무기 획득 시스템이 필수적이다. 기존의 방위사업 절차는 지나치게 복잡하고, 행정적인 절차로 인해 신속한 무기 개발과 도입이 어려운 경우가 많았다. 이러한 문제를 해결하기 위해 대한민국은 ▲ 신속획득제도 ▲ 진화적 획득제도 등을 적극적으로 도입하고 있으며, 이를 통해 실전 환경에서 즉각적인 대응이 가능하도록 해야 한다.

미국은 이미 '신속획득제도(Rapid Acquisition Program)'와 '기타 거래 권한(OTA, Other Transaction Authority)'을 통해 긴급한 군사적 필요를 신속하게 충족시키고 있으며, 대한민국 역시 이와 같은 제도를 강화하여 전력 보강 속도를 높여야 한다. 또한, 무기 개발과 획득 과정에서 불필요한 행정 절차를 줄이고, 실전 배치를 우선으로 하는 접근 방식을 확대해야 한다. 이를 통해 대한민국은 국제적인 방산 경쟁에서 우위를 확보할 수 있을 것이다.

본 보고서는 대한민국의 미래 첨단 무기 개발 현황과 방향성을 분석하고, 이에 대한 정책적 제언을 제시하는 것을 목적으로 한다. 이를 위해 대한민국 국방기술진흥연구소에서 발표한 미래 무기체계 발전 방향을 기반으로, 현재 개발 중인 첨단 무기 기술과 미래 전장 환경에서 요구되는 무기체계를 분석한다. 또한, 대한민국이 글로벌 방산 강국으로 도약하기 위해 필요한 전략과 정책을 제안하고, 효율적인 무기 획득 및 운영 방안에 대해 논의한다.

Ⅱ 미래 첨단 무기 개발 현황과 제언

우리나라의 미래 첨단 무기 체계 개발을 주도하고 있는 국방기술진흥연구소에 따르면 우리나라 미래 무기체계의 발전 방향은 크게 12가지로 분류된다.

〈표 1〉 미래 무기체계 발전 방향

번호	미래 무기체계	기술 발전 방향
1	지능형 초연결 통합 네트워크	지상, 해상, 공중, 우주 네트워크가 초고속 · 초연결 · 초저지연 통신으로 통합 AI 기반 최적화 기술 및 위성 간 통신 강화
2	한국형 전술작전 지능화 체계	전술작전 환경에서 AI 기반 실시간 의사결정 체계 도입 자동화된 데이터 분석 기능 포함
3	메타버스 기반 통합 해상교전체계	해상전장에서 메타버스 기술을 활용하여 가상 환경에서 협동 교전 및 훈련 가능 데이터 공유 및 작전 효율성 극대화
4	다중정보 기반 해양감시체계	AI 및 다중센서를 활용하여 해양 감시 능력 강화 대잠 탐지 및 해상 위협 대응 능력 향상
5	우주자산 방어용 미사일 요격체계	우주자산 보호를 위한 미사일 요격 시스템 개발 미국, 중국, 유럽 등 주요국의 관련 기술 발전 분석
6	다계층 복합 소형위성군	감시 · 정찰 · 통신 수행 소형 위성군 운영 우주 기반 정보전 능력 강화
7	AI 기반 전영역 유·무인 복합체계	유인병력과 무인 시스템이 협업하는 전투 방식 도입 무인 드론, 로봇, 자율 무기체계 활용 증가
8	복합임무용 해양 생체모방 로봇	해양 작전에서 생체모방 로봇 활용 무인 시스템의 다양한 임무 수행 증가
9	AI 기반 초연결 군집 무인기체계	AI 적용 군집 드론이 독립적 판단 및 작전 수행 가능 실시간 네트워크 작전 수행
10	무인 스텔스 전투차량	자율주행 및 원격 조종이 가능한 무인 스텔스 전투차량 개발 실시간 전투 정보 공유
11	파워슈트 착용 슈퍼 솔저	미래 병사의 신체 능력 강화를 위한 파워슈트 기술 발전 착용형 강화복 개발
12	슈퍼 솔저용 스마트 레이저건	에너지 무기 기반의 첨단 화기 개발 높은 정확도와 지속 공격 능력 보유

1. 첨단 국방의 시작, 드론산업 생태계 복원부터

미래 첨단 무기체계 중에서도 드론은 이미 현대전에서 필수적인 무기체계가 됐다.

미국, 중국, 이스라엘 등 주요 국가들은 드론 기술 개발을 선도하며 군사적 우위를 점하고 있다.

이에 반해 대한민국의 드론 산업은 글로벌 시장에서 아직 미미한 비중을 차지하고 있어 적극적인 대응이 요구된다.

드론은 조종사 없이 무선 전파로 유도되는 무인 항공기(UAV)로, 군사, 산업, 상업 등 다양한 분야에서 활용되고 있다. 군사적 활용은 1917년 미국의 공중어뢰(Aerial Torpedo) 개발에서 시작되었으며, 2차 세계대전을 거쳐 현대 전장에서도 핵심 전력으로 자리 잡았다.

미국, 중국, 이스라엘, 터키 등은 군사 드론 분야에서 선도적인 역할을 하고 있으며, 현재 85개국이 107종의 군용 드론을 운용 중이다. 특히, 2019년 사우디 정유시설 드론 공격, 리비아 내전, 2020년 나고르노-카라바흐 전쟁 등에서 드론은 전황을 바꿀 수 있는 결정적인 무기로 활용되었다. 이는 향후 드론 기술 발전이 국방력 강화의 중요한 요소가 될 것임을 시사한다.

한국의 드론 산업은 현재 글로벌 시장에서 1% 수준의 낮은 점유율을 기록하고 있다. 그러나 군에서는 감시·정찰, 타격, 수송 등 다양한 임무에 드론을 도입하며 활용 범위를 점차 넓히고 있다. 이에 따라 차세대 국방 드론 개발을 위한 기술적 도약이 필요하다.

효율적인 국방 드론 운용을 위해 10kg, 25kg, 150kg급의 공통 플랫폼을 만든다면 드론 업계의 개발 비용을 크게 줄일 수 있을 것으로 보인다.

〈표 2〉 최근 드론 개발 추세

구분	설명
곤충형/조류형 드론	생체모방 기술을 적용하여 곤충이나 조류의 비행 방식을 모방한 드론 감시 · 정찰 능력을 극대화할 수 있음
모함 드론	다수의 드론을 운용 · 지원하는 시스템을 갖춘 드론 전장의 효율성을 높이고 대규모 작전을 수행할 수 있도록 지원
다목적 공통 플랫폼 드론	다양한 모듈을 장착할 수 있어 다기능성을 갖춘 드론 군사 · 민간 등 여러 분야에서 활용 가능.

우리나라의 드론 기술수준은 회전익 드론은 세계 최고 기술 대비 67.2% 수준 (기술격차 3.4년), 고정익 드론은 71.7% 수준 (기술격차 3.1년), 생체모방 드론은 71.3% 수준 (기술격차 2.7년)에 불과하다.

이 같은 기술 격차를 극복하기 위해서는 하이브리드 동력원 및 연료전지 개발 (장기 체공을 위한 에너지 효율 개선)

AI 기반 자율비행 및 군집 드론 기술 확보 (전투 효율성과 대응력 강화)

고성능 감시·정찰 및 타격용 드론 개발(국방력 강화와 실전 배치 확대)이 필요하다.

또한, 군집화, 모듈화, 소형화, 공통화, 자동화 기술 연구를 통해 국방 드론 개발을 가속화해야 한다.

법 · 제도 정비 및 연구개발(R&D) 투자 확대를 통해 국내 드론 산업을 활성화해야 한다. 중국산 드론 의존도를 낮추고, 자국 기술을 활용한 드론 생산 체계를 구축해야 한다.

NATO, 미국, 유럽 국가들과의 협력을 강화하여 기술 표준화를 추진하고, 글로벌 시장 진출을 도모해야 한다.

드론은 현대전에 필수적인 요소로 자리 잡았으며, 대한민국도 이에 발맞춰 기술 개발과 산업 육성을 병행해야 한다.

특히, 국내 드론 생태계를 복원하고, 독자적인 기술력을 확보하는 것이 시급하다. 이를 위해 정부와 민간이 협력하여 국방 드론 개발을 촉진하고, 국가 안보와 경제적 이점을 극대화해야 한다. 국방 드론의 발전은 단순한 기술적 도약을 넘어, 대한민국의 미래 안보를 위한 필수 전략이다.

드론 산업의 생태계 복원과 드론 전력화 달성은 다른 미래 첨단 무기 개발과 획득의 선행 사례가 될 수 있다는 측면에서도 중요한 의미가 있다.

미래 첨단 방위산업도 꾸준한 연구개발이 필요하고, 기업의 입장에서 지속가능한 이익 창출이 가능해야 한다. 그를 통해 지속적인 연구개발 인력 확보와 양산 체제를 구축하고 유지할 수 있기 때문이다.

2. 우리나라의 첨단 무기 개발 방향과 개요

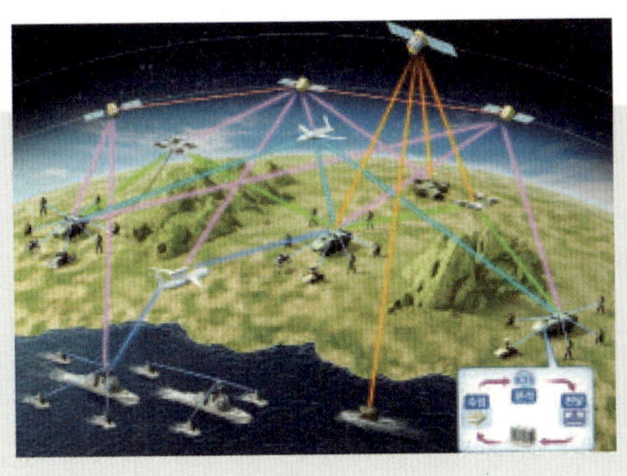

지능형 초연결 통합 네트워크

미래 전장의 활용 공간이 점차 확대되고 네트워크 접속 무기체계가 증가하는 추세에 대응하여 다계층에서 운용되는 네트워크를 통합하고 초고속, 초연결, 초저지연 및 높은 보안능력을 보장하는 지능형 초연결 통합 네트워크의 발전방향을 예측함

군사 작전에서 네트워크 기반 무기체계의 중요성이 증가함에 따라, 이를 안정적이고 빠

르게 운용할 수 있는 초연결 통합 네트워크 기술이 주목받고 있다. 이 기술은 초고속 · 초연결 · 초저지연 성능을 갖추어 보다 신속하고 안전한 정보 공유를 가능하게 할 것으로 기대된다.

한국형 전술작전 지능화 체계

미래 전술작전 환경에서는 방대한 정·첩보의 빠르고 정확한 판단이 승패를 결정할 것으로 전망되며 소규모 인원으로 단시간에 임무를 수행하는 전장상황이 늘어날 것으로 예측되므로 지휘관의 의도에 맞는 개인화된 방책을 제시할 수 있는 의사결정 지능화체계를 제안하고 관련 핵심기술을 분석하여 발전 전망을 제시함

미래 전장 환경에서는 빠른 정보 분석과 정확한 판단이 전투의 승패를 가를 것으로 예상된다. 이에 따라 소규모 인원으로도 효과적인 작전 수행이 가능하도록 인공지능을 활용한 전술 작전 체계가 개발되고 있으며, 개인 맞춤형 의사결정 지원 시스템 도입도 검토되고 있다.

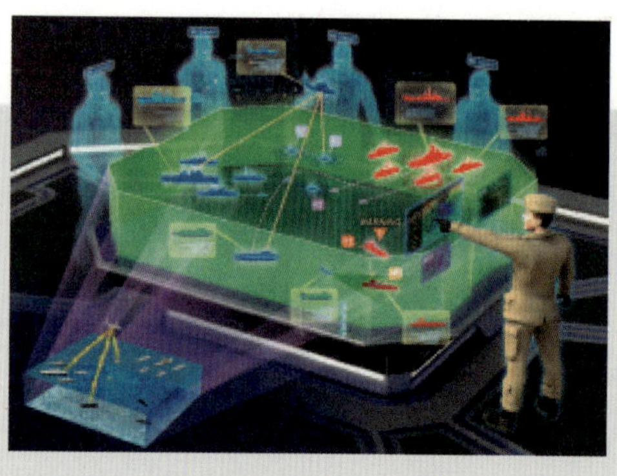

메타버스 기반 통합해상교전체계

다수·다종의 해상전력이 네트워크로 연결되는 복합·입체적 해상협동교전을 효과적으로 수행하기 위해 물리적, 시·공간적 한계를 극복하여 해상협동작전을 통합 지휘·통제할 수 있는 메타버스 기반 통합해상교전체계의 발전전망을 예측함

해상 작전의 복잡성이 증가하는 가운데, 가상 공간에서 지휘·통제할 수 있는 메타버스 기반 통합해상교전체계가 연구되고 있다. 이 시스템은 물리적 · 시간적 제약을 극복해 해상 작전의 효율성을 극대화하고, 네트워크를 통한 협력 작전 수행을 지원할 것으로 전망된다.

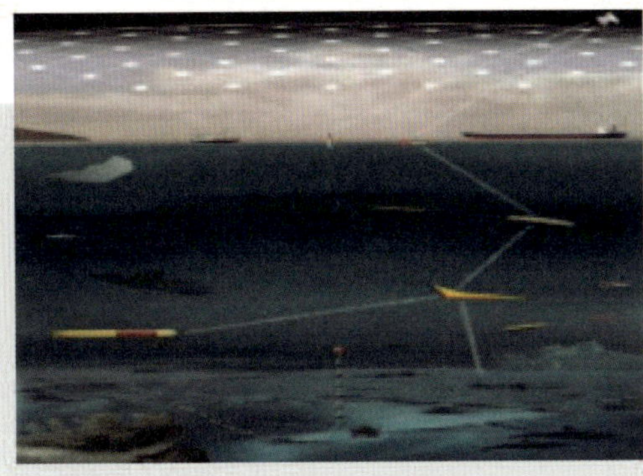

다중정보 기반 해양감시체계

은닉성이 향상되고 있는 대잠세력의 탐지를 위해, 기존 해양감시체계의 성능향상 및 신개념 감시체계 등 미래 해양감시체계 전망을 예측하였으며 미래 해양감시체계 구축에 필요한 기술을 도출함

점점 더 은밀해지는 잠수함을 탐지하기 위해 기존 해양 감시 시스템의 성능을 개선하고 신개념 감시 기술을 도입하는 연구가 진행되고 있다. 향후 해양 감시체계의 발전 방향을 예측하고, 이에 필요한 핵심 기술을 확보하는 것이 목표다.

우주자산 방어용 미사일 요격체계

미래우주전장에서는 인공위성과 같은 우주자산을 무력화하기 위해, 對우주전 전력이 활용될 가능성이 높음. 이러한 공격무기의 개발추세를 바탕으로, 공격무기를 방어하기 위한 우주 미사일 요격체계의 활용 가능성과 기술발전 전망을 제시함

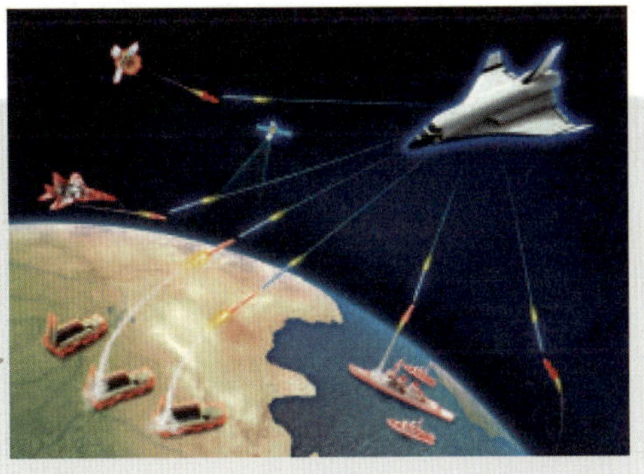

미래 전장에서 인공위성과 같은 우주자산이 공격받을 가능성이 커지면서, 이를 방어하기 위한 미사일 요격체계의 필요성이 대두되고 있다. 이에 따라 관련 기술의 활용 가능성과 발전 전망이 제시되며, 우주 방어 시스템 구축이 주요 과제로 떠오르고 있다.

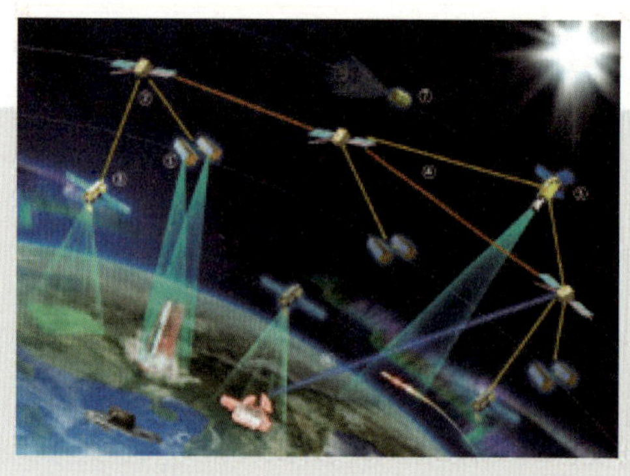

다계층 복합 소형위성군

우주공간에서 감시·정찰 정보를 신속하게 획득하기 위해 SAR, EO, IR 등의 임무장비를 탑재하여 복합적으로 구성된 위성들이 각 위성에 적합한 궤도에서 다계층으로 운용 및 주·야 전천후 감시정찰 정보를 획득하여 작전수행을 지원하는 다계층 복합 소형위성군체계의 발전방향을 예측함

감시 및 정찰 정보를 신속하게 확보하기 위해 다양한 장비를 탑재한 소형위성들이 다층적으로 운용되는 시스템이 연구되고 있다. 이 시스템은 주·야간 전천후 감시 능력을 갖추고 있으며, 실시간으로 전장 정보를 수집해 작전 수행을 지원할 것으로 전망된다.

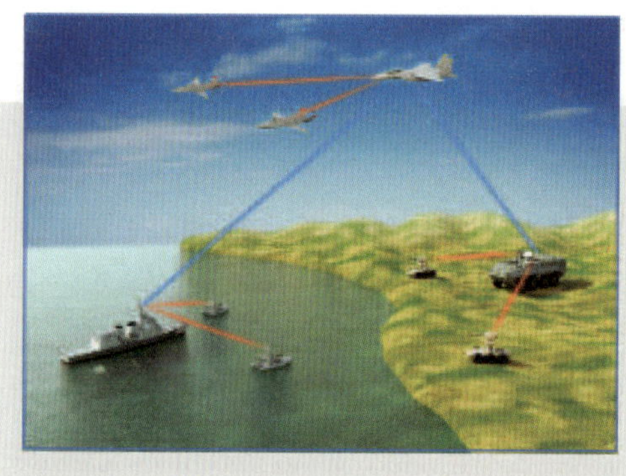

AI 기반 전영역 유·무인 복합체계

육·해·공 전영역의 유인 플랫폼과 무인 플랫폼을 복합운용하여 유인 플랫폼 운용자의 생존성을 향상시키고 정찰반경, 무장능력 등을 확대하기 위해, 인공지능(AI)을 기반으로 유·무인 협업 임무를 수행하는 유·무인 복합체계의 발전전망을 예측함

전장의 육·해·공 전 영역에서 인공지능을 활용한 유·무인 복합체계 도입이 확대될 전망이다. 유인 플랫폼과 무인 플랫폼을 결합해 생존성과 작전 능력을 극대화하며, 정찰 및 감시 능력을 강화하는 데 초점이 맞춰지고 있다.

복합임무용 해양생체모방로봇

미래 수중전장 환경에서는 해양무인체계의 활용에 따라 전장의 우위를 확보할 수 있을 것으로 예상되므로 기존 해양무인체계 플랫폼의 한계를 극복하여 고도화된 임무 수행이 가능한 복합임무용 해양생체모방로봇의 발전전망을 분석함

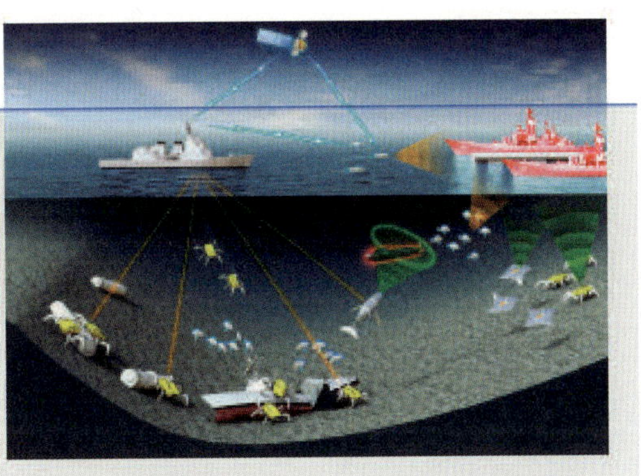

해양 전장에서도 무인체계가 핵심 기술로 자리 잡고 있다. 특히 해양 생체 모방 로봇은 기존 해양 무인 플랫폼의 한계를 극복하고, 고도화된 임무 수행이 가능하도록 개발이 진행되고 있다. 수중 정찰과 공격, 방어 임무를 수행할 수 있어 향후 해군 작전의 핵심 전력으로 활용될 전망이다.

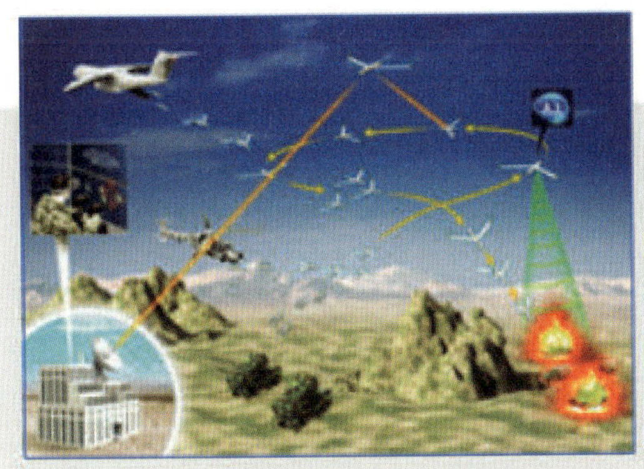

AI 기반 초연결 군집 무인기체계

다수·다종의 무인기가 하나의 비행체 집단으로 합쳐지며 무인기 간 네트워크로 연결되어 군집으로 환경을 인지하고 상황을 판단하여 자율적으로 임무를 수행하는 AI 기반 초연결 군집 무인기체계의 발전전망을 예측함

다수의 무인기가 하나의 비행체 집단으로 연결돼 자율적으로 임무를 수행하는 AI 기반 초연결 군집 무인기 기술도 개발이 한창이다. 이 시스템은 정찰과 타격을 동시에 수행할 수 있어, 미래 공중전의 판도를 바꿀 것으로 보인다.

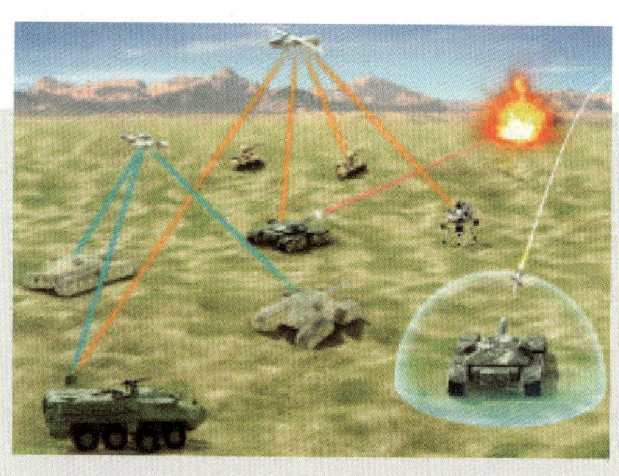

무인 스텔스 전투차량

미래 무기체계로서 무인 자율주행 기능, 첨단 공격 및 방호 체계, 초연결 및 유·무인 복합 기능 등을 갖추어 다양한 복합 작전수행이 가능한 무인 스텔스 전투차량의 요구능력과 발전방향을 예측하고 핵심기술별 확보방안을 제시함

무인 자율 주행 기능과 첨단 공격 및 방호 시스템을 갖춘 이 차량은 복합 작전 수행이 가능하도록 설계됐다. 특히 유·무인 복합 운용이 가능해, 지상 전투의 효율성을 극대화할 것으로 기대된다.

파워슈트 착용 슈퍼 솔저

디지털 전장 환경에 대응하고, 소부대 근접 전투를 효과적으로 수행할 수 있도록 혁신적인 첨단기술을 적용하여 전투원 개개인을 무기 체계화하는 파워슈트(착용형 강화복) 기술 개발을 위해 미래 지상전 작전환경에 따른 운용능력과 주요 소요기술을 예측하고 도출된 소요기술별 기술수준을 분석함

디지털 전장 환경과 소부대 근접 전투에서의 전투 효율성을 높이기 위해 파워슈트를 착용한 슈퍼 솔저 기술을 개발 중이다. 혁신적인 착용 기술과 전투 개개인 맞춤형 무기 체계가 적용돼, 기존 병사의 전투력을 극대화할 것으로 기대된다.

슈퍼 솔저용 스마트 레이저건

미래 지상 전장 환경에서의 다영역화에 따른 제대별 작전지역의 확대로 개인 전투원의 임무수행 영역이 확장됨에 따라, 미래 전투원의 생존성과 파괴력을 극대화할 수 있는 정숙·은밀·초고속성을 지닌 슈퍼 솔저용 스마트 레이저건의 발전전망을 예측함

미래 지상전에서의 다영역 작전 수행을 고려한 스마트 레이저건 기술도 주목받고 있다. 이 무기는 정숙성과 은밀성을 강화하고 초정교 타격이 가능해, 전투원의 생존 가능성을 높일 것으로 보인다.

3. 첨단 방위사업, 투명성에서 효율성과 전문성 중심으로

최근 출범한 미국 도널드 트럼프 2기 행정부에서 가장 눈에 띄는 부서가 정부효율부(DOGE)다.

트럼프 미국 대통령의 최측근이자 정부효율부의 첫 수장을 맡은 일론 머스크 테슬라 CEO가 미국 5세대 스텔스 전투기 F-35를 공개적으로 비판하며 드론 기술의 발전이 유인 전투기를 대체할 것이라는 주장을 펼쳐 전 세계의 이목을 끌었다.

이는 단순한 의견 개진을 넘어, 미국 국방예산의 재편과 효율적 국방 운영의 방향성을 제시하는 중요한 메시지로 해석된다. 특히, 머스크는 정부효율부(DOGE) 공동 수장으로 내정된 이후, 예산 낭비를 줄이고 미래 첨단 무기 체계를 효율적으로 구축하는 데 초점을 맞추고 있다.

F-35 전투기는 세계 최대 방산업체 록히드 마틴이 개발한 5세대 다목적 전투기로, 미국을 비롯한 여러 동맹국들이 운용 중인 세계 최정예 전투기종이다.

그러나 미 회계감사원(GAO)에 따르면, F-35는 미 국방부 역사상 가장 비용이 많이 드는 프로그램으로, 2088년까지 유지보수와 개발에 약 2조 달러(약 2800조 원)가 투입될 예정이다. 머스크의 발언은 이러한 천문학적인 비용을 절감하고, 국방 예산을 보다 효율적으로 운영해야 한다는 주장과 맞닿아 있다.

머스크는 유인 전투기의 시대가 저물고, 드론 기술이 새로운 공중전의 패러다임을 바꿀 것이라고 강조한다. 이는 단순히 군사 기술의 변화가 아니라, 무기 획득 및 운용 방식 전반의 혁신을 의미한다. 기존 무기 체계는 투명성과 공공 입찰 절차를 강조하지만, 복잡한 행정 절차와 정치적 이해관계로 인해 비효율적인 결과를 초래하는 경우가 많다. 이에 반해, 머스크는 무기 개발과 획득 과정에서 효율성과 전문성을 최우선으로 고려해야 한다고 주장한다.

이러한 관점에서 볼 때, 미래 첨단 무기의 획득에는 몇 가지 중요한 요소가 필요하다.

기술 중심의 국방 개혁: 드론과 AI 기반 무기 시스템이 기존 유인 전투기를 대체하는 방향으로 나아가야 한다. 이는 개발 비용 절감뿐만 아니라 전장 환경에서의 유연성과 효율성을 극대화하는 방안이 될 수 있다.

불필요한 행정 절차의 축소: 현재의 방산 계약 방식은 지나치게 복잡하고, 정치적 요소가 개입되는 경우가 많다. 투명성은 중요하지만, 기술 발전 속도를 따라가기 위해서는 신속한 의사결정과 유연한 조달 절차가 필요하다.

전문성 기반의 정책 결정: 방산 프로그램의 기획 및 집행 과정에서 군사 전문가와 기술 전문가들의 의견이 중심이 되어야 하며, 정치적 이해관계가 배제된 의사결정이 이루어져야 한다.

효율적 예산 운용: 불필요한 무기 시스템을 지속적으로 유지하기보다는, 미래 전장 환경에 적합한 무기 체계를 개발하고 배치하는 데 집중해야 한다. 이를 통해 국방 예산을 절감하고, 보다 효과적인 군사 전략을 수립할 수 있다.

미래의 전쟁 양상은 빠르게 변화하고 있으며, 이에 맞춰 국방 정책 역시 변화해야 한다. 기존의 관행을 답습하기보다는, 효율성과 전문성을 바탕으로 한 혁신적인 무기 획득 전략이 필요하다. 머스크의 발언은 단순한 논쟁을 넘어, 새로운 국방 전략의 방향성을 제시하는 중요한 시사점을 제공하고 있다.

4. 미래 무기 개발과 획득 경쟁의 핵심은 속도- 신속획득제도

신속획득제도는 국방 분야에서 긴급하게 필요한 무기체계나 장비를 신속하게 도입하기 위해 마련된 제도이다. 기존의 방위사업 절차는 엄격한 심의와 검토 과정을 거쳐야 하므로, 시급한 전력 강화가 필요한 경우 즉각적인 대응이 어렵다는 문제가 있었다. 이를 해결하기 위해 신속획득제도는 절차를 간소화하고, 운용자 중심의 요구사항을 반영하여 보다 빠르게 장비를 조달할 수 있도록 설계되었다.

급변하는 안보 환경 대응: 현대전은 빠르게 변화하고 있으며, 기술 발전 속도도 빠르다. 이에 따라 신속한 전력 보강이 필요한 경우가 많아졌다.

긴급작전 요구 충족: 특정 작전에서 즉시 필요한 장비가 있을 때 기존 방위사업 절차로

는 대응이 어렵기 때문에 신속 조달이 필수적이다.

기술 혁신 반영: 첨단 기술을 신속하게 도입하여 전력화를 앞당길 수 있다.

국내 방산업체 지원: 신속 조달이 가능한 업체에 기회를 제공하여 방산 산업 활성화에 기여할 수 있다.

미국의 경우 신속획득제도(Rapid Acquisition Program) 및 OTA(Other Transaction Authority)와 같은 제도를 운영하며, 긴급한 작전 요구나 혁신 기술 도입을 위한 무기체계를 신속하게 조달하고 있다. 이는 기존의 정규 획득 절차보다 빠른 의사결정과 계약 체결을 가능하게 한다.

신속획득제도는 현대전의 변화 속도와 기술 혁신을 반영하여 군의 작전 수행 능력을 강화하는 필수적인 제도이다. 그러나 빠른 조달 속도와 품질 검증의 균형을 맞추는 것이 중요한 과제로 남아 있다. 이에 따라 투명하고 효과적인 운영 방안을 마련하는 것이 필요하다.

국방신속획득기술연구원

우리나라는 이 같은 첨단 미래 무기의 신속한 확보를 위해 국방과학연구소 부설 국방신속획득기술연구원(Defense Rapid Acquisition Technology Research Institute, DRATRI)을 두고 있다.

5. 미래 첨단 무기 획득의 새로운 키워드, 민군 협력

첨단 기술이 급속도로 발전하면서 현대 전장의 패러다임도 급격히 변화하고 있다. 이러한 변화 속에서 군의 무기체계가 더욱 정교해지고 복잡해지는 만큼, 단순한 국방 연구개발만으로는 기술적 우위를 확보하기 어려워지고 있다.

이에 따라 민간의 첨단 기술을 적극적으로 국방 분야에 접목하려는 노력이 그 어느 때보다 중요해지고 있다.

지난해 9월 2일, 과학기술정보통신부(이하 과기정통부)와 방위사업청(이하 방사청)은 한국전자통신연구원에서 '미래국방가교기술개발사업' 협력 강화를 위한 업무협약을 체결했다. 이 사업은 기초·원천 연구개발 성과를 활용해 효율적으로 무기체계를 개발하는 것을 목표로 하고 있으며, 특히 국방 기술 개발 방향과 군의 요구사항을 반영한 첫 지원 과제 4개를 선정했다.

이 같은 민-군 협력의 중요성은 여러 가지 측면에서 강조되고 있다.

먼저, 군 무기체계의 운영유지 최적화를 위한 국방 기술정보 생성형 인공지능(AI) 체계 개발이 대표적이다. 전투기 등이 공중이나 지상에서 위협을 받을 경우 이를 분석하고 회피할 수 있도록 지원하는 체계를 구축하는 것도 포함된다. 이러한 기술은 기존 군 연구개발로만 진행하기에는 한계가 있을 수밖에 없다. 민간의 AI 및 빅데이터 분석 기술이 결합될 때, 보다 정교하고 효율적인 체계가 완성될 수 있다.

또한, 국방의 기술적 독립성을 확보하는 측면에서도 민-군 협력은 필수적이다. 예를 들어, 레이더에 사용되는 핵심 부품인 전력반도체는 현재 상당 부분 수입에 의존하고 있다. 그러나 미래에는 수출 규제 등의 변수로 인해 안정적인 수급이 어려워질 가능성이 있다.

이에 대비해 국산화를 추진하는 것은 군의 지속적인 전력 강화를 위해 반드시 필요하며, 이를 위해서는 민간 반도체 연구개발 기업과의 긴밀한 협력도 필요하다.

이뿐만 아니라, 잠수함을 탐지하는 대잠 항공기 및 헬기를 미리 식별할 수 있는 기술을 개발하는 것은 군의 임무 수행 능력을 크게 향상시킬 수 있다. 이러한 기술은 군 단독으로 개발하는 것보다 민간의 첨단 센서 기술 및 신호처리 기술과 결합할 때 더욱 효과적이다.

결국, 미래 첨단 무기 획득에 있어서 민간과 군의 협력은 선택이 아닌 필수이다. 민간의 기술력이 국방 연구개발과 결합될 때 더욱 효과적인 무기체계가 개발될 수 있으며, 국방의 독립성과 자주성을 확보할 수 있다. 앞으로도 이러한 협력이 지속적으로 강화되어야 한다.

6. 진화적 획득 제도의 이해와 발전방향

첨단 무기 개발에서 가장 중요한 것은 변화하는 기술과 작전 환경에 빠르게 대응하는 것이다. 하지만 기존의 전통적인 무기 획득 방식은 개발 기간이 길고, 배치될 때쯤이면 기술이 이미 낡아 있는 경우가 많았다. 이를 해결하기 위해 진화적 획득 제도가 도입되었다. 이 방식은 무기 체계를 단계적으로 개발하고, 초기 모델을 먼저 배치한 후 점진적으로 성능을 개선하는 전략이다.

진화적 획득 제도는 처음부터 완벽한 무기를 개발하는 것이 아니라, 기본적인 작전 능력을 갖춘 초기 버전을 먼저 만들고 실전 운용을 통해 개선해 나가는 방식이다. 이를 통해 신속한 배치가 가능하며, 기술 발전이나 실전 피드백을 반영하여 점진적으로 성능을 업그레이드할 수 있다.

진화적 획득 제도는 몇 가지 핵심 원칙을 바탕으로 운영된다.

초기 작전 능력 확보 (IOC, Initial Operational Capability)

무기 체계의 핵심 기능을 먼저 구현하여 빠르게 실전 배치한다.

완전한 성능이 아니라 기본적인 작전 수행이 가능한 상태로 우선 도입한다.

단계적 발전 (Incremental Development)
초기 버전을 바탕으로 지속적으로 성능을 업그레이드한다.
각 단계에서 검증된 기술을 적용해 실패 위험을 최소화한다.
사용자 피드백 반영
실전에서 사용하면서 얻은 데이터를 분석해 성능 개선에 반영한다.
군과 개발 업체 간 협력을 강화해 실제 작전에 맞는 무기 체계를 개발한다.

초기부터 모든 기능을 갖춘 무기를 개발하는 것보다 효율적인 예산 운영이 가능하다.
신속한 개발과 배치를 통해 군의 작전 공백을 최소화할 수 있다.

진화적 획득 제도는 기존 방식에 비해 여러 장점이 있지만, 단점도 존재한다.
무기를 빠르게 배치할 수 있어 실전 대응 능력이 향상된다.
기술 발전을 반영하며 지속적으로 성능을 개선할 수 있다.
예산을 효율적으로 분배하고, 초기 개발 비용을 낮출 수 있다.
장기적으로 보면 추가 개발 비용이 발생할 가능성이 있다.
단계별 개발 과정이 복잡해지고, 체계적인 관리가 필요하다.
초기 모델이 완벽하지 않기 때문에, 완전한 성능을 갖추기까지 시간이 걸릴 수 있다.

진화적 획득 제도는 다양한 무기 체계에서 활용되고 있다.
F-35 전투기: 미국은 F-35 전투기를 개발하면서 초기 생산형을 먼저 배치한 후 지속적으로 성능을 개선하는 방식을 선택했다.
K2 흑표 전차: 한국은 K2 전차를 먼저 배치한 뒤 성능을 업그레이드하는 방식으로 전력화했다.
드론 및 무인 시스템: 무인 전투기와 정찰 드론 등도 초기 모델을 우선 배치하고, 점진적으로 발전시키는 방식을 적용하고 있다.

진화적 획득 제도는 급변하는 군사 환경과 기술 발전에 유연하게 대응할 수 있는 효과적인 무기 개발 방식이다. 초기부터 완전한 무기를 만들기보다 점진적으로 개선하는 방식이기 때문에 빠른 배치가 가능하며, 최신 기술을 지속적으로 적용할 수 있다. 그러나 단계별 관리가 복잡하고, 장기적인 비용 증가 가능성도 있기 때문에 체계적인 계획과 예산 운영이 필요하다. 앞으로 첨단 무기 개발에서는 이러한 접근 방식이 더욱 중요하다.

7. 미래 첨단 무기 기술 개발보다 더 중요한 보안

인공지능(AI), 양자 컴퓨팅, 초고속 네트워크, 무인 전투 시스템과 같은 첨단 기술은 군사 분야에서도 혁신적인 변화를 불러일으키고 있다. 이러한 기술을 기반으로 한 미래 무기는 전장의 패러다임을 바꾸는 중요한 요소가 된다. 하지만 첨단 무기 개발과 획득 과정에서 보안이 뒷받침되지 않는다면, 이러한 기술적 우위는 순식간에 위협받을 수 있다.

보안이 무기 기술 개발의 핵심 요소인 이유

기술 유출 방지

미래 첨단 무기 기술은 국가 안보의 핵심 자산이다. 그러나 사이버 공격, 내부자 정보 유출, 산업 스파이 활동 등으로 인해 주요 기술이 경쟁국이나 적대 세력에 넘어갈 위험이 크다. 기술 유출이 발생하면 개발 과정에서 쌓아온 전략적 우위가 상실되며, 상대국이 이를 역이용하여 대응 무기를 개발할 수도 있다.

현대 무기 시스템은 네트워크를 기반으로 작동하는 경우가 많다. 인공지능을 활용한 전투 체계, 드론, 미사일 방어 시스템 등이 모두 사이버 공간에서 작동한다. 이 때문에 적대 세력의 해킹 공격이 발생할 경우, 무기 시스템이 무력화되거나 심지어 적의 손에 의해 조작될 가능성이 있다. 최근 발생한 군사 및 방산 기업에 대한 사이버 공격 사례는 보안의 중요성을 더욱 부각시키고 있다.

미래 무기 기술 개발에는 다수의 연구기관, 방산 업체, 정부 기관 등이 협력한다. 이 과정에서 내부자의 부주의나 의도적인 기술 유출이 발생할 가능성이 있다. 따라서 철저한 보안 관리 시스템을 구축하고, 내부자의 접근 권한을 체계적으로 관리하는 것이 필수적이다. 또한, 연구 및 개발 환경에서 보안 교육과 윤리 의식을 강화하는 노력도 병행되어야 한다.

망분리 기술의 한계와 국방 클라우드 시스템의 필요성

현재 방산 보안을 위해 주로 사용하는 망(網)분리 기술은 외부 인터넷과 내부 네트워크를 분리하여 보안성을 강화하는 방식이다. 그러나 이 방식은 데이터 접근성과 협업 효율성을 저하시킬 수 있으며, 점점 고도화되는 사이버 위협에 대응하기 어려운 한계를 가진다.

이를 극복하기 위해서는 국방 클라우드 시스템을 구축하여 보안성과 운영 효율성을 동시에 확보해야 한다. 국방 클라우드 시스템은 다음과 같은 이점을 제공한다.

보안 강화: 클라우드 환경에서 실시간 위협 탐지 및 대응이 가능하며, AI 기반의 보안 분석 기능을 통해 사이버 공격을 신속히 차단할 수 있다.

데이터 보호 및 관리 최적화: 중앙집중형 데이터 관리 체계를 구축하여 정보 유출을 방지하고, 중요 기술 자료에 대한 접근 권한을 철저히 통제할 수 있다.

협업 효율성 증대: 방산 업체, 연구기관, 정부 기관 간의 협력을 원활하게 하여 신속한 기술 개발과 배포를 가능하게 한다.

유연한 확장성: 변화하는 기술 환경에 빠르게 적응할 수 있도록 IT 인프라를 최적화하고, 새로운 보안 위협에 대한 대응력을 높일 수 있다.

국방 클라우드 시스템 구축을 위한 전략적 접근

국방 클라우드 환경에서 AI 기반의 보안 시스템을 도입하고, 방산 업체 및 연구 기관 간의 정보 공유 체계를 강화해야 한다. 또한, 모의 해킹과 보안 점검을 정기적으로 실시하여 보안 취약점을 사전에 식별하고 대응책을 마련해야 한다.

국방 클라우드 시스템이 글로벌 경쟁력을 갖추기 위해서는 국제적인 보안 협력이 필요하다. 국가 간 보안 협약을 체결하고, 기술 유출 방지를 위한 법적 보호 장치를 강화하는 것이 중요하다.

연구 환경의 보안 문화 정착

연구원과 기술자가 보안의 중요성을 인식하고 실천할 수 있도록 보안 교육을 정기적으로 시행해야 한다. 또한, 비인가 접근을 차단하는 물리적·디지털 보안 체계를 강화하여 기술 보호를 위한 다층적인 방어 체계를 구축해야 한다.

미래 첨단 무기 기술의 개발과 획득은 국가 안보와 직결된다. 하지만 이를 효과적으로 보호하지 못한다면 오히려 국가의 위협 요소가 될 수도 있다. 망분리 기술의 한계를 극복하고 보안성과 운영 효율성을 동시에 확보하기 위해서는 국방 클라우드 시스템의 도입이 필수적이다.

강력한 방산 보안 체계를 바탕으로 미래 전장 환경에서 우위를 점할 수 있도록 지속적인 투자와 노력이 필요하다.

Ⅲ 결 론

글로벌 방산시장은 급변하는 국제정세와 첨단 기술 발전에 따라 빠르게 변화하고 있다. 대한민국은 최근 K-방산 르네상스라는 표현이 붙을 정도로 방위산업에서 괄목할 만한 성과를 거두었으며, 글로벌 시장에서 중요한 위치를 차지하고 있다.

그러나 지속적인 성장과 국제 경쟁력 강화를 위해서는 현재의 성과에 안주하지 않고 미래를 대비한 전략적 접근이 필요하다.

미래 첨단 무기체계는 AI, 사이버전, 무인화, 우주 기술 등의 혁신적 요소를 포함하며, 전장의 패러다임을 변화시키고 있다. 이에 대한민국은 드론, 군집 무인기, 무인 전투차량, 초연결 네트워크 등 첨단 기술을 적극적으로 연구·개발해야 한다. 또한, 이러한 무기체계를 신속하게 획득하고 실전 배치할 수 있도록 신속획득제도와 진화적 획득제도를 강화해야 한다.

특히, 방위산업의 지속적인 발전을 위해 민·군 협력을 확대하고, 첨단 민간 기술을 국방 분야에 적극적으로 도입하는 것이 필수적이다. 이를 통해 기술 발전 속도를 따라잡고, 국내 방산업체의 경쟁력을 높일 수 있다.

또한, 방위사업청과 국방신속획득기술연구원 등 관련 기관의 역할을 재정립하고, 보다 효율적인 방산 정책을 수립할 필요가 있다.

이를 위해 대통령 직속 방산비서관 신설, 방위산업진흥회의 방위산업진흥원 확대 개편을 포함한 정부 조직 개편도 고려할 필요가 있다.

한편, 첨단 무기 개발과 함께 보안 강화가 필수적으로 수반되어야 한다. 현대전에서는 사이버 공격이 국가 안보에 심각한 위협이 될 수 있으며, 주요 방산 기술이 유출될 경우 국가 전략적 자산이 손실될 수 있다. 이에 따라 망분리 기술을 보완하는 국방 클라우드 시스템을 구축하고, 철저한 사이버 보안 체계를 마련해야 한다.

결론적으로, 대한민국이 글로벌 방산 강국으로 자리매김하기 위해서는 기술력 강화를 통한 무기체계의 발전, 신속하고 효율적인 무기 획득 시스템 구축, 민·군 협력을 통한 혁신 가속화, 그리고 강력한 보안 체계 마련이 필수적이다.

이러한 요소들이 유기적으로 결합될 때, 대한민국의 방위산업은 지속가능한 성장과 글로벌 경쟁력을 확보할 수 있을 것이다.

미래 전장에서의 주도권을 유지하기 위해, 대한민국은 현재의 성과를 발판 삼아 지속적인 연구개발과 전략적 투자를 꾸준히 확대해야 한다.

K-방산 브리프
K-Defense Brief

한국방위산업연구소

연구소장 최 기 일

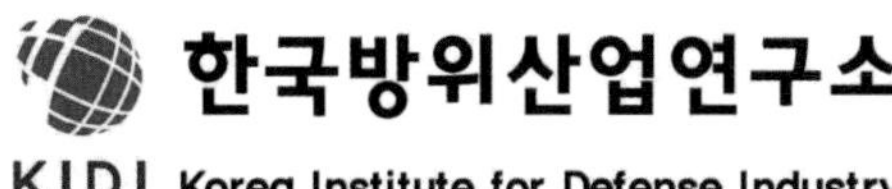

기 관 현 황

1 주요 현황

· 기관명 : 한국방위산업연구소
(KIDI, Korea Institute for Defense Industry)
· 주　소 : 서울특별시 강남구 봉은사로 129 거평타운 8층 802호
· 대표자 : 최기일
· 등록번호 : 606-82-83523

설립목적

· 국가 방위산업 및 국가안보 관련 정책개발과 제도 등 연구
· 국내외 주요 방위산업 현황 분석과 연계한 학술 이론 탐구
· 국방조달 및 방위사업 분야 비영리 공익사업 등 추진 선도
· 방위산업 관련 정책 및 학술연구, 외부 자문 · 컨설팅 수행

대표 경력

· 상지대학교 입학처장 · 교무위원　· 국방대학교 국방관리대학원 교수
· 건국대학교 산업대학원 겸임교수　· 대통령 직속 민주평화통일자문회의 자문위원
· 청와대 국가안보실 정보융합비서관실 · 사이버정보비서관실 행정관
· 더불어민주당 제22대 총선 비례대표 국회의원 예비후보
· 더불어민주당 제21대 총선 국방안보 인재영입
· 더불어민주당 제21대 총선 선거대책위원회 세계 5대강군위원회 공동위원장
· 더불어민주당 과학기술혁신특별위원회 · 국방안보특별위원회 부위원장
· 통일안보전략연구소 명예이사장　· 모병제추진시민연대 상임고문 외

2

연혁

· 2022. 06. 30 : 한국방위산업연구소 설립(비영리 학술연구 임의단체)
· 2022. 07. 15 : 법무법인 함백 업무협약(MOU) 체결
· 2022. 08. 18 : 중국전략연구소 업무협약(MOU) 체결
· 2022. 08. 24 : 국회 방위산업 특별 정책세미나 주관
· 2022. 08. 26 : 美 국방조달시장 진출 심포지엄 창원시 공동주관
· 2022. 09. 29 : 방산중소벤처기업협회 업무협약(MOU) 체결
· 2022. 10. 27 : 명지대학교 방산안보연구소 업무협약(MOU) 체결
· 2022. 11. 11 : 제8회 방산기술보호 및 보안 워크숍 행사 후원
· 2022. 11. 23 : 통일안보전략연구소 업무협약(MOU) 체결
· 2022. 12. 08 : 창원방산중소기업협의회 업무협약(MOU) 체결
· 2022. 12. 13 : 제1회 K-방산 영제너레이션 포럼 행사 개최
· 2023. 01. 19 : 한국방위산업연구소 신년 정기총회 개최
· 2023. 01. 19 : 모병제추진시민연대 업무협약(MOU) 체결
· 2023. 02. 16 : 대전대학교 군사안보연구원 업무협약(MOU) 체결
· 2023. 03. 17 : 한국경제산업연구원 업무협약(MOU) 체결
· 2023. 04. 28 : 한국군수품수출협회 업무협약(MOU) 체결
· 2023. 05. 12 : ㈜MBC 경남 업무협약(MOU) 체결
· 2023. 06. 23 : 녹색삶지식원 업무협약(MOU) 체결
· 2023. 06. 28 : 제1회 K-방산 미래국방 포럼 세미나 행사 주관
· 2023. 07. 07 : 중소기업정책개발원 업무협약(MOU) 체결
· 2023. 09. 01 : 서울특별시 강남구 소재 서울연구소 개소
· 2023. 09. 22 : ㈜디펜스엑스포 업무협약(MOU) 체결
· 2024. 05. 30 : 미래 방위산업 발전 특별 정책세미나 행사 주최
· 2024. 06. 14 : 제1회 유무인 복합체계 전투발전 포럼 공동주관
· 2024. 12. 27 : ㈜광림(방위산업체) 업무협약(MOU) 체결
· 2025. 01. 03 : 신년 외신기자 초청 간담회 행사 주최
· 2025. 02. 28 : 카네어스(주) 업무협약(MOU) 체결
· 2025. 03. 21 : ㈜제이디솔루션 업무협약(MOU) 체결

3 과거 연구수행 실적

최근 3년 간 연구수행 실적

· 정부(국방부 · 방위사업청 · 국가정보원) · 지자체 (경상남도 창원특례시 · 강원특별자치도 원주시청), 방산업체(풍산) 발주 방위산업 분야 관련 연구과제 다수 수행 외

4 연구조직

부설 특화 연구센터(T/F) 및 전문가 자문위원단 운영 등

5 수행 예정 연구내용

정부 및 지자체, 국회 입법기관 관련 정책·제도연구 예정

방위산업체 외 외부기관 발주 및 협업 다수 연구수행 예정

국내외 방위산업 분야 관련 유관단체 등과 협업 추진 예정